住房和城乡建设行业专业人员知识丛书

预算员专业知识

住房和城乡建设行业专业人员知识丛书编委会　编

中国建材工业出版社

图书在版编目（CIP）数据

预算员专业知识／住房和城乡建设行业专业人员知
识丛书编委会编 . -- 北京：中国建材工业出版社，
2019.7（2024.6 重印）
（住房和城乡建设行业专业人员知识丛书）
ISBN 978-7-5160-2560-4

Ⅰ.①预… Ⅱ.①住… Ⅲ.①建筑预算定额—基本知
识 Ⅳ.①TU723.34

中国版本图书馆 CIP 数据核字（2019）第 092453 号

内 容 简 介

本书作为《住房和城乡建设行业专业人员知识丛书》中的一本，坚持以"职业素质"为基础、以"职业能力"为本位、以"实用易懂"为导向的编写思路，围绕与预算员岗位能力要求相关的现行国家、行业及地方标准规范、技术指南等，重点对预算员的知识点和能力点进行介绍，帮助读者学习基本的预算专业知识与技能，使之能够胜任参与协助现场施工管理的预（结）算工作。

本书共 13 章，内容包括：预算员岗位职责、相关法律法规、工程造价管理概述、建设工程合同管理、工程造价的构成、工程计价方法及依据、土建工程计量、安装工程计量、工程计价、工程招标投标与合同价款的约定、施工及竣工阶段工程造价管理、施工成本管理及方法、工程质量保证金管理、预算员专业知识测试模拟试卷及参考答案等。本书与专业人员《通用知识》一书配套使用。

本书可作为施工现场专业人员岗位培训教材，"双证制"院校教学的参考用书，以及建筑类工程技术人员工作参考书。

预算员专业知识
Yusuanyuan Zhuanye Zhishi
住房和城乡建设行业专业人员知识丛书编委会　编

出版发行：中国建材工业出版社
地　　址：北京市西城区白纸坊东街 2 号院 6 号楼
邮　　编：100054
经　　销：全国各地新华书店
印　　刷：北京雁林吉兆印刷有限公司
开　　本：787mm×1092mm　1/16
印　　张：23
字　　数：450 千字
版　　次：2019 年 7 月第 1 版
印　　次：2024 年 6 月第 6 次
定　　价：59.80 元

《住房和城乡建设行业专业人员知识丛书》
编委会

《预算员专业知识》
编 写 组

主　　编　吴学伟　杨修明

副 主 编　周新和　张清敏　陈　杰

主　　审　唐小林

参加编写　蓝文晖　陈晓慧　赵子煊　段　灿　张灵芝　林学山

　　　　　刘　辉　李　玲　何一帆　刘长兵　陈渝链　孙惠芬

　　　　　郁　晨　谭梦竺　杨丽莉　姚　清　马群力　邹旭升

前　言

为了深入推进房屋建筑与市政基础设施工程现场施工专业人员（以下简称专业人员）队伍建设，更好地指导、服务于专业人员培训及人才评价工作，重庆市建设岗位培训中心组织编写了《住房和城乡建设行业专业人员知识丛书》，丛书紧扣现场施工专业人员职业能力标准，结合建设行业改革发展的新形势和新要求，坚持与施工现场专业人员的定位相结合、与现行的国家标准和行业标准相结合、与建设类"双证制"院校的专业设置相融合，力求体现科学性、针对性、实用性。

本书作为《住房和城乡建设行业专业人员知识丛书》中的一本，坚持以"职业素质"为基础、以"职业能力"为本位、以"实用易懂"为导向的编写思路，围绕与预算员岗位能力要求相关的现行国家、行业及地方标准规范、技术指南等，重点对预算员的知识点和能力点进行介绍，帮助读者学习基本的预算员专业知识与技能，使之能够胜任参与协助现场施工管理的预（结）算工作。

本书共 13 章，内容包括：预算员岗位职责、相关法律法规、工程造价管理概述、建设工程合同管理、工程造价的构成、工程计价方法及依据、土建工程计量、安装工程计量、工程计价、工程招标投标与合同价款的约定、施工及竣工阶段工程造价管理、施工成本管理及方法、工程质量保证金管理、预算员专业知识测试模拟试卷及参考答案等。本书与专业人员《通用知识》一书配套使用。

本书编写的具体分工是：主编由重庆大学吴学伟、重庆市建设技术发展中心杨修明担任；副主编由国网重庆市电力公司建设分公司周新和、重庆林欧监理咨询有限公司张清敏、重庆市建设技术发展中心陈杰担任；重庆大学赵子煊、段灿、刘辉，福州大学陈晓慧，重庆电子工程职业学院张灵芝、林学山，重庆市建设技术发展中心蓝文晖、刘长兵、杨丽莉、姚清，重庆市建设岗位培训中心陈渝链、孙惠芬、郁晨、谭梦竺，重庆市渝中区建标职业培训学校李玲、何一帆、马群力、邹旭升参与编写。第一章由蓝文晖、何一帆、马群力编写；第二章由周新和、杨修明编写；第三章由张清敏、陈晓慧编写；第四章由周新和、吴学伟、杨丽莉、姚清编写；第五章、第六章由赵子煊、吴学伟、邹旭升编写；第七章由吴学伟、段灿、陈杰、李玲、刘长兵编写；第八章由林学山、张灵芝编写；第九章由吴学伟、张清敏编写；第十章由吴学伟编写；第十一章、第十二章由吴学伟、刘辉编写；第十三章由吴学伟、陈渝链、孙惠芬、郁晨、谭梦竺编写。

本书由唐小林担任主审。

本书可作为施工现场专业人员岗位培训教材，"双证制"院校教学的参考用书，以及建筑类工程技术人员工作参考书。

限于编写时间之仓促，囿于编者之水平，书中难免有不足之处，恳请广大同仁和读者批评指正。

编　者

2019 年 6 月

目　　录

第一章 预算员岗位职责

一个工程项目在立项之初，需要对该项目工程有一个总的评估，需要对项目造价"估算"；初步设计过程中，进行"概算"；施工图完成后，根据图纸进行工程量、材料计算，进行"施工图预算"；工程竣工后，准备交付使用前，进行工程"结算"；建设单位在移交固定资产前，对所有资金进行汇总，进行"决算"。其中，施工图预算是重要的中间环节，是预算员的重要工作内容。

通过对本书的学习，预算员能初步具备专业的计量计价能力。具体专业技能有编制施工图预算、合同管理、进度款申请、变更价款确定和竣工结算。

预算员的主要工作职责包括预算方案管理，预算技术管理，预算质量、预算成本控制、预算现场管理、预算资料信息管理。

一、预算方案管理

预算方案管理中有负责预算资料收集和工程预算方案编制两项工作职责。

预算资料收集主要是为工程造价管理提供重要技术数据；为制定、修订技术经济指标和造价变化规律提供技术服务；为编制项目建议书，可研究报告投资估算，编制设计概算和投标报价提供依据。预算资料可以向施工企业收集，向工程造价咨询单位收集，向建筑材料、机械租赁等供应方收集，并按一定方法分类整理。编制预算方案要依据设计资料、现行定额及相关文件、施工合同或招标文件及其他辅助资料。

招标工程量清单、招标控制价、投标报价、工程计量、合同价款调整、合同价款结算与支付以及工程造价鉴定等工程造价文件的编制与核对，应由具有专业资格的工程预算人员承担。预算人员必须参与工程项目管理的招标投标工作、合同管理工作、工程索赔和成本管理等方面的工作，所以对预算资料的管理还需要计算机管理平台。预算资料计算机管理是一个动态、全方位、全面的管理过程，经历了从施工图预算到招标投标价格，从合同价格到实际价格的变动，是一个系统过程。

施工图预算是在设计的施工图完成以后，以施工图为依据，根据预算定额、费用标准以及工程所在地区的人工、材料、施工机械设备台班的预算价格编制的，是确定预算造价的文件。做好施工图预算对工程建设有着非常重要的作用：施工图预算是工程实行招标、投标的重要依据；是签订建设工程施工合同的重要依据；是施工单位进行人工和材料准备、编制施工进度计划、控制工程成本的依据；是落实或调整年度进度计划和投资计划的依据；是施工企业降低工程成本、实行经济核算的依据。

施工图预算编制的步骤：①熟悉工程施工图。②划分工程的分部分项子目。③了解现场情况和施工组织设计资料。④计算各分项工程工程量。应根据工程量计算规则，逐一计算已确定分项子目的工程量，并将计算式及结果填入工程量计算表内。⑤计算分部分项工程费。⑥计算措施项目费、其他项目费、规费、税金，汇总工程造价。

施工图预算书的主要内容：①工程计价文件封面。②工程计价总说明。③工程计价汇总表。④分部分项工程和措施项目计价表。⑤其他项目计价表。⑥规费、税金项目计价表。⑦工程计量申请（核准）表。⑧综合单价调整表。⑨合同价款支付申请（核准）表。⑩主要材料、工程设备一览表。

在编制预算方案的时候，需要对预算信息进行确认、编写、审核上报、批复等工作，之后还要进行再次修改，最后进行最终审批。所以预算方案处理信息化很有必要，利用预算软件对相关数据进行维护，尤其维护在预算方案编制过程中遇到的历史性数据，能够有效地避免预算方案编制的过程中出错，提升工作效率。

二、预算技术管理

进行预算技术管理首先需要掌握工程造价的构成，熟知工程造价计价方法和依据。

现行建设项目费用构成主要划分为设备及工器具购置费、建筑安装工程费用、工程建设其他费用、预备费、建设期贷款利息以及流动资金等。工程计价方法有清单计价和定额计价，计价依据主要包括清单、造价信息、图集等。

其次要掌握工程招标投标和合同管理的基本知识，能够正确理解和分析施工合同的各项条款，并能对工程项目进行合同管理和索赔。要理解招标投标、招标人、投标人的概念，招标投标的原则和特性，招标的方式、组织形式以及招标投标的一般程序［包括招标准备（资格预审、资格后审）、投标准备、开标评标、定标签约］。合同管理要做好合同的交底工作；全面阅读合同条款、理解合同内容，确保更好地履行合同条款；严格参照合同条款确定业主付款事宜并及时催款和跟踪。合同管理要求对合同的各项条款熟悉并理解，重视合同条款在现场实际施工中的落实，加强合同履约力，确保合同目标的实现，保证经济效益。合同管理要建立良好的制度，在开工前对合同进行全面评估，做好成本核算，及时办理变更和签证。加强索赔意识，做足合同纠纷准备，注意收集证据，明确责任范围，编制有效索赔报告，维护企业合法权益。

1. 负责建立预算管理规章制度

企业只有建立良好的预算管理规章制度，才能保证企业实现合理的效益，有利于提高成本控制系统和建立健全考核与激励机制，保证企业施工项目管理的需要，为企业预算费用管理提供有力的手段支持。

制定预算管理规章制度，要根据企业施工经营管理实际，充分认识全面预算管理，考虑成本管理和控制的重要性，稳定预算管理团队，进一步完善考核激励制度。

要能够掌握有关的经济政策、法规的变化以及工程造价管理相关规定和计价相关配套文件，动态进行工程造价管理。动态管理是对工程造价管理的有关信息进行动态、全面收集、分析、加工和维护使用。建立动态化工程造价管理信息系统，能实现对各种变化造价信息的准确把握和分析，实现造价管理科学化、规范化，帮助企业获得最大的投资效益。

2. 负责编制工程施工图预、结算及工料分析

施工图预算是根据国家规定的预算定额、费用定额和地区批准的材料预算价格，按单位估价法计算，以工程量和货币形式表现的预算，它是控制基本建设投资、编制基本建设计划、签订施工合同、成本核算和办理施工结算的法律文件。遵循系统、完整、准确明了的原则，掌握预（结）算编制的程序、内容和方法，编制出高质量的预结算，达到控制工程造价的目的，是对一个合格预算员的基本要求。预算员只有熟悉图纸及合同、了解施工现场及规范、理解工程量计算规则，才能很好地完成预结算编制这样专业性、知识性、政策性、技巧性很强的工作。

竣工结算是施工企业按合同完成全部所承包工程，经质量验收合格，向发包单位进行的最终工程款结算。编制竣工结算要掌握一定的专业知识和相关政策、规范，还要了解相关专业各方面的知识，按准备、编制和定稿三阶段进行，依据合同约定和本地相关工程造价计价标准，提高编制水平，科学准确地反映工程实际费用。保修费用是指对保修期间和保修范围内所发生的维修、返工等各项费用支出。保修费用一般可参照建筑安装工程造价的确定程序和方法计算，也可按照建筑安装工程造价或承包工程合同价的一定比例计算。

做好工程预结算，其中很重要的就是能够正确计算工程量、套用定额子目、组合综合单价和计取费用。

计算工程量，按施工图列出的分项工程必须与预算定额中的一致；采用的计算规则，必须与本地区现行预算定额计算规则相一致；所列出的各分项工程计量单位，必须与所使用预算定额中相应项目的计量单位相一致。还要掌握计算方法，复核计算依据。

套用定额子目要注意工程项目特征与定额项目工程统一时可直接套用，不一致时要按定额有关规定进行换算。组合综合单价要包括人工费、材料费、工程设备费和机具使用费、企业管理费、利润、一般风险费用。要注意合理分摊计价风险和正确计算工程数量的清单单位含量。

工程量计量主要依据为《重庆市建设工程工程量清单计价规则》以及国家建设主管部门颁发的有关计量规定。

能够使用计算机和预算专业软件编制预结算书。用预算软件简便、快捷且计算精

确，节省了预算人员大量的时间。

工料分析是按照各分项工程，依据定额或单位估价表，先从定额项目表中分别查出各分项工程消耗的每项材料和人工的定额消耗量，再分别乘以该工程项目的工程量，得到分项工程工料消耗量，最后将各分项工程工料消耗量加以汇总，得出单位工程人工、材料消耗数量。

3. 参与图纸会审、技术交底、技术变更洽商和施工现场管理

图纸会审是指工程各参建单位收到施工图审查机构审查合格的施工图设计文件后，在设计交底前进行全面细致的熟悉和审查施工图纸的活动。

技术交底是在某一单位工程一个分项工程施工前，由相关专业技术人员向参与施工的人员进行的技术性交代。

技术变更是由于开发成本（设计、进度计划、施工条件变更）等原因，项目组不得不更换已确定的技术实现方法。

现场施工管理要注意组织现场施工人员，配合预算编制，施工前做好施工规划。

做好这项工作的前提是必须掌握施工图识读的基本知识。识读施工图应按照总体了解、顺序识读、前后对照、重点细读的方法。基础图在前，详图在后；总体图在前，局部图在后；主要部分在前，次要部分在后；先施工的图在前，后施工的图在后。一套完整的施工图包括图纸目录（名称、内容、图纸编号等）、设计总说明（项目概况、设计依据、施工要求等）、建筑施工图（平面图、立面图、剖面图、构造详图等）、结构施工图（结构平面布置图和各构件结构详图）和设备施工图（给排水、采暖通风、电气等设备平面布置图、系统图和详图）。

4. 参与编制施工组织设计和专项施工方案

施工组织设计是用以指导施工组织与管理、施工准备与实施、施工控制与协调、资源的配置与使用等全面性的技术、经济文件，是对施工活动全过程进行科学管理的重要手段。施工方案是根据一个施工项目制定实施方案，包括组织机构方案、技术方案、材料供应方案等。专项施工方案是重点对施工难点、危险风险大而编制的特殊方案。

如何合理地组织施工、对关键线路进行控制，对施工做法进行分析，对质量通病进行避免，对安全文明施工进行管理，都是施工组织设计编制要注意的。针对重要的和危险性大的分部分项工程，要编制专项施工方案，选择更科学、合理的施工方法和操作程序来指导施工。

5. 参与编制工程材料计划

工程材料计划是根据施工生产任务的需要，确定计划期所需材料工具的品种、规格、数量、供应日期、地点、主要材料库存量等的计划，以保证适时、适地、按质、

按量、成套齐备地供应，从而保证施工正常进行，合理地节约使用材料，减少库存，降低成本。

6. 参与工程材料、构配件和设备询价、核价、采购

要对工程材料、构配件和设备建立良好的管理制度并参与管理，确保工程质量和设备的安全运行。

要做好这些工作，要求对工程材料、构配件和设备进行基本的了解。工程材料主要指原材料，如砂石料、钢材等。构件主要是建筑主体结构、二级结构的配件，如梁、板、墙、门、窗等。建筑配件是除建筑构件之外辅助房屋建成和施工的配件，如脚手架、建筑用拉杆、三角建筑支架、钢筋接头等。设备主要是属于建筑工程各功能中的独特功能的完整装置，如暖通空调、电梯等。

7. 参与策划和草拟劳务作业分包、专业工程分包合同

劳务作业分包是指工程承包人将其承包工程中的劳务作业发包给劳务分包企业完成的活动。专业工程分包是指建筑工程总承包单位根据总承包合同的约定或者经建设单位的允许，将承包工程中的专业性较强的专业工程发包给具有相应资质的其他建筑企业完成的活动。

8. 负责编审工程分包、劳务层的结算

分包、劳务层的结算要以保证工程质量、安全、进度为前提，按分包合同约定的工程内容、范围、单价执行，工程量以施工图预算工程量控制分包结算工程量为分包结算的依据。

三、预算质量、预算成本控制

预算质量、预算成本控制的关键在于施工阶段工程造价管理，它是项目造价管理的具体实施阶段，其实施效果直接影响施工企业经济效益。加强施工阶段工程造价管理十分关键。要通过材料控制、变更控制、机械设备控制及施工前的优化设计等多方面控制来实施施工阶段工程造价管理。

（1）负责对收到的设计变更单、技术变更单、材料价格核定单等经济技术资料进行动态预算管理。做到确定管理目标、合理预算编制、执行预算管理，帮助企业有效开展预算管理工作。动态预算管理能实现信息即时共享，使工程项目施工成本时刻处于可控制、可测算、可分析的状态。工程项目动态预算管理是通过管理模式的转变和提升，由上而下逐级细化的项目原始预算编制，并根据图纸预算、实际成本等数据实时反映预算动态的执行。使公司及时了解项目预算编制、执行、调整、汇总等情况，进一步提高预算编制效率，适时实现对预算成本变化的动态监控，从而达到降低费用、

准确核算、及时考核的管理目的，以提高企业的管理效率和经济利益，增强综合竞争力。

（2）负责施工图预算和施工预算管理，做好对比工作，分析原因并提出成本控制的合理化意见。可以运用实物对比法、金额对比法进行"两算"对比，包括人工量及人工费、材料消耗量及材料费、施工机具费及周转材料使用费的对比分析。根据分析，从工程设计、现场签证管理、结算审查等方面提出有关成本控制的合理化建议。

（3）负责劳务分包、专业分包单价的测算工作，并协助项目经理做好成本控制及成本核算工作。做分包测算工作一定要重视，切忌对比不足、偏离实际、盲目套用定额。要注意记录基础数据如各施工工序人员的投放和功效；注意细心分析每一道工序和费用，大处着手，细致分析；注意沟通，借鉴其他项目已有的经验。

成本控制与成本核算是成本管理中两项重要的工作，将两者结合，既可加强成本中的事故控制，又可保证成本核算的准确及时，从而严格控制人工、材料和费用支出，降低工程成本，提高经济效益。

四、预算现场管理

做好预算现场管理，要熟悉工程施工工艺和方法，熟悉工程项目管理的基本知识。

土建施工专业应以结构施工为主，主要包括土方开挖、基坑支护、土方回填、桩基工程、模板工程、钢筋工程、混凝土工程等；设备安装专业应以建筑设备安装为主，主要包括给排水工程、采暖工程、电气工程、管道工程、通风空调工程等。

工程项目管理的目标包括施工的成本目标、进度目标和质量目标。项目管理工作主要在工程施工阶段进行，但也涉及设计准备阶段、设计阶段、动工前准备阶段和保修期。项目管理的主要任务有安全管理、成本管理、进度管理、质量管理、合同管理和信息管理。

1. 负责隐蔽工程收方签证、经济签证等工作

工程收方是甲乙方对工程量的核算依据，一般指合同范围内需要现场确认的工程量。经济签证一般是合同价款之外的费用补偿，包括零星用工、零星工程、临时设施增补、隐蔽工程签证、非施工单位原因造成的人机材损失、议价材料价格认价单等。

要掌握工程变更与合同价款的调整方法。因工程变更，发承包双方可按合同约定调整合同价款。要理清工程变更的范围，调整费用时可分为分部分项工程费调整、措施项目费调整、删减工程的补偿。其他工程变更类的合同价款调整还包括项目特征描述不符、招标工程量缺项、工程量偏差、计工日等。

2. 参与施工进度计划的编制

施工进度计划是施工组织设计的关键内容，是控制工程施工进度和工程施工期限

等各项施工活动的重要依据。施工进度计划是否合理，直接影响施工速度、成本和质量。

3. 负责施工进度结算报表的编制、核对、定案

工程结算是指施工企业按照承包合同和已完工程量向建设单位办理工程价款清算的经济文件。进度结算是反映工程进度的主要指标，是加速资金周转的重要环节，是考核经济效益的重要指标。

4. 参与工程竣工图的校核

竣工图是真实反映建设工程项目施工结果的图样，是建筑物或构筑物真实的写照，是工程建设完成后的主要凭证性材料，是工程竣工验收的必备条件。竣工图校核的重点是能否准确反映工程施工实际情况，这需要工程参建各方协同合作。

五、预算资料信息管理

1. 负责重庆市造价信息的收集工作

重庆市造价信息包括国家法律法规、国家和市住房城乡建设委员会政策文件、市造价管理总站文件；人工、机械、材料当前和历史价格信息；造价指数指标和工程实例；相关定额、补充定额、定额解释、定额勘误等。

工程建设相关的国家法律如招标投标法、合同法、建筑法、安全生产法等；国家行政法规如建设工程质量管理条例、建设工程安全生产管理条例等；重庆市地方法规如招标投标条例、建筑管理条例、建筑节能条例、建设工程安全生产管理办法等。标准包括本地的工程预算定额及相关的计价依据和计价规程。

2. 负责竣工结算资料的收集、整理、汇总和移交工作

理清竣工结算清单组成，如竣工图、施工合同、图纸会审、设计变更单、现场签证、工程联系单、工程洽商记录、工程材料、材料设备单价审核单、开工报告、竣工验收报告、工程量计算稿、承包人送审结算书、工程结算申请表等。应掌握竣工资料整理汇总的方法。

第二章　相关法律法规

第一节　招标投标法及其实施条例

一、招标投标法基本知识

广义的招标投标法是指国家用来规范招标投标活动、调整在招标投标过程中产生的各种关系的法律规范的总称。

狭义的招标投标法是指《中华人民共和国招标投标法》（以下简称《招标投标法》）。《招标投标法》是我国法律体系中非常重要的一部法律，是招标投标领域的基本法，一切有关招标投标的法规、规章和规范性文件都必须与《招标投标法》相一致。

《招标投标法》对工程建设项目的招标、招标代理、投标、开标、评标及相应的法律责任进行了规范。

1. 招标

招标是在一定范围内公开货物、工程或服务采购的条件和要求，邀请投标人参加投标，并按照规定程序从中选择交易对象的一种市场交易行为。

（1）必须招标的项目

招标投标活动应当遵循公开、公平、公正和诚实信用的原则。《招标投标法》规定，在中华人民共和国境内进行下列工程建设项目（包括项目的勘察、设计、施工、监理以及与工程建设有关的重要设备、材料等的采购），必须进行招标：

1）大型基础设施、公用事业等关系社会公共利益、公众安全的项目；

2）全部或者部分使用国有资金投资或者国家融资的项目；

3）使用国际组织或者外国政府贷款、援助资金的项目。

任何单位和个人不得将依法必须进行招标的项目化整为零或者以其他任何方式规避招标。依法必须进行招标的项目，其招标投标活动不受地区或者部门的限制。任何单位和个人不得违法限制或者排斥本地区、本系统以外的法人或者其他组织参加投标，不得以任何方式非法干涉招标投标活动。有关行政监督部门应依法对招标投标活动实施监督，依法查处招标投标活动中的违法行为。

（2）招标方式

招标分公开招标和邀请招标两种方式。

1）公开招标

公开招标是指招标人以招标公告的方式邀请不特定的法人或者其他组织投标。招标人采用公开招标方式的，应当发布招标公告。依法必须进行招标的项目的招标公告，应当通过国家指定的报刊、信息网络或者其他媒介发布。

2）邀请招标

邀请招标是指招标人以投标邀请书的方式邀请特定的法人或者其他组织投标。招标人采用邀请招标方式的，应当向三个以上具备承担招标项目的能力、资信良好的特定的法人或者其他组织发出投标邀请书。

招标公告或投标邀请书应当载明招标人的名称和地址、招标项目的性质、数量、实施地点和时间以及获取招标文件的办法等事项。招标人不得以不合理的条件限制或者排斥潜在投标人，不得对潜在投标人实行歧视待遇。

（3）招标文件

招标人应当根据招标项目的特点和需要编制招标文件。招标文件应当包括招标项目的技术要求、对投标人资格审查的标准、投标报价要求和评标标准等所有实质性要求和条件以及拟签订合同的主要条款。招标项目需要划分标段、确定工期的，招标人应当合理划分标段、确定工期，并在招标文件中载明。国家对招标项目的技术、标准有规定的，招标人应当按照其规定在招标文件中提出相应要求。

招标文件不得要求或者标明特定的生产供应者以及含有倾向或者排斥潜在投标人的其他内容。招标人不得向他人透露已获取招标文件的潜在投标人的名称、数量以及可能影响公平竞争的有关招标投标的其他情况。

招标人对已发出的招标文件进行必要的澄清或者修改的，应当在招标文件要求提交投标文件截止时间至少15日前，以书面形式通知所有招标文件收受人。该澄清或者修改的内容为招标文件的组成部分。

（4）其他规定

招标人设有标底的，标底必须保密。招标人应当确定投标人编制投标文件所需要的合理时间。依法必须进行招标的项目，自招标文件开始发出之日起至投标人提交投标文件截止之日止，最短不得少于20日。

2. 投标

投标是指投标人应招标人的邀请，根据招标通告或招标单所规定的条件，在规定的期限内，向招标人递交投标文件的行为。

（1）投标文件

1）投标文件的内容

投标人应当按照招标文件的要求编制投标文件。投标文件应当对招标文件提出的实质性要求和条件做出响应。对属于建设施工的招标项目，投标文件的内容应当包括拟派出的项目负责人与主要技术人员的简历、业绩和拟用于完成招标项目的机械设备等。

根据招标文件载明的项目实际情况，投标人如果准备在中标后将中标项目的部分非主体、非关键工程进行分包的，应当在投标文件中载明。

在招标文件要求提交投标文件的截止时间前，投标人可以补充、修改或者撤回已提交的投标文件，并书面通知招标人。补充、修改的内容为投标文件的组成部分。

2）投标文件的送达

投标人应当在招标文件要求提交投标文件的截止时间前，将投标文件送达投标地点。招标人收到投标文件后，应当签收保存，不得开启。投标人少于 3 个的，招标人应当重新招标。

在招标文件要求提交投标文件的截止时间后送达的投标文件，招标人应当拒收。

（2）联合投标

联合投标是指两个以上法人或者其他组织组成一个联合体，以一个投标人的身份共同投标。

联合体各方均应具备承担招标项目的相应能力。国家有关规定或者招标文件对投标人资格条件有规定的，联合体各方均应当具备规定的相应资格条件。由同一专业的单位组成的联合体，按照资质等级较低的单位确定资质等级。

联合体各方应当签订共同投标协议，明确约定各方拟承担的工作和责任，并将共同投标协议连同投标文件一并提交给招标人。联合体中标的，联合体各方应当共同与招标人签订合同，就中标项目向招标人承担连带责任。

招标人不得强制投标人组成联合体共同投标，不得限制投标人之间的竞争。

（3）其他规定

投标人不得相互串通投标报价，不得排挤其他投标人的公平竞争、损害招标人或其他投标人的合法权益。

投标人不得与招标人串通投标，损害国家利益、社会公共利益或者他人的合法权益。

禁止投标人以向招标人或评标委员会成员行贿的手段谋取中标。

投标人不得以低于成本的报价竞标，也不得以他人名义投标或者以其他方式弄虚作假，骗取中标。

3. 开标、评标和中标

（1）开标

开标应当在招标文件确定的提交投标文件截止时间的同一时间、招标文件中预先确定的地点公开进行。

开标由招标人主持，邀请所有投标人参加。

开标时，由投标人或者其推选的代表检查投标文件的密封情况，也可以由招标人委托的公证机构检查并公证。经确认无误后，由工作人员当众拆封，宣读投标人名称、投标价格和投标文件的其他主要内容。开标过程应当记录，并存档备查。

（2）评标

评标由招标人依法组建的评标委员会负责。

依法必须进行招标的项目，其评标委员会由招标人的代表和有关技术、经济等方面的专家组成，成员人数为 5 人以上单数。其中，技术、经济等方面的专家不得少于成员总数的 2/3。评标委员会的专家成员应当从国务院有关部门或者省、自治区、直辖市人民政府有关部门提供的专家名册或者招标代理机构的专家库内的相关专业的专家名单中确定。一般招标项目可以采取随机抽取方式，特殊招标项目可以由招标人直接确定。与投标人有利害关系的人不得进入相关项目的评标委员会，已经进入的应当进行更换。评标委员会成员的名单在中标结果确定前应当保密。

招标人应当采取必要的措施，保证评标在严格保密的情况下进行。任何单位和个人不得非法干预、影响评标的过程和结果。

评标委员会应当按照招标文件确定的评标标准和方法，对投标文件进行评审和比较。设有标底的，应当参考标底。评标委员会可以要求投标人对投标文件中含义不明确的内容做必要的澄清或者说明，但澄清或者说明不得超出投标文件的范围或改变投标文件的实质性内容。

评标委员会完成评标后，应当向招标人提出书面评标报告，并推荐合格的中标候选人。招标人据此确定中标人。招标人也可以授权评标委员会直接确定中标人。评标委员会成员应当客观、公正地履行职务，遵守职业道德，对所提出的评审意见承担个人责任。

在确定中标人前，招标人不得与投标人就投标价格、投标方案等实质性内容进行谈判。

（3）中标

中标是指投标人获得投标项目，招标人确定中标人。中标人确定后，招标人应当向中标人发出中标通知书，并同时将中标结果通知所有未中标的投标人。中标通知书对招标人和中标人具有法律效力。中标通知书发出后，招标人改变中标结果的，或者中标人放弃中标项目的，应当依法承担法律责任。

招标人和中标人应当自中标通知书发出之日起 30 日内，按照招标文件和中标人的投标文件订立书面合同。招标人和中标人不得再行订立背离合同实质性内容的其他协议。

招标文件要求中标人提交履约保证金的，中标人应当提交。依法必须进行招标的项目，招标人应当自确定中标人之日起 15 日内，向有关行政监督部门提交招标投标情况的书面报告。

中标人应当按照合同约定履行义务，完成中标项目。中标人不得向他人转让中项目，也不得将中标项目肢解后分别向他人转让。中标人按照合同约定或者经招标人同意，可以将中标项目的部分非主体、非关键性工作分包给他人完成。接受分包的人应当具备相应的资格条件，并不得再次分包。中标人应当就分包项目向招标人负责，接受分包的人就分包项目承担连带责任。

二、招标投标法实施条例基本知识

为了规范招标投标活动，《中华人民共和国招标投标法实施条例》（以下简称《招标投标法实施条例》）进一步明确了招标、投标、开标、评标和中标以及投诉与处理等方面的内容，并鼓励利用信息网络进行电子招标投标。

《招标投标法实施条例》已经 2011 年 11 月 30 日国务院第 183 次常务会议通过，自 2012 年 2 月 1 日起施行。2017 年 3 月 1 日进行第 1 次修正，2018 年 3 月 19 日进行第 2 次修正。

1. 招标

（1）招标范围和方式

按照国家有关规定需要履行项目审批、核准手续的依法必须进行招标的项目，其招标范围、招标方式、招标组织形式应当报项目审批、核准部门审批、核准。项目审批、核准部门应当及时将审批、核准确定的招标范围、招标方式、招标组织形式通报有关行政监督部门。

1）可以邀请招标的项目

国有资金占控股或者主导地位的依法必须进行招标的项目，应当公开招标，但有下列情形之一的，可以邀请招标：

①技术复杂、有特殊要求或者受自然环境限制，只有少量潜在投标人可供选择；

②采用公开招标方式的费用占项目合同金额的比例过大。

2）可以不招标的项目

有下列情形之一的，可以不进行招标：

①需要采用不可替代的专利或者专有技术；

②采购人依法能够自行建设、生产或者提供；

③已通过招标方式选定的特许经营项目投资人依法能够自行建设、生产或者提供；

④需要向原中标人采购工程、货物或者服务，否则将影响施工或者功能配套要求；

⑤国家规定的其他特殊情形。

（2）招标文件与资格审查

1）资格预审公告和招标公告

公开招标的项目，应当依照招标投标法和《招标投标法实施条例》的规定发布招标公告、编制招标文件。招标人采用资格预审办法对潜在投标人进行资格审查的，应当发布资格预审公告、编制资格预审文件。

依法必须进行招标的项目的资格预审公告和招标公告，应当在国务院发展改革部门依法指定的媒介发布。指定媒介发布依法必须进行招标的项目的境内资格预审公告、招标公告，不得收取费用。编制依法必须进行招标的项目的资格预审文件和招标文件，应当使用国务院发展改革部门会同有关行政监督部门制定的标准文本。

招标人应当按照资格预审公告、招标公告或者投标邀请书规定的时间、地点发售资格预审文件或者招标文件。资格预审文件或者招标文件的发售期不得少于 5 日。招标人发售资格预审文件、招标文件收取的费用应当限于补偿印刷、邮寄的成本支出，不得以营利为目的。

如潜在投标人或者其他利害关系人对资格预审文件有异议，应当在提交资格预审申请文件截止时间 2 日前提出；如对招标文件有异议，应当在投标截止时间 10 日前提出。招标人应当自收到异议之日起 3 日内做出答复；做出答复前，应当暂停招标投标活动。

如招标人编制的资格预审文件、招标文件的内容违反法律、行政法规的强制性规定，违反公开、公平、公正和诚实信用原则，影响资格预审结果或者潜在投标人投标，依法必须进行招标的项目的招标人应当在修改资格预审文件或者招标文件后重新招标。

2）资格预审

招标人应当合理确定提交资格预审申请文件的时间，依法必须进行招标的项目提交资格预审申请文件的时间，自资格预审文件停止发售之日起不得少于 5 日。资格预审应当按照资格预审文件载明的标准和方法进行。国有资金占控股或者主导地位的依法必须进行招标的项目，招标人应当组建资格审查委员会审查资格预审申请文件。

资格预审结束后，招标人应当及时向资格预审申请人发出资格预审结果通知书。未通过资格预审的申请人不具有投标资格。通过资格预审的申请人少于 3 个的，应当重新招标。

招标人可以对已发出的资格预审文件或者招标文件进行必要的澄清或者修改。如澄清或者修改的内容可能影响资格预审申请文件或者投标文件编制，招标人应当在提交资格预审申请文件截止时间至少 3 日前，或者投标截止时间至少 15 日前，以书面形式通知所有获取资格预审文件或者招标文件的潜在投标人；不足 3 日或者 15 日的，招标人应当顺延提交资格预审申请文件或者投标文件的截止时间。

如招标人采用资格后审办法对投标人进行资格审查，应当在开标后由评标委员会按照招标文件规定的标准和方法对投标人的资格进行审查。

（3）招标工作的实施

1）禁止投标限制

招标人如对招标项目划分标段，应当遵守招标投标法的有关规定，不得利用划分标段限制或者排斥潜在投标人。依法必须进行招标的项目的招标人不得利用划分标段规避招标。

招标人不得以不合理的条件限制、排斥潜在投标人或者投标人。招标人有下列行为之一的，属于以不合理条件限制、排斥潜在投标人或者投标人：

①就同一招标项目向潜在投标人或者投标人提供有差别的项目信息；

②设定的资格、技术、商务条件与招标项目的具体特点和实际需要不相适应或者与合同履行无关；

③依法必须进行招标的项目以特定行政区域或者特定行业的业绩、奖项作为加分条件或者中标条件；

④对潜在投标人或者投标人采取不同的资格审查或者评标标准；

⑤限定或者指定特定的专利、商标、品牌、原产地或者供应商；

⑥依法必须进行招标的项目非法限定潜在投标人或者投标人的所有制形式或者组织形式；

⑦以其他不合理条件限制、排斥潜在投标人或者投标人。

招标人不得组织单个或者部分潜在投标人踏勘项目现场。

2）总承包招标

招标人可以依法对工程以及与工程建设有关的货物、服务全部或者部分实行总承包招标。以暂估价（指总承包招标时不能确定价格而由招标人在招标文件中暂时估定的工程、货物、服务的金额）形式包括在总承包范围内的工程、货物、服务属于依法必须进行招标的项目范围且达到国家规定规模标准的，应当依法进行招标。

3）两阶段招标

对技术复杂或者无法精确拟定技术规格的项目，招标人可以分两个阶段进行招标：

第一阶段，投标人按照招标公告或者投标邀请书的要求提交不带报价的技术建议，招标人根据投标人提交的技术建议确定技术标准和要求，编制招标文件。

第二阶段，招标人向在第一阶段提交技术建议的投标人提供招标文件，投标人按照招标文件的要求提交包括最终技术方案和投标报价的投标文件。如招标人要求投标人提交投标保证金，应当在第二阶段提出。

4）投标有效期

招标人应当在招标文件中载明投标有效期。投标有效期从提交投标文件的截止之日起算。

5）投标保证金

如招标人在招标文件中要求投标人提交投标保证金，投标保证金不得超过招标项目估算价的2%。投标保证金有效期应当与投标有效期一致。依法必须进行招标的项目的境内投标单位，以现金或者支票形式提交的投标保证金应当从其基本账户转出。招标人不得挪用投标保证金。如招标人终止招标，应当及时发布公告，或者以书面形式通知被邀请的或者已经获取资格预审文件、招标文件的潜在投标人。如已经发售资格预审文件、招标文件或者已经收取投标保证金，招标人应当及时退还所收取的资格预审文件、招标文件的费用，以及所收取的投标保证金及银行同期存款利息。

6）标底及投标限价

招标人可以自行决定是否编制标底。一个招标项目只能有一个标底。标底必须保密。接受委托编制标底的中介机构不得参加受托编制标底项目的投标，也不得为该项目的投标人编制投标文件或者提供咨询。如招标人设有最高投标限价，应当在招标文件中明确最高投标限价或者最高投标限价的计算方法。招标人不得规定最低投标限价。

2. 投标

（1）投标规定

投标人参加依法必须进行招标的项目的投标，不受地区或者部门的限制，任何单位和个人不得非法干涉。与招标人存在利害关系可能影响招标公正性的法人、其他组织或者个人，不得参加投标。单位负责人为同一人或者存在控股、管理关系的不同单位，不得参加同一标段投标或者未划分标段的同一招标项目投标。

投标人撤回已提交的投标文件，应当在投标截止时间前书面通知招标人。招标人已收取投标保证金的，应当自收到投标人书面撤回通知之日起 5 日内退还。投标截止后投标人撤销投标文件的，招标人可以不退还投标保证金。未通过资格预审的申请人提交的投标文件，以及逾期送达或者不按照招标文件要求密封的投标文件，招标人应当拒收。招标人应当如实记载投标文件的送达时间和密封情况，并存档备查。

招标人应当在资格预审公告、招标公告或者投标邀请书中载明是否接受联合体投标。招标人接受联合体投标并进行资格预审的，联合体应当在提交资格预审申请文件前组成。资格预审后联合体增减、更换成员的，其投标无效。如联合体各方在同一招标项目中以自己名义单独投标或者参加其他联合体投标，相关投标均无效。

投标人发生合并、分立、破产等重大变化，应当及时书面告知招标人。如投标人不再具备资格预审文件、招标文件规定的资格条件或者其投标影响招标公正性，其投标无效。

（2）串通投标和弄虚作假的情形

1）投标人相互串通

有下列情形之一的，属于投标人相互串通投标：

①投标人之间协商投标报价等投标文件的实质性内容；②投标人之间约定中标人；③投标人之间约定部分投标人放弃投标或者中标；④属于同一集团、协会、商会等组织成员的投标人按照该组织要求协同投标；⑤投标人之间为谋取中标或者排斥特定投标人而采取的其他联合行动。

有下列情形之一的，视为投标人相互串通投标：

①不同投标人的投标文件由同一单位或者个人编制；②不同投标人委托同一单位或者个人办理投标事宜；③不同投标人的投标文件载明的项目管理成员为同一人；④不同投标人的投标文件异常一致或者投标报价呈规律性差异；⑤不同投标人的投标文件相互混装；⑥不同投标人的投标保证金从同一单位或者个人的账户转出。

2）招标人与投标人串通

有下列情形之一的，属于招标人与投标人串通投标：

①招标人在开标前开启投标文件并将有关信息泄露给其他投标人；

②招标人直接或者间接向投标人泄露标底、评标委员会成员等信息；

③招标人明示或者暗示投标人压低或者抬高投标报价；

④招标人授意投标人撤换、修改投标文件；

⑤招标人明示或者暗示投标人，为特定投标人中标提供方便；

⑥招标人与投标人为谋求特定投标人中标而采取的其他串通行为。

3）骗取中标

投标人不得以他人名义投标，如使用通过受让或者租借等方式获取的资格、资质证书投标。投标人也不得以其他方式弄虚作假，骗取中标，包括：

①使用伪造、变造的许可证件；

②提供虚假的财务状况或者业绩；

③提供虚假的项目负责人或者主要技术人员简历、劳动关系证明；

④提供虚假的信用状况；

⑤其他弄虚作假的行为。

3. 开标、评标和中标

（1）开标

招标人应当按照招标文件规定的时间、地点开标。如投标人少于 3 个，不得开标，招标人应当重新招标。如投标人对开标有异议，应当在开标现场提出，招标人应当当场做出答复，并制作记录。

（2）评标委员会

国家实行统一的评标专家专业分类标准和管理办法。具体标准和办法由国务院发展改革部门会同国务院有关部门制定。省级人民政府和国务院有关部门应当组建综合评标专家库。

依法必须进行招标的项目，其评标委员会的专家成员应当从评标专家库内相关专业的专家名单中以随机抽取方式确定。任何单位和个人不得以明示、暗示等任何方式指定或者变相指定参加评标委员会的专家成员。依法必须进行招标的项目的招标人非因招标投标法和《招标投标法实施条例》规定的事由，不得更换依法确定的评标委员会成员。评标委员会成员与投标人有利害关系的，应当主动回避。

对技术复杂、专业性强或者国家有特殊要求，采取随机抽取方式确定的专家难以保证胜任评标工作的招标项目，可以由招标人直接确定技术、经济等方面的评标专家。

有关行政监督部门应当按照规定的职责分工，对评标委员会成员的确定方式、评标专家的抽取和评标活动进行监督。行政监督部门的工作人员不得担任本部门负责监督项目的评标委员会成员。

（3）评标

招标人应当根据项目规模和技术复杂程度等因素合理确定评标时间。如超过 1/3 的评标委员会成员认为评标时间不够，招标人应当适当延长评标时间。

招标人应当向评标委员会提供评标所必需的信息，但不得明示或者暗示其倾向或者排斥特定投标人。

评标委员会成员应当按照招标文件规定的评标标准和方法，客观、公正地对投标文件提出评审意见。招标文件没有规定的评标标准和方法不得作为评标的依据。如招标项目设有标底，招标人应当在开标时公布。标底只能作为评标的参考，不得以投标报价是否接近标底作为中标条件，也不得以投标报价超过标底上下浮动范围作为否决投标的条件。

评标委员会成员不得私下接触投标人，不得收受投标人给予的财物或者其他好处，不得向招标人征询确定中标人的意向，不得接受任何单位或者个人明示或者暗示提出的倾向或者排斥特定投标人的要求，不得有其他不客观、不公正履行职务的行为。

（4）否决投标

有下列情形之一的，评标委员会应当否决其投标：

1）投标文件未经投标单位盖章和单位负责人签字；

2）投标联合体没有提交共同投标协议；

3）投标人不符合国家或者招标文件规定的资格条件；

4）同一投标人提交两个以上不同的投标文件或者投标报价，但招标文件要求提交备选投标的除外；

5）投标报价低于成本或者高于招标文件设定的最高投标限价；

6）投标文件没有对招标文件的实质性要求和条件做出响应；

7）投标人有串通投标、弄虚作假、行贿等违法行为。

（5）投标文件澄清

投标文件中有含义不明确的内容、明显文字或者计算错误，评标委员会认为需要投标人做出必要澄清、说明的，应当书面通知该投标人。投标人的澄清、说明应当采用书面形式，并不得超出投标文件的范围或者改变投标文件的实质性内容。

评标委员会不得暗示或者诱导投标人做出澄清、说明，不得接受投标人主动提出的澄清、说明。

（6）中标

评标完成后，评标委员会应当向招标人提交书面评标报告和中标候选人名单。中标候选人应当不超过 3 个，并标明排序。

评标报告应当由评标委员会全体成员签字。对评标结果有不同意见的评标委员会成员应当以书面形式说明其不同意见和理由，评标报告应当注明该不同意见。评标委员会成员拒绝在评标报告上签字又不书面说明其不同意见和理由的，视为同意评标结果。

依法必须进行招标的项目，招标人应当自收到评标报告之日起 3 日内公示中标候选人，公示期不得少于 3 日。如投标人或者其他利害关系人对依法必须进行招标的项目的评标结果有异议，应当在中标候选人公示期间提出。招标人应当自收到异议之日起 3 日内做出答复；做出答复前，应当暂停招标投标活动。

国有资金占控股或者主导地位的依法必须进行招标的项目，招标人应当确定排名第一的中标候选人为中标人。排名第一的中标候选人放弃中标、因不可抗力不能履行合同、不按照招标文件要求提交履约保证金，或者被查实存在影响中标结果的违法行为等情形，不符合中标条件的，招标人可以按照评标委员会提出的中标候选人名单排序依次确定其他中标候选人为中标人，也可以重新招标。

中标候选人的经营、财务状况发生较大变化或者存在违法行为，招标人认为可能影响其履约能力的，应当在发出中标通知书前由原评标委员会按照招标文件规定的标准和方法审查确认。

（7）签订合同及履约

招标人和中标人应当依照招标投标法和《招标投标法实施条例》的规定签订书面合同，合同的标的、价款、质量、履行期限等主要条款应当与招标文件和中标人的投标文件的内容一致。招标人和中标人不得再行订立背离合同实质性内容的其他协议。

招标人最迟应当在书面合同签订后 5 日内向中标人和未中标的投标人退还投标保证金及银行同期存款利息。招标文件要求中标人提交履约保证金的，中标人应当按照招标文件的要求提交。履约保证金不得超过中标合同金额的 10%。

中标人应当按照合同约定履行义务，完成中标项目。中标人不得向他人转让中标项目，也不得将中标项目肢解后分别向他人转让。

中标人按照合同约定或者经招标人同意，可以将中标项目的部分非主体、非关键性工作分包给他人完成。接受分包的人应当具备相应的资格条件，并不得再次分包。中标人应当就分包项目向招标人负责，接受分包的人就分包项目承担连带责任。

4. 投诉与处理

（1）投诉

如果投标人或者其他利害关系人认为招标投标活动不符合法律、行政法规规定，可以自知道或者应当知道之日起 10 日内向有关行政监督部门投诉。投诉应当有明确的请求和必要的证明材料。

（2）处理

行政监督部门应当自收到投诉之日起 3 个工作日内决定是否受理投诉，并自受理投诉之日起 30 个工作日内做出书面处理决定；需要检验、检测、鉴定、专家评审的，所需时间不计算在内。如投诉人捏造事实、伪造材料或者以非法手段取得证明材料进行投诉，行政监督部门应当予以驳回。

行政监督部门处理投诉，有权查阅、复制有关文件、资料，调查有关情况，相关单位和人员应当予以配合。必要时，行政监督部门可以责令暂停招标投标活动。

5. 法律责任

招标人有下列情形之一的，由有关行政监督部门责令改正，可以处 10 万元以下的罚款：

（1）依法应当公开招标而采用邀请招标；

（2）招标文件、资格预审文件的发售、澄清、修改的时限，或者确定的提交资格预审申请文件、投标文件的时限不符合招标投标法和《招标投标法实施条例》规定；

（3）接受未通过资格预审的单位或者个人参加投标；

（4）接受应当拒收的投标文件。

招标人有以上（1）、（3）、（4）所列行为之一的，对单位直接负责的主管人员和其他直接责任人员依法给予处分。

招标代理机构在所代理的招标项目中投标、代理投标或者向该项目投标人提供咨询的，接受委托编制标底的中介机构参加受托编制标底项目的投标或者为该项目的投标人编制投标文件、提供咨询的，依法追究法律责任。

招标人超过《招标投标法实施条例》规定的比例收取投标保证金、履约保证金或者不按照规定退还投标保证金及银行同期存款利息的，由有关行政监督部门责令改正，可以处 5 万元以下的罚款；给他人造成损失的，依法承担赔偿责任。

投标人相互串通投标或者与招标人串通投标的，投标人向招标人或者评标委员会成员行贿谋取中标的，中标无效；构成犯罪的，依法追究刑事责任；尚不构成犯罪的，依法处罚。投标人未中标的，对单位的罚款金额按照招标项目合同金额依照招标投标法规定的比例计算。

投标人有下列行为之一的，属于情节严重的，由有关行政监督部门取消其 1~2 年内参加依法必须进行招标的项目的投标资格：

（1）以行贿谋取中标；

（2）3 年内 2 次以上串通投标；

（3）串通投标行为损害招标人、其他投标人或者国家、集体、公民的合法利益，造成直接经济损失 30 万元以上；

（4）其他串通投标情节严重的行为。

投标人以他人名义投标或者以其他方式弄虚作假骗取中标的，中标无效；构成犯罪的，依法追究刑事责任。依法必须进行招标的项目的投标人未中标的，对单位的罚款金额按照招标项目合同金额依照招标投标法规定的比例计算。

投标人有下列行为之一的，属于情节严重行为，由有关行政监督部门取消其 1~3 年内参加依法必须进行招标的项目的投标资格：

（1）伪造、变造资格、资质证书或者其他许可证件骗取中标；

（2）3 年内 2 次以上使用他人名义投标；

（3）弄虚作假骗取中标给招标人造成直接经济损失 30 万元以上；

（4）其他弄虚作假骗取中标情节严重的行为。

出让或者出租资格、资质证书供他人投标的，依照法律、行政法规的规定给予行政处罚；构成犯罪的，依法追究刑事责任。

依法必须进行招标的项目的招标人不按照规定组建评标委员会，或者确定、更换评标委员会成员违反招标投标法和《招标投标法实施条例》规定的，由有关行政监督部门责令改正，可以处 10 万元以下的罚款，对单位直接负责的主管人员和其他直接责任人员依法给予处分；违法确定或者更换的评标委员会成员做出的评审结论无效，依法重新进行评审。

评标委员会成员有下列行为之一的，由有关行政监督部门责令改正；情节严重的，禁止其在一定期限内参加依法必须进行招标的项目的评标；情节特别严重的，取消其担任评标委员会成员的资格。

（1）应当回避而不回避；

（2）擅离职守；

（3）不按照招标文件规定的评标标准和方法评标；

（4）私下接触投标人；

（5）向招标人征询确定中标人的意向或者接受任何单位或者个人明示或者暗示提出的倾向或者排斥特定投标人的要求；

（6）对依法应当否决的投标不提出否决意见；

（7）暗示或者诱导投标人做出澄清、说明或者接受投标人主动提出的澄清、说明；

（8）其他不客观、不公正履行职务的行为。

评标委员会成员收受投标人的财物或者其他好处的，没收收受的财物，处 3000 元以上 5 万元以下的罚款，取消担任评标委员会成员的资格，不得再参加依法必须进行招标的项目的评标；构成犯罪的，依法追究刑事责任。

依法必须进行招标的项目的招标人有下列情形之一的，由有关行政监督部门责令改正，可以处中标项目金额 10‰以下的罚款；给他人造成损失的，依法承担赔偿责任；对单位直接负责的主管人员和其他直接责任人员依法给予处分。

（1）无正当理由不发出中标通知书；

（2）不按照规定确定中标人；

（3）中标通知书发出后无正当理由改变中标结果；

（4）无正当理由不与中标人订立合同；

（5）在订立合同时向中标人提出附加条件。

中标人无正当理由不与招标人订立合同，在签订合同时向招标人提出附加条件，或者不按照招标文件要求提交履约保证金的，取消其中标资格，投标保证金不予退还。对依法必须进行招标的项目的中标人，由有关行政监督部门责令改正，可以处中标项目金额 10‰以下的罚款。

招标人和中标人不按照招标文件和中标人的投标文件订立合同，合同的主要条款与招标文件、中标人的投标文件的内容不一致，或者招标人、中标人订立背离合同实质性内容的协议的，由有关行政监督部门责令改正，可以处中标项目金额5‰以上10‰以下的罚款。

中标人将中标项目转让给他人的，将中标项目肢解后分别转让给他人的，违反招标投标法和《招标投标法实施条例》规定将中标项目的部分主体、关键性工作分包给他人的，或者分包人再次分包的，转让、分包无效，处转让、分包项目金额5‰以上10‰以下的罚款；有违法所得的，并处没收违法所得；可以责令停业整顿；情节严重的，由工商行政管理机关吊销营业执照。

招标人不按照规定对异议做出答复，继续进行招标投标活动的，由有关行政监督部门责令改正，拒不改正或者不能改正并影响中标结果的，招标、投标、中标无效，应当依法重新招标或者评标。

依法必须进行招标的项目的招标投标活动违反招标投标法和《招标投标法实施条例》的规定，对中标结果造成实质性影响，且不能采取补救措施予以纠正的，招标、投标、中标无效，应当依法重新招标或者评标。

第二节 合同法的基本知识

一、合同的概念

合同是平等主体的自然人、法人、其他组织之间设立、变更、终止民事权利义务关系的协议。婚姻、收养、监护等有关身份关系的协议，适用其他法律的规定。

二、合同订立的原则

（1）合同当事人的法律地位平等，一方不得将自己的意志强加给另一方。

（2）当事人依法享有自愿订立合同的权利，任何单位和个人不得非法干预。

（3）当事人应当遵循公平原则确定各方的权利和义务。

（4）当事人行使权利、履行义务应当遵循诚实信用原则。

（5）当事人订立、履行合同，应当遵守法律、行政法规，尊重社会公德，不得扰乱社会经济秩序，损害社会公共利益。

（6）依法成立的合同，对当事人具有法律约束力。当事人应当按照约定履行自己的义务，不得擅自变更或者解除合同。依法成立的合同，受法律保护。

三、合同的形式和内容

1. 合同的形式

当事人订立合同，有书面形式、口头形式和其他形式。法律、行政法规规定采用书面形式的，应当采用书面形式。当事人约定采用书面形式的，应当采用书面形式。

书面形式是指合同书、信件和数据电文（包括电报、电传、传真、电子数据交换和电子邮件）等可以有形地表现所载内容的形式。

2. 合同的内容

合同的内容由当事人约定，一般包括以下条款：

（1）当事人的名称或者姓名和住所；

（2）标的；

（3）数量；

（4）质量；

（5）价款或者报酬；

（6）履行期限、地点和方式；

（7）违约责任；

（8）解决争议的方法。

当事人可以参照各类合同的示范文本订立合同。

四、合同订立的方式

订立合同采取要约、承诺方式。

1. 要约与要约邀请

（1）要约

要约是希望和他人订立合同的意思表示，该意思表示应当符合下列规定：

1）内容具体、确定；

2）表明经受要约人承诺，要约人即受该意思表示约束。

（2）要约邀请

要约邀请是希望他人向自己发出要约的意思表示。寄送的价目表、拍卖公告、招标公告、招股说明书、商业广告等为要约邀请。

商业广告的内容符合要约规定的，视为要约。

要约到达受要约人时生效。采用数据电文形式订立合同，收件人指定特定系统接收数据电文的，该数据电文进入该特定系统的时间，视为到达时间；未指定特定系统的，该数据电文进入收件人的任何系统的首次时间，视为到达时间。

（3）要约的撤回与撤销

要约可以撤回。撤回要约的通知应当在要约到达受要约人之前或者与要约同时到达受要约人。

要约可以撤销。撤销要约的通知应当在受要约人发出承诺通知之前到达受要约人。

有下列情形之一的，要约不得撤销：

1）要约人确定了承诺期限或者以其他形式明示要约不可撤销；

2）受要约人有理由认为要约是不可撤销的，并已经为履行合同做了准备工作。

2. 承诺

承诺是受要约人同意要约的意思表示。承诺应当以通知的方式做出，但根据交易习惯或者要约表明可以通过行为做出承诺的除外。承诺应当在要约确定的期限内到达要约人。承诺生效时合同成立。承诺通知到达要约人时生效。承诺不需要通知的，根据交易习惯或者要约的要求做出承诺的行为时生效。

（1）承诺期限

要约没有确定承诺期限的，承诺应当依照下列规定到达：

1）要约以对话方式做出的，应当即时做出承诺，但当事人另有约定的除外；

2）要约以非对话方式做出的，承诺应当在合理期限内到达。

要约以信件或者电报做出的，承诺期限自信件载明的日期或者电报交发之日开始计算。信件未载明日期的，自投寄该信件的邮戳日期开始计算。要约以电话、传真等快速通信方式做出的，承诺期限自要约到达受要约人时开始计算。

（2）承诺的撤回

承诺可以撤回。撤回承诺的通知应当在承诺通知到达要约人之前或者与承诺通知同时到达要约人。

（3）承诺的迟延与迟到

1）承诺的迟延

受要约人超过承诺期限发出承诺的，除要约人及时通知受要约人该承诺有效的以外，为新要约。

2）承诺的迟到

受要约人在承诺期限内发出承诺，按照通常情形能够及时到达要约人，但因其他原因承诺到达要约人时超过承诺期限的，除要约人及时通知受要约人因承诺超过期限不接受该承诺的以外，该承诺有效。

（4）承诺的内容

承诺的内容应当与要约的内容一致。受要约人对要约的内容做出实质性变更的，为新要约。有关合同标的、数量、质量、价款或者报酬、履行期限、履行地点和方式、违约责任和解决争议方法等的变更，是对要约内容的实质性变更。

承诺对要约的内容做出非实质性变更的，除要约人及时表示反对或者要约表明承诺不得对要约的内容做出任何变更的以外，该承诺有效，合同的内容以承诺的内容为准。

3. 合同成立

1）合同成立的时间、地点

当事人采用合同书形式订立合同的，自双方当事人签字或者盖章时合同成立。

当事人采用信件、数据电文等形式订立合同的，可以在合同成立之前要求签订确认书。签订确认书时合同成立。

承诺生效的地点为合同成立的地点。

采用数据电文形式订立合同的，收件人的主营业地为合同成立的地点；没有主营业地的，其经常居住地为合同成立的地点。当事人另有约定的，按照其约定。

当事人采用合同书形式订立合同的，双方当事人签字或者盖章的地点为合同成立的地点。

2）实际履行原则

法律、行政法规规定或者当事人约定采用书面形式订立合同，当事人未采用书面形式但一方已经履行主要义务，对方接受的，该合同成立。

采用合同书形式订立合同，在签字或者盖章之前，当事人一方已经履行主要义务，对方接受的，该合同成立。

3）国家规定

国家根据需要下达指令性任务或者国家订货任务的，有关法人、其他组织之间应当依照有关法律、行政法规规定的权利和义务订立合同。

4）格式条款

采用格式条款订立合同的，提供格式条款的一方应当遵循公平原则确定当事人之间的权利和义务，并采取合理的方式提请对方注意免除或者限制其责任的条款，按照对方的要求，对该条款予以说明。

格式条款是当事人为了重复使用而预先拟定，并在订立合同时未与对方协商的条款。

对格式条款的理解发生争议的，应当按照通常理解予以解释。对格式条款有两种以上解释的，应当做出不利于提供格式条款一方的解释。格式条款和非格式条款不一致的，应当采用非格式条款。

5）缔约过失责任

当事人在订立合同过程中有下列情形之一，给对方造成损失的，应当承担损害赔偿责任：

①假借订立合同，恶意进行磋商；

②故意隐瞒与订立合同有关的重要事实或者提供虚假情况；

③有其他违背诚实信用原则的行为。

当事人在订立合同过程中知悉的商业秘密，无论合同是否成立，不得泄露或者不正当地使用。泄露或者不正当地使用该商业秘密给对方造成损失的，应当承担损害赔偿责任。

五、合同的效力

（1）依法成立的合同，自成立时生效。

（2）法律、行政法规规定应当办理批准、登记等手续生效的，依照其规定。

（3）附条件、附期限的合同。当事人对合同的效力可以约定附条件。附生效条件的合同，自条件成就时生效。附解除条件的合同，自条件成就时失效。

当事人为自己的利益不正当地阻止条件成就的，视为条件已成就；不正当地促成条件成就的，视为条件不成就。

当事人对合同的效力可以约定附期限。附生效期限的合同，自期限届至时生效。附终止期限的合同，自期限届满时失效。

（4）效力待定的合同。限制民事行为能力人订立的合同，经法定代理人追认后，该合同有效，但纯获利益的合同或者与其年龄、智力、精神健康状况相适应而订立的合同，不必经法定代理人追认。相对人可以催告法定代理人在一个月内予以追认。法定代理人未做表示的，视为拒绝追认。合同被追认之前，善意相对人有撤销的权利。撤销应当以通知的方式做出。

行为人没有代理权、超越代理权或者代理权终止后以被代理人名义订立的合同，未经被代理人追认，对被代理人不发生效力，由行为人承担责任。相对人可以催告被代理人在一个月内予以追认。被代理人未做表示的，视为拒绝追认。合同被追认之前，善意相对人有撤销的权利。撤销应当以通知的方式做出。

行为人没有代理权、超越代理权或者代理权终止后以被代理人名义订立合同，相对人有理由相信行为人有代理权的，该代理行为有效。

法人或者其他组织的法定代表人、负责人超越权限订立的合同，除相对人知道或者应当知道其超越权限的以外，该代表行为有效。

无处分权的人处分他人财产，经权利人追认或者无处分权的人订立合同后取得处分权的，该合同有效。

（5）无效的合同。

1）有下列情形之一的，合同无效：

①一方以欺诈、胁迫的手段订立合同，损害国家利益；

②恶意串通，损害国家、集体或者第三人利益；

③以合法形式掩盖非法目的；

④损害社会公共利益；

⑤违反法律、行政法规的强制性规定。

2）合同中的下列免责条款无效：

①造成对方人身伤害的；

②因故意或者重大过失造成对方财产损失的。

（6）可变更或者撤销的合同。

1）合同可以变更或者撤销的情形。当事人一方有权请求人民法院或者仲裁机构变更或者撤销的情形：

①因重大误解订立的；

②在订立合同时显失公平的；

③一方以欺诈、胁迫的手段或者乘人之危，使对方在违背真实意思的情况下订立的合同，受损害方有权请求人民法院或者仲裁机构变更或者撤销。

2）撤销权消灭。撤销权消灭是指受损害的一方当事人对可撤销的合同依法享有的、可请求人民法院或仲裁机构撤销该合同的权利。享有撤销权的一方当事人称为撤销权人。撤销权应当由撤销权人行使，并应向人民法院或者仲裁机构主张该项权利。而撤销权消灭是指撤销权人依照法律享有的撤销权由于一定法律事由的出现而归于消灭的情况。

有下列情形之一的，撤销权消灭：

①具有撤销权的当事人自知道或者应当知道撤销事由之日起一年内没有行使撤销权；

②具有撤销权的当事人知道撤销事由后明确表示或者以自己的行为放弃撤销权。

无效的合同或者被撤销的合同自始没有法律约束力。合同部分无效，不影响其他部分效力的，其他部分仍然有效。

合同无效、被撤销或者终止的，不影响合同中独立存在的有关解决争议方法的条款的效力。

合同无效或者被撤销后，因该合同取得的财产，应当予以返还；不能返还或者没有必要返还的，应当折价补偿。有过错的一方应当赔偿对方因此所受到的损失，双方都有过错的，应当各自承担相应的责任。

当事人恶意串通，损害国家、集体或者第三人利益的，因此取得的财产收归国家所有或者返还集体、第三人。

六、合同的履行

当事人应当按照约定全面履行自己的义务。当事人应当遵循诚实信用原则，根据合同的性质、目的和交易习惯履行通知、协助、保密等义务。

1. 约定不明的处理

合同生效后，当事人就质量、价款或者报酬、履行地点等内容没有约定或者约定不明确的，可以协议补充；不能达成补充协议的，按照合同有关条款或者交易习惯确定。

当事人就有关合同内容约定不明确，也未能达成补充协议，适用下列规定：

（1）质量要求不明确的，按照国家标准、行业标准履行；没有国家标准、行业标准的，按照通常标准或者符合合同目的的特定标准履行。

（2）价款或者报酬不明确的，按照订立合同时履行地的市场价格履行；依法应当执行政府定价或者政府指导价的，按照规定履行。

（3）履行地点不明确，给付货币的，在接受货币一方所在地履行；交付不动产的，在不动产所在地履行；其他标的，在履行义务一方所在地履行。

（4）履行期限不明确的，债务人可以随时履行，债权人也可以随时要求履行，但应当给对方必要的准备时间。

（5）履行方式不明确的，按照有利于实现合同目的的方式履行。

（6）履行费用的负担不明确的，由履行义务一方负担。

执行政府定价或者政府指导价的，在合同约定的交付期限内，政府调整价格时，按照交付时的价格计价。逾期交付标的物的，遇价格上涨时，按照原价格执行；价格下降时，按照新价格执行。逾期提取标的物或者逾期付款的，遇价格上涨时，按照新价格执行；价格下降时，按照原价格执行。

2. 向第三人履行债务的情形

当事人约定由债务人向第三人履行债务的，债务人未向第三人履行债务或者履行债务不符合约定，应当向债权人承担违约责任。

3. 由第三人履行债务的情形

当事人约定由第三人向债权人履行债务的，第三人不履行债务或者履行债务不符合约定，债务人应当向债权人承担违约责任。

七、合同的变更和转让

（1）当事人协商一致，可以变更合同。

（2）法律、行政法规规定变更合同应当办理批准、登记等手续的，依照其规定。

（3）当事人对合同变更的内容约定不明确的，推定为未变更。

（4）债权的转让。

1）债权人可以将合同的权利全部或者部分转让给第三人，但有下列情形之一的除外：

①根据合同性质不得转让；

②按照当事人约定不得转让；

③依照法律规定不得转让。

2）债权人转让权利的，应当通知债务人。未经通知，该转让对债务人不发生效力。

3）债权人转让权利的通知不得撤销，但经受让人同意的除外。

4）债权人转让权利的，受让人取得与债权有关的从权利，但该从权利专属于债权人自身的除外。

5）债务人接到债权转让通知后，债务人对让与人的抗辩，可以向受让人主张。债务人接到债权转让通知时，债务人对让与人享有债权，并且债务人的债权先于转让的债权到期或者同时到期的，债务人可以向受让人主张抵销。

（5）债务的转让

1）债务人将合同的义务全部或者部分转移给第三人的，应当经债权人同意。

2）债务人转移义务的，新债务人可以主张原债务人对债权人的抗辩。新债务人应当承担与主债务有关的从债务，但该从债务专属于原债务人自身的除外。

3）法律、行政法规规定转让权利或者转移义务应当办理批准、登记等手续的，依照其规定。

4）当事人一方经对方同意，可以将自己在合同中的权利和义务一并转让给第三人。

5）当事人订立合同后合并的，由合并后的法人或者其他组织行使合同权利，履行合同义务。当事人订立合同后分立的，除债权人和债务人另有约定的以外，由分立的法人或者其他组织对合同的权利和义务享有连带债权，承担连带债务。

八、合同的权利义务终止

有下列情形之一的，合同的权利义务终止：

（1）债务已经按照约定履行；

（2）合同解除；

（3）债务相互抵销；

（4）债务人依法将标的物提存；

（5）债权人免除债务；

（6）债权债务同归于一人；

（7）法律规定或者当事人约定终止的其他情形。

合同的权利义务终止后，当事人应当遵循诚实信用原则，根据交易习惯履行通知、协助、保密等义务。

当事人协商一致，可以解除合同。

当事人可以约定一方解除合同的条件。解除合同的条件成就时，解除权人可以解除合同。

有下列情形之一的，当事人可以解除合同：

（1）因不可抗力致使不能实现合同目的；

（2）在履行期限届满之前，当事人一方明确表示或者以自己的行为表明不履行主要债务；

（3）当事人一方迟延履行主要债务，经催告后在合理期限内仍未履行；

（4）当事人一方迟延履行债务或者有其他违约行为致使不能实现合同目的；

（5）法律规定的其他情形。

合同解除后，尚未履行的，终止履行；已经履行的，根据履行情况和合同性质，当事人可以要求恢复原状、采取其他补救措施，并有权要求赔偿损失。

合同的权利义务终止，不影响合同中结算和清理条款的效力。

九、违约责任

当事人一方不履行合同义务或者履行合同义务不符合约定的，应当承担继续履行、采取补救措施或者赔偿损失等违约责任。当事人一方明确表示或者以自己的行为表明不履行合同义务的，对方可以在履行期限届满之前要求其承担违约责任。

1. 金钱债务

当事人一方未支付价款或者报酬的，对方可以要求其支付价款或者报酬。

2. 非金钱债务

当事人一方不履行非金钱债务或者履行非金钱债务不符合约定的，对方可以要求履行，但有下列情形之一的除外：

（1）法律上或者事实上不能履行；

（2）债务的标的不适于强制履行或者履行费用过高；

（3）债权人在合理期限内未要求履行。

3. 补救措施

质量不符合约定的，应当按照当事人的约定承担违约责任。对违约责任没有约定或者约定不明确，依照《招标投标法》第六十一条的规定仍不能确定的，受损害方根据标的的性质以及损失的大小，可以合理选择要求对方承担修理、更换、重做、退货、减少价款或者报酬等违约责任。

4. 损害赔偿

（1）当事人一方不履行合同义务或者履行合同义务不符合约定的，在履行义务或者采取补救措施后，对方还有其他损失的，应当赔偿损失。

（2）当事人一方不履行合同义务或者履行合同义务不符合约定，给对方造成损失的，损失赔偿额应当相当于因违约所造成的损失，包括合同履行后可以获得的利益，但不得超过违反合同一方订立合同时预见到或者应当预见到的因违反合同可能造成的损失。

（3）经营者对消费者提供商品或者服务有欺诈行为的，依照《中华人民共和国消费者权益保护法》的规定承担损害赔偿责任。

5. 违约金

（1）当事人可以约定一方违约时应当根据违约情况向对方支付一定数额的违约金，也可以约定因违约产生的损失赔偿额的计算方法。

（2）约定的违约金低于造成的损失的，当事人可以请求人民法院或者仲裁机构予以增加；约定的违约金过分高于造成的损失的，当事人可以请求人民法院或者仲裁机构予以适当减少。

（3）当事人就迟延履行约定违约金的，违约方支付违约金后，还应当履行债务。

6. 适用定金罚则

（1）当事人可以依照《中华人民共和国担保法》约定一方向对方给付定金作为债权的担保。债务人履行债务后，定金应当抵作价款或者收回。给付定金的一方不履行约定的债务的，无权要求返还定金；收受定金的一方不履行约定的债务的，应当双倍返还定金。

（2）当事人既约定违约金，又约定定金的，一方违约时，对方可以选择适用违约金或者定金条款。

7. 不可抗力

不可抗力是指不能预见、不能避免并不能克服的客观情况。

（1）因不可抗力不能履行合同的，根据不可抗力的影响，部分或者全部免除责任，但法律另有规定的除外。当事人迟延履行后发生不可抗力的，不能免除责任。

（2）当事人一方因不可抗力不能履行合同的，应当及时通知对方，以减轻可能给对方造成的损失，并应当在合理期限内提供证明。

第三章　工程造价管理概述

第一节　工程造价概述

一、工程造价及计价特征

1. 工程造价的概念

工程造价是指为完成一个工程的建设，预期或实际所需的全部费用总和。

从业主（建设单位）的角度，工程造价是指工程的建设成本，即为建设一项工程预期支付或实际支付的全部固定资产投资费用，主要包括设备及工器具购置费、建筑工程及安装工程费、工程建设其他费用、预备费、建设期利息、固定资产投资方向调节税（目前暂停征收）。工程造价从量上与建设项目固定资产投资相等。

从发承包角度，工程造价是指工程价格，即为建成一项工程，预计或实际在土地、设备、技术劳务以及承包等市场上，通过招标投标等交易方式所形成的建筑安装工程的价格和建设工程总价格。

2. 工程造价的计价特征

建设工程造价的计价，除具有一般商品计价的共同特点外，由于建设产品本身的固定性、多样性、体积庞大、生产周期长等特征，直接导致其生产过程的流动性、单一性、资源消耗多、造价的时间价值突出等特点。工程造价的计价具有以下不同于一般商品计价的特点。

（1）单件性计价

建设工程形态多样，即使采用相同或相似的设计图纸，在不同地区、不同时间建造的产品，工程造价也不同。建设工程的计价只能单件计价，通过一定程序，按照计价依据和规定，计算其工程造价。

（2）分部组合计价

一个建设项目由若干个单项工程、单位工程、分部工程、分项工程组成。

一个建设项目由多个单项工程构成，有的建设项目也可能由一个单项工程构成。

一个单项工程一般包括建筑工程（土建工程）、装饰装修工程、电气照明工程、设备安装工程等单位工程。

建筑工程包括土（石）方工程、桩与地基基础工程、砌筑工程、混凝土及钢筋混凝土工程、厂库房大门、特种门木结构工程、金属结构工程、屋面及防水工程等分部工程，混凝土及钢筋混凝土分部工程中则包括带形基础、独立基础、满堂基础、设备基础、矩形柱、有梁板、阳台、楼梯、雨篷、挑檐等分项工程。

安装工程包括电气设备安装工程、给排水工程、机械安装工程等子单位工程，电气设备安装工程则由变压器、配电装置、母线、控制设备及低压电器、蓄电池安装、电机检查接线及调试、滑触线装置安装、电缆安装、防雷及接地装置，10kV 以下架空配电线路、电气调整试验、配管、配线、照明器具等分部工程组成。安装工程的分部工程按用途或输送不同介质、物料以及材料、设备的组别划分为若干分项工程，如安装管、线、安装设备、刷油漆等分项工程。

工程量和造价的计算是由局部到整体的一个分部组合计算的过程。按照现行规定，一般是按工程的构成，从局部到整体地先计算出工程量，再按计价依据分部组合计价。

工程量和造价的计算过程及计算顺序：分部分项工程→单位工程→单项工程→建设项目。

（3）多次性计价

建设工程生产过程是一个周期长、资源消耗数量大的生产消费过程。从项目构思开始，可行性研究到竣工验收交付生产或使用，分阶段进行。对于同一项工程，为了适应工程建设过程中各方经济关系的建立，适应项目的决策、实施和管理的要求，需要对其进行多次性计价。多次性计价如图 3.1 所示。

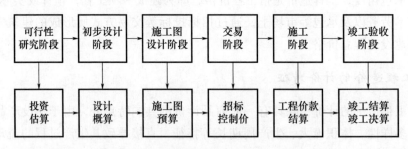

图 3.1　不同建设阶段工程造价的形式

（4）计价方法多样性

在项目建议书阶段或可行性研究报告初期阶段，工程量仅仅是一个设想或规划，没有具体尺寸、数量，此时的工程造价，只能类比已建类似工程的造价来初步确定。对于工业项目，计价的具体方法有设备系数法、生产能力指数估算法等。当可行性研究达到相当程度，主要单项工程已经明确时，可采用估算指标进行投资估算。

在初步设计阶段，图纸设计深度能够计算主要的工程量的情况下，可计算工程量和依据概算定额编制设计概算；如果无概算定额，可采用类似工程法；如果不能算出工程量，则采用概算指标法编制设计概算。

在施工图设计阶段，由于工程量能够确定，一般采用定额法和工程量清单来编制施工图预算。

实际计算时，采用哪种方法，应通过分析来确定。

（5）依据复杂性

影响工程造价的因素多，计价依据复杂，种类繁多。计算工程造价时，一定要注重采用客观正确的计价依据，切记不要脱离实际。

在采用以下计价依据时，注意以下几点。

1）计算设备费依据：包括项目建议书、可行性研究报告、设计文件、国产设备和引进设备的询价、运杂费、进口设备关税、增值税的调查研究资料等。

2）计算建筑安装工程的工程量依据：包括工程量计算规范、定额的工程量计算规则、施工图纸、各专业的有关标准图、施工组织设计、施工准备工作项目、场外制备工作项目等。

3）计算分部分项工程单价的依据：包括工料机实物消耗量、人工、材料、机械台班单价、管理费率、利润率、物价指数、工程造价指数、工程造价信息等。

4）计算措施费、规费、税金等的依据：包括相关定额、指标、政府及建设管理部门的规定等。

工程造价的计价依据必须正确，不能脱离实际、采用过时的定额或不考虑实际情况。

二、工程造价相关概念

反映建设投资或工程造价的名词种类较多，大致有以下几种。

1. 静态投资与动态投资

（1）静态投资

静态投资是指在编制预期造价（估算、概算、预算）时，以某一基准年、月的单价为依据所计算出的工程造价。

静态投资由建筑安装工程费、设备费、工器具费用、工程建设其他费用和预备费中的基本预备费之和组成。

（2）动态投资

动态投资是指为完成一个工程项目的建设，预计投资的总和。除了包括静态投资所含内容之外，动态投资还包括建设期贷款利息、投资方向调节税、涨价预备费，如果需要购买国外产品，还包括汇率变动部分引起的费用增加。

2. 估算、概算、预算、结算和决算

（1）估算

估算是指编制项目建议书、进行可行性研究报告阶段编制的工程造价。一般按估算指标，类似工程的造价资料，目前的设备、材料价格并结合工程的实际情况进行估算。

估算是进行建设项目经济评价的基础，是判断项目可行性和进行项目决策的重要依据，并作为以后建设阶段工程造价的控制目标限额。

（2）概算

概算是在初步设计阶段，按照概算定额或概算指标及建设主管部门颁发的有关取费规定等，进行计算和编制的建设项目各项建设费用的总和。

经批准的概算是确定建设项目总造价，是控制基本建设拨款和施工图预算及考核设计经济合理性的依据。

（3）施工图预算、控制价和投标报价

施工图预算一般是在建设准备和建设实施阶段，根据施工图计算的工程量、施工方案，进行计算和编制的单位工程或单项工程建设费用的经济文件。

业主或其委托单位编制的施工图预算，可作为工程建设招标的控制价。施工单位为了投标也必须进行施工图预算，在此基础上确定投标报价。不同的投标单位，由于施工方案存在差异，技术水平、企业工料机消耗的定额、工料机单价、投标策略等均不同，各自编制的投标报价可能不同。

（4）结算

结算是指一个单位工程或单项工程完工后，经组织验收合格，由施工单位根据承包合同条款和计价的规定，结合工程施工中设计变更等引起工程建设费增加或减少的具体情况，编制并经建设或委托的监理单位签认的，作为结算工程价款依据的经济文件。

结算包括期中价款结算和工程竣工结算。其中，期中价款结算是指发包人在合同工程施工过程中，按照合同约定对付款周期内承包人完成的合同价款给予支付的款项，也就是工程进度款的结算支付。发承包双方应按照合同约定的时间、程序和方法，根据工程计算结果，办理其中的价款结算，支付进度款。进度款支付周期应与合同约定的工程计量周期一致。工程竣工结算是指工程项目完工并经竣工验收合格后，发承包双方按照施工合同的约定对所完成的工程项目进行的合同价款的计算、调整和确认。

（5）决算

决算一般由建设单位编制，反映建设项目从筹建开始到项目竣工交付使用为止的全部建设费用。

决算可以反映建设交付使用的固定资产及流动资产的详细情况，可以作为财产交接、考核交付使用的财产成本以及使用部门建立财产明细表和登记新增资产价值的依

据。决算显示了完成一个建设项目所实际支出的总费用，是对该建设项目进行清产核资和后评估的依据。

3. 项目总投资、固定资产投资和单项工程造价、单位工程造价

（1）项目总投资和固定资产投资

项目总投资是指建设项目投入所需全部资金的总和，包括建设项目的各个单项工程的投资和工程建设其他费用等。

建设项目按用途可分为生产性建设项目和非生产性建设项目。生产性建设项目投资包括流动资产投资和固定资产投资。非生产性建设项目总投资只有固定资产投资。

建设项目的固定资产投资就是建设项目的工程造价，两者在量上是等同的。其中建筑安装工程投资也就是建筑安装工程造价，两者在量上是等同的。

（2）单项工程造价

单项工程造价是指构成该单项工程的各个单位建筑安装工程造价和设备及工器具费用的总和。当建设项目由多个单项工程组成时，单项工程造价不含工程建设其他费用。

（3）单位工程造价

单位工程造价是指构成该单位工程的各个分部工程造价的总和。单位工程造价仅包括建筑安装工程费，不包括设备及工器具购置费。

施工图预算通常按照建筑或安装工程的某一个单位工程编制，单位工程是施工企业进行施工的主要对象，在实践中，经常以单位工程为对象，编制工程量清单，由投标人自主报价，通过招标投标的方式进行交易。

第二节 工程造价管理的组织和内容

一、工程造价管理的基本内涵

工程造价管理即合理确定和有效地控制工程造价。

工程造价管理有两层含义，一是工程投资费用管理，二是工程价格管理。

工程投资费用管理的目的是实现投资的预期目标。工程投资费用管理是在拟定的规划、设计方案的条件下，预测、计算、确定和监控工程造价及其变动的系统活动，包括合理确定和有效控制工程造价的一系列工作。

合理确定工程造价，即在建设程序的各个阶段，采用科学的计算方法和计价依据，合理确定估算、概算、施工图预算、承包合同价、竣工结算。

有效控制工程造价是指在投资决策阶段、设计阶段、招标投标阶段和施工阶段，把建设工程造价控制在批准的造价限额以内，保证项目投资控制目标的实现。

工程价格管理属于价格管理范畴。在社会主义市场经济条件下，价格管理分两个层次。在微观层次上，企业依据市场价格，进行计价、定价、竞价和成本控制，反映了微观主体按支配价格运动的经济规律，对商品价格进行能动的计划、预测、监控和调整，并接受价格对生产的调节；在宏观层次上，政府根据社会经济发展的要求，利用法律手段、经济手段和行政手段对价格进行管理和调控，以及通过市场管理，规范市场主体价格行为的系统活动。

国家对工程造价的管理，不仅承担一般商品价格的职能，而且在政府投资项目上也承担着微观主体的管理职能，这种双重角色的双重管理职能，是工程造价管理的一大特色。

区分两种管理职能，进而制定不同的管理目标，采用不同的管理方法是必然的发展趋势。

二、工程造价管理的组织系统

1. 政府行政管理系统

政府在工程造价管理中既是宏观管理主体，也是政府投资项目的微观管理主体。从宏观管理的角度，政府对工程造价管理有一个严密的组织系统，设置了多层管理机构，规定了管理权限和职责范围。

国家建设行政主管部门（住房城乡建设部）的造价管理机构（标准定额司）在全国范围内行使管理职能，它在工程造价管理工作方面承担的主要职责：

（1）组织制定工程造价管理的有关法规、制度并组织贯彻实施。

（2）组织制定全国统一经济定额和部管行业经济定额、修订计划。

（3）组织制定全国统一经济定额和部管行业经济定额。

（4）监督指导全国统一经济定额和部管行业经济定额。

（5）制定工程造价咨询单位的资质标准并监督执行，提出工程造价专业技术人员执业资格标准。

（6）管理全国工程造价咨询单位资质工作，负责全国甲级工程造价咨询单位的资质审定。

省、自治区、直辖市和行业主管部门的造价管理机构，是在其范围内行使管理职能；省辖市和地区的造价管理部门在所辖地区内行使管理职能。其职责大体和国家住房城乡建设部的工程造价管理机构的相对应。

2. 企事业单位管理系统

企事业机构对工程造价的管理，属微观管理的范畴。

设计和工程造价咨询机构，按照业主或委托方的意图，在可行性研究和规划设计阶段，合理确定和有效控制建设项目的工程造价，通过限额设计手段，实现设定的造价管理目标；在招标投标工作中编制标底，参加评标；在项目实施阶段，通过对设计变更、工期、索赔和结算等项管理进行造价控制。设计和造价咨询机构，通过在全过程造价管理中的业绩，赢得自己的信誉，提高市场竞争力。

企业的工程造价管理是企业管理中的重要组成部分，设有专门的职能机构参与企业的投标决策，并通过对市场的调查研究，利用过去积累的经验，研究报价策略，提出报价；在施工过程中，进行工程造价的动态管理，注意各种调价因素的发生和工程价款的结算，避免收益的流失，以促进企业赢利目标的实现。承包企业在加强工程造价管理的同时，还要加强企业内部的各项管理，特别要加强成本控制，才能切实保证企业有较高的利润水平。

3. 行业协会管理系统

在全国各省、自治区、直辖市及一些大中城市，先后成立了工程造价管理协会，对工程造价咨询工作和造价工程师实行行业管理。

中国建设工程造价管理协会是我国建设工程造价管理的行业协会。

协会的宗旨：坚持党的基本路线，遵守国家宪法、法律、法规和国家政策，遵守社会道德风尚，遵循国际惯例，按照社会主义市场经济的要求，组织研究工程造价行业发展和管理体制改革的理论和实际问题，不断提高工程造价专业人员的素质和工程造价的业务水平，为维护各方的合法权益，遵守职业道德，合理确定工程造价，提高投资效益，以及为促进国际工程造价机构的交流与合作服务。

协会的性质：是由从事工程造价管理与工程造价咨询服务的单位及具有造价工程师注册资格和资深的专家、学者自愿组成的具有社会团体法人资格的全国性社会团体，是对外代表造价工程师和工程造价咨询服务机构的行业性组织。经住房城乡建设部同意，民政部核准登记，协会属非营利性社会组织。

协会的业务范围包括：

（1）研究工程造价管理体制的改革，行业发展、行业政策、市场准入制度及行为规范等理论与实践问题；

（2）探讨提高政府和业主项目投资效益、科学预测和控制工程造价，促进现代化管理技术在工程造价咨询行业的运用，向国家行政部门提供建议；

（3）接受国家行政主管部门委托，承担工程造价咨询行业和造价工程师执业资格及职业教育等具体工作，研究提出与工程造价有关的规章制度及工程造价咨询行业的资质标准、合同范本、职业道德规范等行业标准，并推动实施；

（4）对外代表我国造价工程师组织和工程造价咨询行业与国际组织及各国同行组织建立联系与交往，签订有关协议，为会员开展国际交流与合作等对外服务；

（5）建立工程造价信息服务系统，编辑、出版有关工程造价方面的刊物和参考资料，组织交流和推广先进工程造价咨询经验，举办有关职业培训和国际工程造价咨询业务研讨活动；

（6）在国内外工程造价咨询活动中，维护和增进会员的合法权益，协调解决会员和行业间的有关问题，受理关于工程造价咨询执业违规的投诉，配合行政主管部门进行处理，并向政府部门和有关方面反映会员单位和工程造价咨询人员的建议和意见；

（7）指导各专业委员会和地方造价协会的业务工作；

（8）组织完成政府有关部门和社会各界委托的业务工作。

三、工程造价管理的主要内容及原则

工程造价管理的基本任务就是合理确定和有效地控制工程造价，具体包括以下内容：

1. 合理确定投资和工程造价

合理确定工程造价即在工程建设的各个阶段，合理确定估算、概算、预算、结算，具体工作如下：

（1）在项目建议书阶段，按照有关规定，应编制初步投资估算，经有关部门批准，作为开展前期工作的控制造价。

（2）在可行性研究报告阶段，按照有关规定编制的投资估算，经有关部门批准，即该项目控制造价。

（3）在初步设计阶段，按照有关规定编制的初步设计总概算，经有关部门批准，即作为拟建项目工程造价的最高限额。

（4）在施工图设计阶段，按规定编制施工图预算，用以核实施工图预算造价是否超过批准的初步设计概算。

（5）在工程实施阶段，按照实际完成的工程量，依据合同条款，合理确定结算。

（6）在竣工验收阶段，确定和统计在工程建设过程中实际发生的全部费用，编制竣工决算。

2. 投资和工程造价的有效控制

工程造价的有效控制即指在项目建设的各个阶段，采用一定的方法和措施，把工程造价的发生控制在合理的范围和核定的造价限额以内。具体来说，就是要用投资估算价控制设计方案的选择和初步设计概算造价，用概算造价控制技术设计和修正概算造价，用概算造价或修正概算造价控制施工图设计和预算造价，以求合理使用人力、物力和财力，取得较好的投资效益。

工程造价有效控制的原则如下：

（1）以设计阶段为重点的建设全过程的造价控制

工程造价控制贯穿于项目建设全过程，但是工程造价控制的关键在于施工前的投资决策和设计阶段。据统计分析，设计费一般只相当于建设工程全寿命费用的1%以下，但对工程造价的影响程度占75%以上。

（2）主动控制

工程造价必须主动控制，才能取得令人满意的效果。工程造价控制，不仅要反映投资决策，反映设计、发包和施工，被动地控制工程造价，更要能动地影响投资决策，影响设计、发包和施工，主动地控制工程造价。

（3）技术与经济相结合

技术与经济相结合是控制工程造价最有效的手段。

技术上，重视设计多方案选择，严格审查监督初步设计、技术设计、施工图设计、施工组织设计，深入技术领域研究节约投资的可能性。经济上，动态地比较造价的计划值和实际值，严格审核各项费用支出，采取对节约投资的有力奖励措施等。

在工程建设过程中，应把技术与经济有机地结合，通过技术比较、经济分析和效果评价，正确处理技术先进与经济合理两者之间的对立统一关系，力求在技术先进条件下的经济合理，在经济合理基础上的技术先进，把控制工程造价观念，渗透到各项设计和施工技术措施之中。

第三节　重庆市建设工程造价管理规定

重庆市建设工程造价管理规定主要是规范重庆市行政区域内从事建设工程计价依据制定与信息发布、造价确定与控制、造价咨询与执业等活动。

一、计价依据制定与信息发布

建设工程造价计价依据包括：

（1）建设工程计价与计量的规范、标准、规定；

（2）投资估算指标、概算指标；

（3）概算定额、消耗量定额、计价定额、费用定额和工期定额；

（4）人工、材料、施工机械设备台班及仪器仪表台班的价格信息和建设工程造价指标、指数；

（5）其他有关计价依据。

建设工程计价依据应当根据国家法律法规、标准规范和有关规定进行编制，适应新技术、新工艺、新材料、新设备和绿色建筑的要求，发挥计价依据的引导约束作用，支持建筑业转型升级。

市城乡建设主管部门组织编制与发布本市建设工程造价计价依据，其中建设工费用定额由市城乡建设主管部门会同市发展改革、市财政部门发布。

市城乡建设主管部门应当建立全市建设工程造价信息化平台，定期发布人工、材料、施工机械设备台班及仪器仪表台班价格信息和建设工程造价指标、指数，为建设工程造价计价和管理提供依据。

鼓励企业编制能反映本企业技术及管理水平的企业定额，用于投标报价和成本核算。

二、造价确定与控制

建设工程造价由建设工程项目从筹建到竣工交付使用的全部费用组成，包括工程费用、工程建设其他费用、预备费和建设期利息。

建设工程造价应当坚持市场决定价格的原则，充分发挥市场在资源配置中的决定性作用，在政府调控下，由市场竞争形成。

建设工程造价应当按建设程序分阶段合理确定和有效控制，并遵循投资估算控制设计概算、设计概算控制施工图预算或者最高投标限价、施工图预算或者最高投标限价控制工程结算的原则。

投资估算应当根据投资估算指标、编制办法等有关规定进行编制。

设计概算应当根据初步设计文件、概算指标、概算定额、编制办法等有关规定进行编制。

施工图预算应当根据施工图设计文件、计价定额、施工技术措施等有关规定进行编制。

国有资金投资的建设工程，应当采用工程量清单计价，编制最高投标限价。

国有资金投资的建设工程，其最高投标限价应当根据工程设计文件、招标文件、招标工程量清单、计价依据及有关规定编制，并由招标人按照项目管理权限报城乡建设主管部门备案。

鼓励发包人或者政府有关职能部门委托具有相应资质的工程造价咨询企业，对建设工程从立项、设计、发包、施工到竣工的全过程，或者其中的一个或多个环节进行工程造价确定与控制。

建设工程投标报价应当根据工程计价与计量规范、工程设计文件、招标文件、招标工程量清单、计价定额、企业定额和市场价格自主编制。

建设工程投标报价不得低于工程成本，不得高于最高投标限价。

实行招标投标工程的合同价由发包人和承包人依据招标文件和投标文件在合同中约定。不实行招标投标工程的合同价由发包人和承包人协商后在合同中约定。

发包人和承包人在约定合同计价条款时，应当考虑市场环境和生产要素价格变化对合同价款的影响。

建设工程价款结算包括施工过程结算和竣工结算，应当依据建设工程合同、设计文件、投标文件、施工方案、竣工资料、标准规范、计价依据、调整后追加或者减少的合同价款等有效文件资料编制。

推行施工过程结算，发包人应当按照合同约定的计量周期或者工程进度结算并支付工程款。

发包人和承包人应当在双方确认的施工过程结算基础上汇总编制竣工结算，并按照合同约定和相关法律法规规定，按时足额支付结算工程款。

竣工结算证明应当作为建设工程竣工验收备案的必备文件，由发包人按照工程项目管理权限报城乡建设主管部门备案。

竣工结算证明是指下列资料之一：

（1）竣工结算文件；

（2）施工单位确认建设单位已按照合同支付工程款且已明确剩余工程款支付计划的证明；

（3）竣工结算纠纷已进入司法或者仲裁程序的证明。

三、造价咨询与执业

工程造价咨询企业和工程造价执业人员应当依法取得相应的资质或者资格，在其资质、资格许可范围内从事建设工程造价活动，遵守相关执业准则和行为规范。

市外工程造价咨询企业在本市范围内从事建设工程造价咨询活动，应当按照有关规定向市城乡建设主管部门报送信息。

工程造价咨询企业承接造价咨询业务，应当按照国家和本市有关规定，签订工程造价咨询合同或者取得政府有关职能部门的书面委托，提供工程造价成果文件，并对其提供的工程造价成果文件承担法律责任。

工程造价咨询企业不得有下列行为：

（1）涂改、倒卖、出租、出借资质证书，或者以其他形式非法转让资质证书；

（2）同时接受招标人和投标人或者两个以上投标人对同一工程项目的工程造价咨询业务；

（3）恶意压低收费或者收费明显低于经营成本；

（4）转包承接的工程造价咨询业务；

（5）出具高估冒算、低估少算工程造价或者虚假记载、误导性陈述的工程造价成果文件；

（6）法律法规禁止的其他情形。

工程造价执业人员不得有下列行为：

（1）签署有高估冒算、低估少算工程造价或者虚假记载、误导性陈述的工程造价成果文件；

（2）同时在两个或者两个以上单位执业；

（3）涂改、倒卖、出租、出借或者以其他形式非法转让注册证书、资格证书、执业印章；

（4）允许他人以自己名义从事工程造价业务；

（5）法律法规禁止的其他情形。

市城乡建设主管部门逐步建立全市造价咨询诚信管理体系，建立工程造价咨询企业和工程造价执业人员信用信息档案，并按照规定向社会公布。

第四章　建设工程合同管理

第一节　建设工程合同的类型及选择

一、建设工程合同的种类

1. 按照工程建设阶段分类

建设工程的建设过程大体上经过勘察、设计、施工3个阶段，围绕不同阶段订立相应合同。

（1）建设工程勘察，是指根据建设工程的要求，查明、分析、评价建设场地的地质地理环境特征和岩土工程条件，编制建设工程勘察文件的活动。建设工程勘察合同即发包人与勘察人就完成商定的勘察任务明确双方权利义务的协议。

（2）建设工程设计，是指根据建设工程的要求，对建设工程所需的技术、经济、资源、环境等条件进行综合分析、论证，编制建设工程设计文件的活动。建设工程设计合同即发包人与设计人就完成商定的工程设计任务明确双方权利义务的协议。

（3）建设工程施工，是指根据建设工程设计文件的要求，对建设工程进行新建、扩建、改建的活动。建设工程施工合同即发包人与承包人为完成商定的建设工程项目的施工任务明确双方权利义务的协议。

2. 按照发承包方式分类

（1）勘察、设计或施工总承包合同

勘察、设计或施工总承包，是指发包人将全部勘察、设计或施工的任务发包给一个勘察、设计单位或一个施工单位作为总承包人，经发包人同意，总承包人可以将勘察、设计或施工任务的一部分分包给其他符合资质的分包人。据此明确各方权利义务的协议即为勘察、设计或施工总承包合同。在这种模式中，发包人与总承包人订立总承包合同，总承包人与分包人订立分包合同，总承包人与分包人就工作成果对发包人承担连带责任。

（2）单位工程施工承包合同

单位工程施工承包，是指在一些大型、复杂的建设工程中，发包人可以将专业性很强的单位工程发包给不同的承包人，与承包人分别签订土木工程施工合同、电气与机械工程承包合同，这些承包人之间为平行关系。单位工程施工承包合同常见于大型工业建筑安装工程，据此明确各方权利义务的协议即为单位工程施工承包合同。

（3）工程项目总承包合同

工程项目总承包，是指建设单位将包括工程设计、施工、材料和设备采购等一系列工作全部发包给一家承包单位，由其进行实质性设计、施工和采购工作，最后向建设单位交付具有使用功能的工程项目。工程项目总承包实施过程可依法将部分工程分包。据此明确各方权利义务关系的协议即为工程项目总承包合同。

（4）CM（Construction Management）合同

CM承包，是指由业主委托一家CM单位承担项目管理工作，该CM单位以承包人的身份进行施工管理，并在一定程度上影响工程设计活动，组织快速路径（Fast-Track）的生产方式，使工程项目实现有条件的"边设计、边施工"。CM单位有代理型和非代理型两种，代理型的CM单位不负责工程分包的发包，与分包人的合同由业主直接签订，而非代理型的CM单位直接与分包人签订分包合同。

（5）BOT合同（又称特许权协议书）

BOT承包模式，是指由政府或政府授权的机构授予承包人在一定的期限内，以自筹资金建设项目并自费经营和维护，向东道国出售项目产品或服务，收取价款或酬金，期满后将项目全部无偿移交东道国政府的工程承包模式。据此明确各方权利义务的协议即为BOT合同。

二、施工合同计价的方式

1. 总价合同

总价合同是指在合同中确定一个完成项目的总价，承包人据此完成项目全部内容的合同。这种合同类型能够使发包人在评标时易于确定报价最低的承包人，易于进行支付计算。但这类合同仅适用于工程量不太大且能精确计算、工期较短、技术不太复杂、风险不大的项目。因而采用这种合同类型要求发包人必须准备详细而全面的设计图纸和各项说明，使承包人能准确计算工程量。总价合同又可以分为固定总价合同和可调总价合同。

2. 单价合同

单价合同是承包人在投标时，按招标文件就分部分项工程所列出的工程量表确定各分部分项工程费用的合同类型。这类合同的适用范围比较宽，其风险可以得到合理的分摊，并且能鼓励承包人通过提高工效等手段从成本节约中提高利润。这类合同能够成立的关键在于双方对单价和工程量计算方法的确认。在合同履行中需要注意的问题则是双方对实际工程量计量的确认。单价合同也可以分为固定单价合同和可调单价合同。

3. 成本加酬金合同

成本加酬金合同，是指由发包人向承包人支付工程项目的实际成本，并按事先约定的某一种方式支付酬金的合同类型。在这类合同中，发包人需承担项目实际发生的一切费用，因此也就承担了项目的全部风险。而承包人由于无风险，其报酬往往也比较低。这类合同的缺点是发包人对工程总造价不易控制，承包人也往往不注意降低项目成本。成本加酬金合同有多种形式，但目前流行的主要有如下几种：

（1）成本加固定费用合同。

（2）成本加定比费用合同。

（3）成本加奖金合同。

（4）成本加保证最大酬金合同，主要适用于以下项目：需要立即开展工作的项目，如震后的救灾工作；新型的工程项目，或对项目工程内容及技术经济指标未确定；风险很大的项目。

三、施工合同类型的选择

合同类型的选择，这里仅指以计价方式划分的合同类型的选择。选择合同类型应考虑以下因素：

1. 项目规模和工期长短

如果项目的规模较小，工期较短，则合同类型的选择余地较大，总价合同、单价合同及成本加酬金合同都可选择。由于选择总价合同发包人可以不承担风险，发包人较愿选用；对这类项目，承包人同意采用总价合同的可能性较大，因为这类项目风险小，不可预测因素少。

如果项目规模大、工期长，则项目的风险也大，合同履行中的不可预测因素也多。这类项目不宜采用总价合同。

2. 项目的竞争情况

如果在某一时期和某一地点，愿意承包某一项目的承包人较多，则发包人拥有较多的主动权，可按照总价合同、单价合同、成本加酬金合同的顺序进行选择。如果愿意承包项目的承包人较少，则承包人拥有的主动权较多，可以尽量选择承包人愿意采用的合同类型。

3. 项目的复杂程度

如果项目的复杂程度较高，则意味着：①对承包人的技术水平要求高；②项目的风险较大。因此，承包人对合同的选择有较大的主动权，总价合同被选用的可能性较小。如果项目的复杂程度低，则发包人对合同类型的选择握有较大的主动权。

4. 项目的单项工程的明确程度

如果单项工程的类别和工程量都已十分明确，则可选用的合同类型较多，总价合同、单价合同、成本加酬金合同都可以选择。如果单项工程的分类已详细而明确，但实际工程量与预计的工程量可能有较大出入，则应优先选择单价合同，此时单价合同为最合理的合同类型。如果单项工程的分类和工程量都不甚明确，则无法采用单价合同。

5. 项目准备时间的长短

项目的准备包括发包人的准备工作和承包人的准备工作。对于不同的合同类型，分别需要不同的准备时间和准备费用。总价合同需要的准备时间长，准备费用最高，成本加酬金合同需要的准备时间短，准备费用最低。对于一些非常紧急的项目如抢险救灾等项目，给予发包人和承包人的准备时间都非常短，因此，只能采用成本加酬金的合同形式。反之，则可采用单价或总价合同形式。

6. 项目的外部环境因素

项目的外部环境因素包括项目所在地区的政治局势是否稳定、经济局势因素（如通货膨胀、经济发展速度等）、劳动力素质（当地）、交通、生活条件等。如果项目的外部环境恶劣则意味着项目的成本高、风险大、不可预测的因素多，承包人很难接受总价合同方式，而较适合采用成本加酬金合同。

总之，在选择合同类型时，一般情况下是发包人占有主动权。但发包人不能单纯考虑自己的利益，应当综合考虑项目的各种因素、考虑承包人的承受能力，确定双方都能认可的合同类型。

第二节　建设工程合同示范文本

一、建设工程合同管理的目标

建设工程合同是承包人实施工程建设活动，发包人支付价款或酬金的协议。建设工程合同的顺利履行是建设工程质量、投资或工期的基本保障，不但对建设工程合同当事人有重要的意义，而且对社会公共利益、公众的生命健康有重要的意义。

1. 发展和完善建筑市场

作为社会主义市场经济的重要组成部分，建筑市场需要不断发展和完善。市场经济与计划经济的最主要区别在于：市场经济主要是依靠合同来规范当事人的交易行为，而计划经济主要是依靠行政手段来规范财产流转关系。因此，发展和完善建筑市场，必须有规范的建设工程合同管理制度。

在市场经济条件下，合同的内容成为实施建设工程行为的主要依据，依法加强建设工程合同管理，可以保障建筑市场的资金、材料、技术、信息、劳动力的管理，保障建筑市场有序运行。

2. 推进建设领域的改革

我国建设领域推行项目法人责任制、招标投标制、工程监理制和合同管理制。在这些制度中，核心是合同管理制。因为项目法人责任制是要建立能够独立承担民事责任的主体制度，而市场经济中的民事责任主要是基于合同义务的合同责任。招标投标制实际上是要确立一种公平、公正、公开的合同订立制度，是合同形成过程的程序要求。工程监理制也是依靠合同来规范业主、承包人、监理人相互之间关系的法律制度。因此，建设领域的各项制度实际上是以合同制度为中心相互推进的，建设工程合同管理的健全完善无疑有助于建筑领域其他各项制度的推进。

3. 提高工程建设的管理水平

工程建设管理水平的提高表现在工程质量、进度和投资三大控制目标上，这三大控制目标的水平主要体现在合同中。在合同中规定三大控制目标后，要求合同当事人在工程管理中细化这些内容，在工程建设过程中严格执行这些规定，同时，如果能够严格按照合同的要求进行管理，工程的质量就能够得到有效的保障，进度和投资的控制目标也就能够实现。因此，建设工程合同管理能够有效提高工程建设的管理水平。

二、建设工程合同管理的内容

建设工程合同管理是指项目管理机构通过自身在工程项目合同的订立和履行过程中所进行的计划、组织、指挥、监督和协调等工作，促使项目内部各部门、各环节相互衔接、密切配合，形成合格的工程项目。建设工程合同管理的过程是一个动态过程，是工程项目合同管理机构和管理人员为实现预期的管理目标，运用管理职能和管理方法对工程合同的订立和履行行为施行管理活动的过程。

建设工程合同管理的全过程包括合同订立前的管理、合同订立时的管理、合同履行中的管理和合同发生纠纷时的管理。

1. 合同订立前的管理

合同订立前的管理也称为合同总体策划。合同签订意味着合同生效和全面履行，所以，必须采取谨慎、严肃、认真的态度，做好签订前的准备工作。合同订立前的管理的具体内容包括市场预测、资信调查和决策以及订立合同前行为的管理。

作为业主方，主要应通过合同总体策划对以下几方面内容做出决策：与业主签约的承包人的数量、招标方式的确定、合同种类的选择、合同条件的选择、重要合同条款的确定以及其他战略性问题（如业主的相关合同关系的协调等）。

作为承包人，其合同策划应服从于其基本目标（取得利润）和企业经营战略，具体内容包括投标方向的选择、合同风险的总评价、合作方式的选择等。

2. 合同订立时的管理

合同订立阶段，意味着当事人双方经过工程招标投标活动，充分酝酿、协商一致，从而建立起建设工程合同法律关系。订立合同是一种法律行为，双方应当认真、严肃地拟定合同条款，使合同合法、公平、有效。

3. 合同履行中的管理

合同依法订立后，当事人应认真做好履行过程中的组织与管理工作，严格按照合同条款享有权利和履行义务。在这个阶段中，合同管理人员（无论是业主还是承包人）的主要工作包括建立合同实施的保证体系，对合同实施情况进行跟踪并诊断分析，进行合同变更管理等。

4. 合同发生纠纷时的管理

在合同履行中，当事人之间有可能发生纠纷，当争议纠纷出现时，有关双方首先应从整体、全局的目标出发，做好有关的合同管理工作。

三、建设工程施工合同

1. 建设工程施工合同概述

（1）建设工程施工合同的概念

建设工程施工合同即建筑安装工程承包合同，是发包人与承包人为完成商定的建筑安装工程，明确相互权利、义务关系的合同。依照施工合同，承包人应完成一定的建筑、安装工程任务，发包人应提供必要的施工条件并支付工程价款。施工合同是建设工程合同的一种，它与其他建设工程合同一样是一种双务合同，在订立时也应遵循自愿、公平、诚实信用等原则。

建设工程施工合同的当事人是发包人与承包人，双方是平等的民事主体。发承包双方签订的施工合同，必须具备相应资质条件和履行施工合同的能力。对合同范围内的工程实施建设时，发包人必须具备组织协调能力，承包人必须具备有关部分核定的资质等级并持有营业执照等证明文件。发包人既可以是建设单位，也可以是取得建设项目总承包资格的项目总承包单位。

（2）建设工程施工合同的特点

建设工程施工合同作为最主要的建设工程合同，除具有建设工程合同的特征外，还具有以下特点：

1）合同内容的多样性和复杂性

虽然建设施工合同的当事人只有两方，其涉及的主体却有许多。与大多数合同相比，建设工程施工合同的履行期限长，标的额大，涉及的法律关系包含劳动关系、保险关系、运输关系等，具有多样性和复杂性。这就要求建设工程施工合同的内容尽量详尽。建设工程施工合同除了具备合同的一般内容，还应对安全施工、专利及时使用、发现地下障碍物和文物、工程分包、不可抗力、工程设计变更、材料设备的供应、运输、验收等内容做出规定。在建设工程施工合同的履行过程中，除施工企业与发包人的合同关系外，还涉及与劳务人员的劳动关系、与保险公司的保险关系、与材料设备供应商的买卖关系、与运输企业的运输关系等。所有这些，也决定了建设工程施工合同的内容具有多样性和复杂性的特点。

2）合同监督的严格性

由于建设工程施工合同的履行对国家经济发展、公民工作和生活都有重大的影响，因此，国家对建设工程施工合同的监督是十分严格的，具体体现在以下3个方面：

①对合同主体监督的严格性

建设工程施工合同主体一般只能是法人。发包人一般只能是经过批准进行工程项目建设的法人，必须具有国家批准的建设项目，落实投资计划，并且应当具备相应的协调能力；承包人则必须具备法人资格，而且应当具有相应的施工资质。无营业执照或无承包资质的单位不能作为建设工程施工合同的主体，资质等级低的单位不能越级承包建设工程。

②对合同订立监督的严格性

订立建设工程施工合同必须以国家批准的投资计划为前提，即使是国家计划投资以外的，以其他方式筹集的投资也要受到当年的贷款规模和批准限额的限制，纳入当年投资规模的平衡，并经过严格的审批程序。建设工程施工合同的订立，还必须符合国家关于建设程序的规定。

③合同管理的经济效益显著

建设工程施工合同管理得好，可使承包人避免亏损，获得盈利；否则，将要蒙受较大的经济损失。一般对于正常的工程，合同管理的成功与失误对工程经济效益产生的影响之差能达到20%的工程造价。

2. 《建设工程施工合同（示范文本）》的主要内容

为了指导建设工程施工合同当事人的签约行为，维护合同当事人的合法权益，依据《中华人民共和国合同法》《中华人民共和国建筑法》《中华人民共和国招标投标法》以及相关法律法规，住房城乡建设部、国家工商行政管理总局对《建设工程施工合同（示范文本）》（GF-2013-0201）进行了修订，制定了《建设工程施工合同（示范文本）》（GF-2017-0201）（以下简称《示范文本》）。

《示范文本》为非强制性使用文本，适用于房屋建筑工程、土木工程、线路管道和设备安装工程、装修工程等建设工程的施工发承包活动。合同当事人可结合建设工程具体情况，根据《示范文本》订立合同，并按照法律法规规定和合同约定承担相应的法律责任及合同权利义务。

（1）《示范文本》的组成

《建设工程施工合同（示范文本）》（GF-2017-0201）由合同协议书、通用合同条款和专用合同条款三部分组成。

1）合同协议书

合同协议书是《施工合同文本》中的总纲领性文件。虽然其文字量并不大，但它规定了合同当事人双方最主要的权利义务，规定了组成合同的文件及合同当事人对履行合同义务的承诺，并且合同当事人在这份文件上签字盖章，因此具有很大的法律效力。

《示范文本》合同协议书共计13条，主要包括工程概况、合同工期、质量标准、签约合同价和合同价格形式、项目经理、合同文件构成、承诺以及合同生效条件等重要内容，集中约定了合同当事人基本的合同权利义务。

2）通用合同条款

通用合同条款是合同当事人根据《中华人民共和国建筑法》《中华人民共和国合同法》等法律法规的规定，就工程建设的实施及相关事项，对合同当事人的权利义务做出的原则性约定。

通用合同条款共计20条，具体条款分别为一般约定、发包人、承包人、监理人、工程质量、安全文明施工与环境保护、工期和进度、材料与设备、试验与检验、变更、价格调整、合同价格、计量与支付、验收和工程试车、竣工结算、缺陷责任与保修、违约、不可抗力、保险、索赔和争议解决。前述条款安排既考虑了现行法律法规对工程建设的有关要求，也考虑了建设工程施工管理的特殊需要。

3）专用合同条款

专用合同条款是对通用合同条款原则性约定的细化、完善、补充、修改或另行约定的条款。合同当事人可以根据不同建设工程的特点及具体情况，通过双方的谈判、协商对相应的专用合同条款进行修改补充。在使用专用合同条款时，应注意以下事项：

①专用合同条款的编号应与相应的通用合同条款的编号一致；

②合同当事人可以通过对专用合同条款的修改，满足具体建设工程的特殊要求，避免直接修改通用合同条款；

③在专用合同条款中有横道线的地方，合同当事人可针对相应的通用合同条款进行细化、完善、补充、修改或另行约定；如无细化、完善、补充、修改或另行约定，则填写"无"或画"/"。

（2）主要合同条款

建设工程施工合同应包括以下主要合同条款：施工合同双方的一般权利和义务；施工进度和工期；施工质量和检验；安全文明施工与环境保护；不可抗力；分包；材料与设备；试验与检验；变更、价格调整合同价；计量与支付；验收和工程试车；竣工结算；违约；争议解决。

3.《建设项目工程总承包合同（示范文本)》的主要内容

为指导建设项目工程总承包合同当事人的签约行为，维护合同当事人的合法权益，依据《中华人民共和国合同法》《中华人民共和国建筑法》《中华人民共和国招标投标法》以及相关法律、法规，住房城乡建设部、国家工商行政管理总局制定了《建设项目工程总承包合同（示范文本）（试行）》（GF-2011-0216）（以下简称 GF-2011-0216）。

GF-2011-0216 为非强制性使用文本。合同双方当事人可依照 GF-2011-0216 订立合同，并按法律规定和合同约定承担相应的法律责任。GF-2011-0216 适用于建设项目工程总承包发承包方式。"工程总承包"是指承包人受发包人委托，按照合同约定对工程建设项目的设计、采购、施工（含竣工试验）、试运行等实施阶段，实行全过程或若干阶段的工程承包。为此，在 GF-2011-0216 的条款设置中，将"技术与设计、工程物资、施工、竣工试验、工程接收、竣工后试验"等工程建设实施阶段相关工作内容皆分别作为一条独立条款，发包人可根据发包建设项目实施阶段的具体内容和要求，确定对相关建设实施阶段和工作内容的取舍。

（1）GF-2011-0216 的组成

GF-2011-0216 由合同协议书、通用条款和专用条款三部分组成。

1）合同协议书

根据《中华人民共和国合同法》的规定，合同协议书是双方当事人对合同基本权利、义务的集中表述，主要包括建设项目的功能、规模、标准和工期的要求、合同价格及支付方式等内容。合同协议书的其他内容，一般包括合同当事人要求提供的主要技术条件的附件及合同协议书生效的条件等。

2）通用条款

通用条款是合同双方当事人根据《中华人民共和国建筑法》《中华人民共和国合同法》以及有关行政法规的规定，就工程建设的实施阶段及其相关事项，双方的权利、义务做出的原则性约定。通用条款共20条，其中包括核心条款、保障条款、合同执行阶段的干系人条款、违约、索赔和争议条款、不可抗力条款、合同解除条款、合同生效与合同终止条款、补充条款等内容。

3）专用条款

专用条款是合同双方当事人根据不同建设项目合同执行过程中可能出现的具体情况，通过谈判、协商对相应通用条款的原则性约定细化、完善、补充、修改或另行约定的条款。在编写专用条款时，应注意以下事项：

①专用条款的编号应与相应的通用条款的编号相一致。

②在 GF-2011-0216 专用条款中有横道线的地方，合同双方当事人可针对相应的通用条款进行细化、完善、补充、修改或另行约定，如果不需进行细化、完善、补充、修改或另行约定，可画"/"或写"无"。

③对于在 GF-2011-0216 专用条款中未列出的通用条款，合同双方当事人根据建设项目的具体情况认为简要进行细化、完善、补充、修改或另行约定的，可增加相关专用条款，新增专用条款的编号须与相应的通用条款的编号相一致。

（2）主要合同条款

GF-2011-0216 包含以下主要条款：总承包合同双方的一般权利和义务；进度计划、延误和暂停；技术与设计；工程物资；施工；竣工后试验；质量保修责任；工程竣工验收；变更和合同价格调整；合同总价和付款；税务与关税；索赔款项的支付；竣工结算；保险；违约、索赔和争议；不可抗力；合同解除、生效和终止。

4.《建设工程施工专业分包合同（示范文本）》的主要内容

住房城乡建设部和国家工商行政管理总局于 2013 年发布了《建设工程施工专业分包合同（示范文本）》（GF-2003-0213）。

（1）GF-2003-0213 的组成

《建设工程施工专业分包合同（示范文本）》（GF-2003-0213）由协议书、通用条款、专用条款三部分组成。

1）协议书

①分包工程概况：分包工程名称；分包工程地点；分包工程承包范围。

②分包合同价款。

③工期：开工日期；竣工日期；合同工期总日历天数。

④工程质量标准。

⑤组成合同的文件包括：本合同协议书；中标通知书（如有时）；分包人的报价；除总包合同工程价款之外的总包合同文件；本合同专用条款；本合同通用条款；合同工程建设标准、图纸及有关技术文件；合同履行过程中，承包人和分包人协商一致的其他书面文件。

⑥分包人向承包人承诺，按照合同约定的工期和质量标准，完成本协议书约定的工程并在质量保修期内承担保修责任。

⑦承包人向分包人承诺，按照合同约定的期限和方式，支付本协议书约定的合同价款及其他应当支付的款项。

⑧分包人向承包人承诺，履行总包合同中与分包工程有关的承包人的所有义务，并与承包人承担履行分包工程合同以及确保分包工程质量的连带责任。

2）通用条款

①词语定义及合同文件，包括词语定义，合同文件及解释顺序，语言文字和适用法律、行政法规及工程建设标准、图纸；

②双方一般权利和义务，包括总包合同、指令和决定、项目经理、分包项目经理、承包人的工作、分包人的工作、总包合同解除和转包与再分包；

③工期，包括开工与延期开工、工期延误、暂停施工和工程竣工；

④质量与安全，包括质量检查与验收和安全施工；

⑤合同价款与支付，包括合同价款及调整、工程量的确认和合同价款的支付；

⑥工程变更；

⑦竣工验收与结算，包括竣工验收、竣工结算及移交和质量保修；

⑧违约、索赔及争议解决；

⑨保障、保险及担保；

⑩其他，包括材料设备供应、文件、不可抗力、分包合同解除、合同生效与终止、合同补充条款等规定。

3）专用条款

①词语定义及合同文件，包括合同文件及解释顺序，语言文字和适用法律、行政法规及工程建设标准、图纸；

②双方一般权利和义务，包括项目经理、分包项目经理、承包人的工作和分包人的工作；

③工期，包括工期延误；

④质量与安全，包括质量检查与验收；

⑤合同价款与支付，包括合同价款及调整、工程量的确认和合同价款的支付；

⑥竣工验收与结算；

⑦违约、索赔及争议解决，包括违约和争议；

⑧保障、保险及担保，包括保险和担保；

⑨其他，包括材料设备供应、合同份数、补充条款。

（2）主要合同条款

1）施工专业分包合同双方的一般权利和义务。

2）总包合同解除。

3）转包与再分包。

4）工期。

5）质量与安全。

6）合同价款与支付。

7）竣工验收及结算。

8）质量保修。

9）违约。

10）索赔。

11）争议。

12）保障、保险及担保。

5. 《建设工程造价咨询合同》（示范文本）简介

在建设工程造价咨询合同中，"委托人"是指委托建设工程造价咨询业务和聘用工程造价咨询单位的一方，以及其合法继承人。"咨询人"是指承担建设工程造价咨询业务和工程造价咨询责任的一方，以及其合法继承人。

（1）双方的义务

1）咨询人的义务

向委托人提供与工程造价咨询业务有关的资料，包括工程造价咨询的资质证书及承担本合同业务的专业人员名单、咨询工作计划等，并按合同专用条件中约定的范围实施咨询业务。

咨询人在履行本合同期间，向委托人提供的服务包括正常服务、附加服务和额外服务。

①"正常服务"是指双方在专用条件中约定的工程造价咨询工作；

②"附加服务"是指在"正常服务"以外，经双方书面协议确定的附加服务；

③"额外服务"是指不属于"正常服务"和"附加服务"，但根据合同，咨询人应增加的额外工作量。在履行合同期间或合同规定期限内，不得泄露与本合同规定业务活动有关的保密资料。

2）委托人的义务

委托人应负责与本建设工程造价咨询业务有关的第三人的协调，为咨询人工作提供外部条件。

委托人应当在约定的时间内，免费向咨询人提供与本项目咨询业务有关的资料。

委托人应当在约定的时间内就咨询人书面提交并要求做出答复的事宜做出书面答复。咨询人要求第三人提供有关资料时，委托人应负责转达及资料转送。

委托人应当授权胜任本咨询业务的代表，负责与咨询人联系。

（2）双方的权利

1）咨询人的权利

委托人在委托的建设工程造价咨询业务范围内，授予咨询人以下权利：

①咨询人在咨询过程中，如委托人提供的资料不明确时可向委托人提出书面报告。

②咨询人在咨询过程中，有权对第三人提出与本咨询业务有关的问题进行核对或

查问。

③咨询人在咨询过程中，有到工程现场勘察的权利。

2）委托人的权利

委托人有下列权利：

①委托人有权向咨询人询问工作进展情况及相关的内容。

②委托人有权阐述对具体问题的意见和建议。

③当委托人认定咨询专业人员不按咨询合同履行其职责，或与第三人串通给委托人造成经济损失的，委托人有权要求更换咨询专业人员，直至终止合同并要求咨询人承担相应的赔偿责任。

（3）双方的责任

1）咨询人的责任

咨询人的责任期即建设工程造价咨询合同有效期。如因非咨询人的责任造成进度的推迟或延误而超过约定的日期，双方应进一步约定相应延长合同有效期。

咨询人责任期内，应当履行建设工程造价咨询合同中约定的义务，因咨询人的单方过失造成的经济损失，应当向委托人进行赔偿。累计赔偿总额不应超过建设工程造价咨询酬金总额（除去税金）。

咨询人对委托人或第三人所提出的问题不能及时核对或答复，导致合同不能全部或部分履行，咨询人应承担责任。

咨询人向委托人提出的赔偿要求不能成立时，则应补偿由于该赔偿或其他要求所导致委托人的各种费用的支出。

2）委托人的责任

委托人应当履行建设工程造价咨询合同约定的义务，如有违反则应当承担违约责任，赔偿给咨询人造成的损失。

委托人如果向咨询人提出赔偿或其他要求不能成立，则应补偿由于该赔偿或其他要求所导致咨询人的各种费用的支出。

（4）合同生效、变更与终止

建设工程造价咨询合同自双方签字盖章之日起生效。

由于委托人或第三人的原因使咨询人工作受到阻碍或延误以致增加了工作量或持续时间，则咨询人应当将此情况与可能产生的影响及时书面通知委托人。由此增加的工作量视为额外服务，完成建设工程造价咨询工作的时间应当相应延长，并得到额外的酬金。

当事人一方要求变更或解除合同时，应当在14日前通知对方；因变更或解除合同使一方遭受损失的，应由责任方负责赔偿。

咨询人由于非自身原因暂停或终止执行建设工程造价咨询业务，由此而增加的恢复执行建设工程造价咨询业务的工作，应视为额外服务，有权得到额外的时间和酬金。

变更或解除合同的通知或协议应当采取书面形式，新的协议未达成之前，原合同仍然有效。

（5）咨询业务的酬金

正常的建设工程造价咨询业务、附加工作和额外工作的酬金，按照建设工程造价咨询合同专用条件约定的方法计取，并按约定的时间和数额支付。

如果委托人在规定的支付期限内未支付建设工程造价咨询酬金，自规定支付之日起，应当向咨询人补偿应支付的酬金利息。利息额按规定支付期限最后一日银行活期贷款乘以拖欠酬金时间计算。

如果委托人对咨询人提交的支付通知书中的酬金或部分酬金项目提出异议，应当在收到支付通知书两日内向咨询人发出异议的通知，但委托人不得拖延其无异议酬金项目的支付。

（6）其他

因建设工程造价咨询业务的需要，咨询人在合同约定外的外出考察，经委托人同意，其所需费用由委托人负责。

咨询人如需外聘专家协助，在委托的建设工程造价咨询业务范围内其费用由咨询人承担；在委托的建设工程造价咨询业务范围以外经委托人认可，其费用由委托人承担。

未经对方的书面同意，各方均不得转让合同约定的权利和义务。

除委托人书面同意外，咨询人及咨询专业人员不应接受建设工程造价咨询合同约定以外的与工程造价咨询项目有关的任何报酬。咨询人不得参与可能与合同规定的与委托人利益相冲突的任何活动。

第五章 工程造价的构成

第一节 工程造价构成概述

一、我国建设项目投资及工程造价的构成

建设项目总投资是为完成工程项目建设并达到使用要求或生产条件，在建设期内预计或实际投入的全部费用总和。生产性项目的投资包含建设投资、建设贷款利息和流动资金投资，非生产性项目包括建设投资和建设贷款利息两部分。其中，建设投资和建设期利息之和对应于固定资产投资，固定资产投资与建设项目的工程造价在量上相等。工程造价基本构成包括用于购买工程项目所包含各种设备的费用，用于建筑施工和安装施工所需要支出的费用，用于委托工程勘察设计应支付的费用，用于购置土地的费用，也包括用于建设单位自身进行项目筹建和项目管理所花费的费用等。总之，工程造价是指在建设期预计或实际支出的建设费用。

工程造价中的主要构成部分是建设投资，建设投资是为完成工程项目建设，在建设期内投入且形成现金流出的主要费用。根据国家发改委和建设部发布的《建设项目经济评价方法与参数（第三版）》（发改投资〔2006〕1325 号）的规定，建设投资包括工程费用、工程建设其他费用和预备费三部分。工程费用是指建设期内直接用于工程建造、设备购置及其安装的建设投资，可以分为建筑安装工程费和设备及工器具购置费；工程建设其他费用是指建设期发生的与土地使用权取得、整个工程项目建设以及未来生产经营有关的构成建设投资但不包括在工程费用中的费用。预备费是在建设期内因各种不可预见因素的变化而预留的可能增加的费用，包括基本预备费和涨价预备费。建设项目总投资的具体构成如图 5.1 所示。

二、国外建设工程造价的构成

国外的建设工程造价构成有所不同，具有代表性的是世界银行、国际咨询工程师联合会对建设工程造价构成的规定。这些国际组织对工程项目的总建设成本（相当于

我国工程造价）做了统一规定，工程项目总建设成本包括直接建设成本、间接建设成本、应急费和建设成本上升费等。

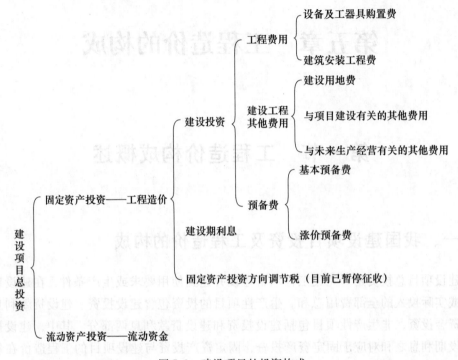

图 5.1 建设项目的投资构成

各部分详细内容如下：

1. 项目直接建设成本

项目直接建设成本包括以下内容：土地征购费；场外设施费用；场地费用；工艺设备费；设备安装费；管道系统费用；电气设备费；电气安装费；仪器仪表费；机械绝缘和油漆费；工艺建筑费；服务性建筑费用；普通公共设施费；车辆费；其他当地费用。

2. 项目间接建设成本

项目间接建设成本包括以下内容。

（1）项目管理费。

1）总部人员的薪金和福利费，以及用于初步和详细工程设计、采购、时间和成本控制、行政和其他一般管理的费用。

2）施工管理现场人员的薪金、福利费和用于施工现场监督、质量保证、现场采购、时间及成本控制、行政及其他施工管理机构的费用。

3）零星杂项费用，如返工、旅行、生活津贴、业务支出等。

4）各种薪金。

（2）开工试车费，指工厂投料试车必需的劳务和材料费用。

（3）业主的行政费用，指业主的项目管理人员费用及支出。

（4）生产前费用，指前期研究、勘测、建矿、采矿等费用。

（5）运费和保险费，指海运、国内运输、许可证及佣金、海洋保险、综合保险等费用。

（6）税金，指关税、地方税及对特殊项目征收的税金。

3. 应急费

（1）未明确项目的准备金

此项准备金用于在估算时不可能明确的潜在项目，包括那些在做成本估算时因为缺乏完整、准确、详细的资料而不能完全预见和不能注明的项目，并且这些项目是必须完成的，或它们的费用是必定要发生的。在每一个组成部分中单独以一定的百分比确定，并作为估算的一个项目单独列出。此项准备金不是为了支付工作范围以外可能增加的项目，不是用以应付天灾、非正常经济情况或罢工等情况，也不是用来补偿估算的任何误差，而是用来支付那些几乎可以肯定要发生的费用。因此，它是估算不可缺少的一个组成部分。

（2）不可预见准备金

此项准备金（在未明确项目准备金之外）用于在估算达到了一定的完整性并符合技术标准的基础上，由于物质、社会和经济的变化，导致估算增加的情况。此种情况可能发生，也可能不发生。因此，不可预见准备金只是一种储备，可能不动用。

4. 建设成本上升费用

通常，估算中使用的构成工资率、材料和设备价格基础的截止日期就是"估算日期"。必须对该日期或已知成本基础进行调整，以补偿直至工程结束时的未知价格增长。

工程的各个主要组成部分（国内劳务和相关成本、本国材料、外国材料、本国设备、外国设备、项目管理机构）的细目划分确定以后，便可确定每一个主要组成部分的增长率。这个增长率是一项判断因素。它以已发表的国内和国际成本指数、公司记录的历史经验数据等为依据，并与实际供应商进行核对，然后根据确定的增长率和从工程进度表中获得的各主要组成部分的中位数值，计算出每项组成部分的成本上升值。

第二节　设备及工、器具购置费用的构成和计算

设备及工、器具购置费用是由设备购置费和工具、器具和生产家具购置费组成的。在生产性工程建设中，设备及工、器具购置费用占工程造价的比重增大，意味着生产

技术的进步和资本有机构成的提高。

一、设备购置费的构成和计算

设备购置费包括设备原价和设备运杂费，即

$$设备购置费 = 设备原价 + 设备运杂费$$

其中：设备原价系指国产设备或进口设备的原价；设备运杂费系指设备原价中未包括关于设备采购费、运输费、运输中的包装及仓库保管费等方面的费用总和。

1. 国产设备原价

国产设备原价一般指的是设备制造厂的交货价即出厂价或订货合同价，分为国产标准设备原价和国产非标准设备原价。

（1）国产标准设备原价

国产标准设备原价有两种，即带备件的原价和不带备件的原价。计算时，一般采用带备件的原价。

（2）国产非标准设备原价

国产非标准设备是指国家尚无定型标准，各设备生产厂不可能在工艺过程中采用批量生产，只能按一次订货，并根据具体的设备图纸制造的设备。

国产非标准设备原价有多种不同的计算方法，如成本计算估价法、系列设备插入估价法、分部组合估价法、定额估价法等。无论哪种方法都应该使非标准设备计价的准确度接近实际出厂价，并且计算方法要简便。

按成本估价法，国产非标准设备原价的各项费用组成如下：

1）材料费 = 材料净重 ×（1 + 加工损耗系数）× 每吨材料综合价。

2）加工费包括生产工人工资和工资附加费、燃料动力费、设备折旧费、车间经费等。

$$加工费 = 设备总质量（t）× 设备每吨加工费$$

3）辅助材料费包括焊条、焊丝、氧气、氮气、油漆、电石等费用。

$$辅助材料费 = 设备总质量 × 辅助材料费指标$$

4）专用工具费按1）~3）项之和乘以一定百分比计算。

5）废品损失费按1）~4）项之和乘以一定百分比计算。

6）外购配套件费按设备设计图纸所列的外购配套件的名称、型号、规格、数量、质量，根据相应的价格加运杂费计算。

7）包装费按以上1）~6）项之和乘以一定百分比计算。

8）利润可按1）~5）项加第7）项之和乘以一定利润率计算。

9）税金主要指增值税。

$$增值税 = 当期销项税额 - 进项税额$$

当期销项税额 = 销售额 × 适用增值税率

10）非标准设备设计费

按国家规定的设计费收费标准计算。

因此，单台非标准设备原价可用下面的公式表达：

单台非标准设备原价 = {[（材料费 + 加工费 + 辅助材料费）×（1 + 专用工具费率）×（1 + 废品损失率）+ 外购配套件费] ×（1 + 包装费率）– 外购配套件费} ×（1 + 利润率）+ 销项税额 + 非标准设备设计费 + 外购配套件费

2. 进口设备原价

进口设备原价是指进口设备抵岸价，即抵达买方边境港口或边境车站，且缴完关税以后的价格。进口设备抵岸价的构成与设备交货类别有关。

（1）进口设备的交货类别

进口设备的交货分为内陆交货类、目的地交货类和装运港交货类。

内陆交货类，即卖方在出口国内陆的某指定地点交货。交付货款后，买方承担接货后的一切费用和风险，并自行办理出口手续和装运出口。

目的地交货类，即卖方在进口国的港口或内地交货，有目的港船上交货价、目的港船边交货价（FOS）和目的港码头交货价（关税已付）及完税后内陆交货价（进口国指定地点）等方式。目的地交货类对卖方风险太大，卖方一般不愿采用。

装运港交货类，即卖方在出口国装运港交货，主要有装运港船上交货价（FOB），习惯称离岸价；运费在内价（C&F）；运费、保险费在内价（CIF），习惯称到岸价。

装运港船上交货价（FOB）是我国进口设备采用最多的一种货价。

（2）进口设备抵岸价

进口设备采用最多的是装运港船上交货价（FOB），其抵岸价的构成如下：

进口设备抵岸价 = 货价 + 国际运费 + 国际运输保险费 + 银行财务费 + 外贸手续费 + 进口关税 + 消费税 + 进口产品增值税 + 进口车辆购置税

①货价。进口设备的货价指装运港船上交货价（FOB）。

②国际运费。我国进口设备大部分采用海洋运输方式，小部分采用铁路运输方式，个别采用航空运输方式。

国际运费 = 离岸价 × 运费率或国际运费 = 运量 × 单位运价（运费率或单位运价参照有关部门或进出口公司的规定）

③国际运输保险费。对外贸易货物运输保险是由保险人（保险公司）与被保险人订立保险契约，在被保险人交付议定的保险费后，保险人根据保险契约的规定对货物在运输过程中发生的承保责任范围内的损失给予经济上的补偿。

国际运输保险费 = （原币货价 + 国际运费）/（1 – 保险费率）× 保险费率

④银行财务费。一般指银行手续费，简化计算为

银行财务费 = 离岸价 × 人民币外汇牌价 × 银行财务费率

⑤外贸手续费。外贸手续费指按规定的外贸手续费率计取的费用，外贸手续费率一般取 1.5%。

$$外贸手续费 = 进口设备到岸价 \times 人民币外汇牌价 \times 外贸手续费率$$

$$进口设备到岸价（CIF）= 离岸价（FOB）+ 国外运费 + 国外运输保险费$$

⑥进口关税。进口关税是由海关对进出国境的货物和物品征收的一种税，属于流转性课税。

$$进口关税 = 到岸价 \times 人民币外汇牌价 \times 进口关税率$$

⑦消费税。消费税对部分进口产品（如轿车、摩托车等）征收。

⑧进口产品增值税。进口产品增值税是我国政府对从事进口贸易的单位和个人，在进口商品报关进口后征收的税种。我国增值税条例规定，进口应税产品均按组成计税价格，依税率直接计算应纳税额，不扣除任何项目的金额或已纳税额。

$$进口产品增值税 = 组成计税价格 \times 增值税率$$

$$组成计税价格 = 到岸价 \times 人民币外汇牌价 + 关税 + 消费税$$

⑨进口车辆购置税。对于进口车辆，需要缴纳进口车辆购置附加费（购置税）。

$$进口车辆购置税 =（到岸价 + 关税 + 消费税 + 增值税）\times 进口车辆购置附加税率$$

（3）设备运杂费

1）设备运杂费的构成

①运费和装卸费。国产标准设备由设备制造厂交货地点起至工地仓库（或施工组织设计指定的需要安装设备的堆放地点）为止所发生的运费和装卸费。进口设备则由我国到岸港口、边境车站起至工地仓库（或施工组织设计指定的需要安装设备的堆放地点）为止发生的运费和装卸费。

②包装费。在设备出厂价格中没有包含的设备包装和包装材料器具费，为运输进行包装需要的支出费用。

③供销部门的手续费。按有关部门规定的统一费率计算。

④建设单位（或工程承包公司）的采购与仓库保管费。这是指采购、验收、保管和收发设备所发生的各种费用，包括设备采购、保管和管理人员工资、工资附加费、办公费、差旅交通费、设备供应部门办公和仓库所占固定资产使用费、工具用具使用费、劳动保护费、检验试验费等。这些费用可按主管部门规定的采购保管费率计算。

2）设备运杂费的计算

设备运杂费按设备原价乘以设备运杂费率计算。

$$设备运杂费 = 设备原价 \times 设备运杂费率$$

（4）设备购置费

有了设备的原价和设备国内运杂费，就可以计算设备购置费：

$$设备购置费 = 设备原价 + 设备运杂费 = 设备原价 \times（1 + 设备运杂费率）$$

二、工具、器具及生产家具购置费的构成和计算

（1）工具、器具及生产家具购置费的概念

工具、器具及生产家具购置费是指按照新建或扩建项目初步设计规定的，为保证初期正常生产必须购置的没有达到固定资产标准的设备、仪器、工卡模具、器具、生产家具和备品备件的费用。

（2）工具、器具及生产家具购置费的计算

一般以设备购置费为计算基数，按照部门或行业规定的工具、器具及生产家具费率计算。

$$工具、器具及生产家具购置费 = 设备购置费 \times 定额费率$$

第三节　建筑安装工程费用的构成和计算

一、建筑安装工程费用的构成

依据住房城乡建设部、财政部关于印发《建筑安装工程费用项目组成》的通知（建标〔2013〕44号）的规定，我国现行建筑安装工程费用项目有两种划分形式：按费用构成要素组成划分和按工程造价形成顺序划分。

二、按费用构成要素划分建筑安装工程费用的项目构成和计算

建筑安装工程费按照费用构成要素划分：由人工费、材料（包含工程设备，下同）费、施工机具使用费、企业管理费、利润、规费和税金组成。其中人工费、材料费、施工机具使用费、企业管理费和利润包含在分部分项工程费、措施项目费、其他项目费中（图5.2）。

1. 人工费

它是指按工资总额构成规定，支付给从事建筑安装工程施工的生产工人和附属生产单位工人的各项费用，主要包括如下内容：

（1）计时工资或计件工资：是指按计时工资标准和工作时间或对已做工作按计件单价支付给个人的劳动报酬。

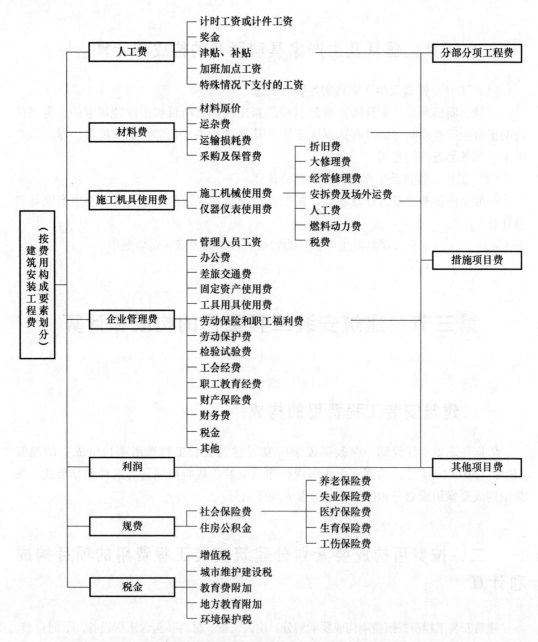

图 5.2 建筑安装工程费用项目组成（按费用构成要素划分）

注：建标〔2013〕44 号原文规定增值税为营业税，环境保护税为规费中的工程排污费。本图参考最新的
规定进行了调整。

（2）奖金：是指对超额劳动和增收节支支付给个人的劳动报酬，如节约奖、劳动
竞赛奖等。

（3）津贴、补贴：是指为了补偿职工特殊或额外的劳动消耗和因其他特殊原因支
付给个人的津贴，以及为了保证职工工资水平不受物价影响支付给个人的物价补贴，
如流动施工津贴、特殊地区施工津贴、高温（寒）作业临时津贴、高空津贴等。

（4）加班加点工资：是指按规定支付的在法定节假日工作的加班工资和在法定日工作时间外延时工作的加点工资。

（5）特殊情况下支付的工资：是指根据国家法律、法规和政策规定，因病、工伤、产假、计划生育假、婚丧假、事假、探亲假、定期休假、停工学习、执行国家或社会义务等原因按计时工资标准或计时工资标准的一定比例支付的工资。

2. 材料费

它是指施工过程中耗费的原材料、辅助材料、构配件、零件、半成品或成品、工程设备的费用，主要包括如下内容：

（1）材料原价

它是指材料、工程设备的出厂价格或商家供应价格。

（2）运杂费

它是指材料、工程设备自来源地运至工地仓库或指定堆放地点所发生的全部费用。

（3）运输损耗费

它是指材料在运输装卸过程中不可避免的损耗。

（4）采购及保管费

它是指为组织采购、供应和保管材料、工程设备的过程中所需要的各项费用，包括采购费、仓储费、工地保管费、仓储损耗。

工程设备是指构成或计划构成永久工程一部分的机电设备、金属结构设备、仪器装置及其他类似的设备和装置。

3. 施工机具使用费

它是指施工作业所发生的施工机械、仪器仪表使用费或其租赁费。

（1）施工机械使用费

施工机械使用费以施工机械台班耗用量乘以施工机械台班单价表示，施工机械台班单价应由下列七项费用组成。

1）折旧费：指施工机械在规定的使用年限内，陆续收回其原值的费用。

2）大修理费：指施工机械按规定的大修理间隔台班进行必要的大修理，以恢复其正常功能所需的费用。

3）经常修理费：指施工机械除大修理以外的各级保养和临时故障排除所需的费用。它包括为保障机械正常运转所需替换设备与随机配备工具附具的摊销和维护费用，机械运转中日常保养所需润滑与擦拭的材料费用及机械停滞期间的维护和保养费用等。

4）安拆费及场外运费：安拆费指施工机械（大型机械除外）在现场进行安装与拆卸所需的人工、材料、机械和试运转费用以及机械辅助设施的折旧、搭设、拆除等费用；场外运费指施工机械整体或分体自停放地点运至施工现场或由一施工地点运至另一施工地点的运输、装卸、辅助材料及架线等费用。

5）人工费：指机上司机（司炉）和其他操作人员的人工费。

6）燃料动力费：指施工机械在运转作业中所消耗的各种燃料及水、电等。

7）税费：指施工机械按照国家规定应缴纳的车船使用税、保险费及年检费等。

（2）仪器仪表使用费

它是指工程施工所需使用的仪器仪表的摊销及维修费用。

4. 企业管理费

它是指建筑安装企业组织施工生产和经营管理所需的费用，主要内容如下：

（1）管理人员工资

它是指按规定支付给管理人员的计时工资、奖金、津贴、补贴、加班加点工资及特殊情况下支付的工资等。

（2）办公费

它是指企业管理办公用的文具、纸张、账表、印刷、邮电、书报、办公软件、现场监控、会议、水电、烧水和集体取暖降温（包括现场临时宿舍取暖降温）等费用。

（3）差旅交通费

它是指职工因公出差、调动工作的差旅费、住勤补助费，市内交通费和误餐补助费，职工探亲路费，劳动力招募费，职工退休、退职一次性路费，工伤人员就医路费，工地转移费以及管理部门使用的交通工具的油料、燃料等费用。

（4）固定资产使用费

它是指管理和试验部门及附属生产单位使用的属于固定资产的房屋、设备、仪器等的折旧、大修、维修或租赁费。

（5）工具用具使用费

它是指企业施工生产和管理使用的不属于固定资产的工具、器具、家具、交通工具和检验、试验、测绘、消防用具等的购置、维修和摊销费。

（6）劳动保险和职工福利费

它是指由企业支付的职工退职金、按规定支付给离休干部的经费，集体福利费、夏季防暑降温、冬季取暖补贴、上下班交通补贴等。

（7）劳动保护费

它是企业按规定发放的劳动保护用品的支出，如工作服、手套、防暑降温饮料以及在有碍身体健康的环境中施工的保健费用等。

（8）检验试验费

它是指施工企业按照有关标准规定，对建筑以及材料、构件和建筑安装物进行一般鉴定、检查所发生的费用，包括自设实验室进行试验所耗用的材料等费用。不包括新结构、新材料的试验费，对构件做破坏性试验及其他特殊要求检验试验的费用和建设单位委托检测机构进行检测的费用，对此类检测发生的费用，由建设单位在工程建设其他费用中列支。但对施工企业提供的具有合格证明的材料进行检测不合格的，该检测费用由施工企业支付。

（9）工会经费

它是指企业按《工会法》规定的全部职工工资总额比例计提的工会经费。

（10）职工教育经费

它是指按职工工资总额的规定比例计提，企业为职工进行专业技术和职业技能培训，专业技术人员继续教育、职工职业技能鉴定、职业资格认定以及根据需要对职工进行各类文化教育所发生的费用。

（11）财产保险费

它是指施工管理用财产、车辆等的保险费用。

（12）财务费

它是指企业为施工生产筹集资金或提供预付款担保、履约担保、职工工资支付担保等所发生的各种费用。

（13）税金

它是指企业按规定缴纳的房产税、车船使用税、土地使用税、印花税等。

（14）其他

它包括技术转让费、技术开发费、投标费、业务招待费、绿化费、广告费、公证费、法律顾问费、审计费、咨询费、保险费等。

5. 利润

它是指施工企业完成所承包工程获得的盈利。

6. 规费

它是指按国家法律、法规规定，由省级政府和省级有关权力部门规定必须缴纳或计取的费用，主要内容如下。

（1）社会保险费

1）养老保险费：是指企业按照规定标准为职工缴纳的基本养老保险费。

2）失业保险费：是指企业按照规定标准为职工缴纳的失业保险费。

3）医疗保险费：是指企业按照规定标准为职工缴纳的基本医疗保险费。

4）生育保险费：是指企业按照规定标准为职工缴纳的生育保险费。

5）工伤保险费：是指企业按照规定标准为职工缴纳的工伤保险费。

（2）住房公积金

它是指企业按规定标准为职工缴纳的住房公积金。

7. 税金

税金是指按照国家税法规定的应计入建筑安装工程造价的增值税、城市维护建设税、教育费附加、地方教育附加以及环境保护税。

三、按造价形成划分建筑安装工程费用的项目构成及计算

建筑安装工程费按照工程造价形成划分为分部分项工程费、措施项目费、其他项目费、规费、税金，其他项目费包含人工费、材料（包含工程设备，下同）费、施工机具使用费、企业管理费和利润（图5.3）。

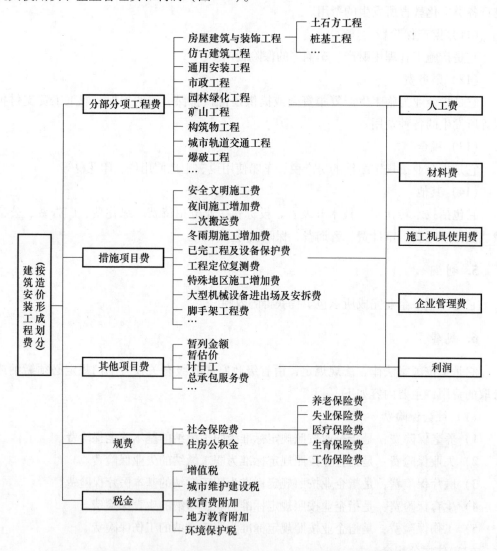

图5.3　建筑安装工程费用项目组成（按工程造价形成划分）

注：建标〔2013〕44号原文规定增值税为营业税，环境保护税为规费中的工程排污费。本图参考最新的规定进行了调整。

1. 分部分项工程费

它指各专业工程的分部分项工程应予列支的各项费用。

（1）专业工程

它是指按现行国家计量规范划分的房屋建筑与装饰工程、仿古建筑工程、通用安装工程、市政工程、园林绿化工程、矿山工程、构筑物工程、城市轨道交通工程、爆破工程等各类工程。

（2）分部分项工程

它指按现行国家计量规范对各专业工程划分的项目。如房屋建筑与装饰工程划分的土石方工程、地基处理与桩基工程、砌筑工程、钢筋及钢筋混凝土工程等。

各类专业工程的分部分项工程划分见现行国家或行业计量规范。

2. 措施项目费

它是指为完成建设工程施工，发生于该工程施工前和施工过程中的技术、生活、安全、环境保护等方面的费用，主要内容包括：

（1）安全文明施工费

1）环境保护费：是指施工现场为达到环保部门要求所需要的各项费用。

2）文明施工费：是指施工现场文明施工所需要的各项费用。

3）安全施工费：是指施工现场安全施工所需要的各项费用。

4）临时设施费：是指施工企业为进行建设工程施工所必须搭设的生活和生产用的临时建筑物、构筑物和其他临时设施费用，包括临时设施的搭设、维修、拆除、清理费或摊销费等。

（2）夜间施工增加费

它是指因夜间施工所发生的夜班补助费、夜间施工降效、夜间施工照明设备摊销及照明用电等费用。

（3）二次搬运费

它是指因施工场地条件限制而发生的材料、构配件、半成品等一次运输不能到达堆放地点，必须进行二次或多次搬运所发生的费用。

（4）冬雨期施工增加费

它是指在冬期或雨期施工需增加的临时设施、防滑、排除雨雪，人工及施工机械效率降低等费用。

（5）已完工程及设备保护费

它是指竣工验收前，对已完工程及设备采取的必要保护措施所发生的费用。

（6）工程定位复测费

它是指工程施工过程中进行全部施工测量放线和复测工作的费用。

（7）特殊地区施工增加费

它是指工程在沙漠或其边缘地区、高海拔、高寒、原始森林等特殊地区施工增加的费用。

（8）大型机械设备进出场及安拆费

它是指机械整体或分体自停放场地运至施工现场或由一个施工地点运至另一个施

工地点，所发生的机械进出场运输及转移费用，以及机械在施工现场进行安装、拆卸所需的人工费、材料费、机械费、试运转费和安装所需的辅助设施的费用。

（9）脚手架工程费

它是指施工需要的各种脚手架搭、拆、运输费用以及脚手架购置费的摊销（或租赁）费用。措施项目及其包含的内容详见各类专业工程的现行国家或行业计量规范。

3. 其他项目费

（1）暂列金额

它是指建设单位在工程量清单中暂定并包括在工程合同价款中的一笔款项。用于施工合同签订时尚未确定或者不可预见的所需材料、工程设备、服务的采购，施工中可能发生的工程变更、合同约定调整因素出现时的工程价款调整以及发生的索赔、现场签证确认等的费用。

（2）暂估价

它是指招标人在工程量清单中提供的用于支付必然发生但暂时不能确定价格的材料、工程设备的单价以及专业工程的金额。

（3）计日工

它是指在施工过程中，施工企业完成建设单位提出的施工图纸以外的零星项目或工作所需的费用。

（4）总承包服务费

它是指总承包人为配合、协调建设单位进行的专业工程发包，对建设单位自行采购的材料、工程设备等进行保管以及施工现场管理、竣工资料汇总整理等服务所需的费用。

4. 规费

它是指按国家法律、法规规定，由省级政府和省级有关权力部门规定必须缴纳或计取的费用，主要内容包括：

（1）社会保险费

1）养老保险费：是指企业按照规定标准为职工缴纳的基本养老保险费。

2）失业保险费：是指企业按照规定标准为职工缴纳的失业保险费。

3）医疗保险费：是指企业按照规定标准为职工缴纳的基本医疗保险费。

4）生育保险费：是指企业按照规定标准为职工缴纳的生育保险费。

5）工伤保险费：是指企业按照规定标准为职工缴纳的工伤保险费。

（2）住房公积金

它是指企业按规定标准为职工缴纳的住房公积金。

5. 税金

它是指按照国家税法规定的应计入建筑安装工程造价的增值税、城市维护建设税、教育费附加、地方教育附加以及环境保护税。

四、2018 年《重庆市建设工程费用定额》的建筑安装工程费组成

1. 建筑安装工程费用项目组成

建筑安装工程费由分部分项工程费、措施项目费、其他项目费、规费、税金组成，见表5.1。

表 5.1 建筑安装工程费用项目组成

	分部分项工程费	建筑安装工程的分部分项工程费		
建筑安装工程费	措施项目费	施工技术措施项目费	特、大型施工机械设备进出场及安拆费	
			脚手架费	
			混凝土模板及支架费	
			施工排水及降水费	
			其他技术措施费	
		施工组织措施项目费	组织措施费	夜间施工增加费
				二次搬运费
				冬雨期施工增加费
				已完工程及设备保护费
				工程定位复测费
			安全文明施工费	
			建设工程竣工档案编制费	
			住宅工程质量分户验收费	
	其他项目费	暂列金额		
		暂估价		
		计日工		
		总承包服务费		
	规费	社会保险费	养老保险费	
			工伤保险费	
			医疗保险费	
			生育保险费	
			失业保险费	
		住房公积金		
	税金	增值税		
		城市维护建设税		
		教育费附加		
		地方教育附加		
		环境保护税		

2. 建筑安装工程费用项目内容

（1）分部分项工程费

分部分项工程费是指建筑安装工程的分部分项工程发生的人工费、材料费、施工机具使用费、企业管理费、利润和一般风险费。

1）人工费

人工费是指按工资总额构成规定，支付给从事建筑安装工程施工的生产工人和附属生产单位工人的各项费用，主要内容包括：

①计时工资或计件工资：是指按计时工资标准和工作时间或对已做工作按计件单价支付给个人的劳动报酬。

②奖金：是指对超额劳动和增收节支支付给个人的劳动报酬。

③津贴、补贴：是指为了补偿职工特殊或额外的劳动消耗和因其他特殊原因支付给个人的津贴，以及为了保证职工工资水平不受物价影响支付给个人的物价补贴。

④加班加点工资：是指按规定支付的在法定节假日工作的加班工资和在法定日工作时间外延时工作的加点工资。

⑤特殊情况下支付的工资：是指根据国家法律、法规和政策规定，因病、工伤、产假、计划生育假、婚丧假、事假、探亲假、定期休假、停工学习、执行国家或社会义务等原因按计时工资标准或计件工资标准的一定比例支付的工资。

2）材料费

材料费是指施工过程中耗费的原材料、辅助材料、构配件、零件、半成品或成品、工程设备的费用，主要内容包括：

①材料原价：是指材料、工程设备的出厂价格或商家供应价格。

②运杂费：是指材料、工程设备自来源地运至工地仓库或指定堆放地点所发生的全部费用。

③运输损耗费：是指材料在运输装卸过程中不可避免的损耗。

④采购及保管费：采购及保管费是指为组织采购、供应和保管材料、工程设备的过程中所需要的各项费用，包括采购费、仓储费、工地保管费、仓储损耗。工程设备是指构成或计划构成永久工程一部分的机电设备、金属结构设备、仪器装置及其他类似的设备和装置。

3）施工机具使用费

施工机具使用费是指施工作业所发生的施工机械使用费、仪器仪表使用费。

①施工机械使用费：是指施工机械作业所发生的施工使用费以及机械安拆费和场外运输费。施工机械台班单价由下列七项费用组成。

a. 折旧费：是指施工机械在规定的耐用总台班内，陆续收回其原值的费用。

b. 检修费：是指施工机械在规定的耐用总台班内，按规定的检修间隔进行必要的检修，以恢复其正常功能所需的费用。

c. 维护费：是指施工机械在规定的耐用总台班内，按规定的维护间隔进行各级维护和临时故障排除所需的费用。保障机械正常运转所需替换设备与随机配备工具附具的摊销费用、机械运转及日常维护所需润滑与擦拭的材料费用及机械停滞期间的维护费用等。

d. 安拆费及场外运费：安拆费是指中、小型施工机械在现场进行安装与拆卸所需的人工、材料、机械和试运转费用以及机械辅助设施的折旧、搭设、拆除等费用；场外运费是指中、小型施工机械整体或分体自停放地点运至施工现场或由一施工地点运至另一施工地点的运输、装卸、辅助材料、回程等费用。

e. 人工费：是指机上司机（司炉）和其他操作人员的人工费。

f. 燃料动力费：是指施工机械在运转作业中所耗用的燃料及水、电等费用。

g. 其他费：是指施工机械按照国家规定应缴纳的车船税、保险费及检测费等。

②仪器仪表使用费：是指工程施工所需使用的仪器仪表的摊销及维修费用。

4）企业管理费

企业管理费是指建筑安装企业组织施工生产和经营管理所需的费用，主要内容包括：

①管理人员工资：管理人员工资是指按规定支付给管理人员的计时工资、奖金、津贴、补贴、加班加点工资及特殊情况下支付的工资等。

②办公费：办公费是指企业管理办公用的文具、纸张、账表、印刷、邮电、书报、办公软件、现场监控、会议、水电、烧水和集体取暖降温（包括现场临时宿舍取暖降温）等费用。

③差旅交通费：差旅交通费是指职工因公出差、调动工作的差旅费、住勤补助费，市内交通费和误餐补助费，职工探亲路费，劳动力招募费，职工退休、退职一次性路费，工伤人员就医路费，工地转移费以及管理部门使用的交通工具的油料、燃料等费用。

④固定资产使用费：固定资产使用费是指管理和试验部门及附属生产单位使用的属于固定资产的房屋、设备、仪器等的折旧、大修、维修或租赁费。

⑤工具用具使用费：工具用具使用费是指企业施工生产和管理使用的不属于固定资产的工具、器具、家具、交通工具和检验、试验、测绘、消防用具等的购置、维修和摊销费。

⑥劳动保险和职工福利费：劳动保险和职工福利费是指由企业支付的职工退职金、按规定支付给离休干部的经费，集体福利费、夏季防暑降温、冬季取暖补贴、上下班交通补贴等。

⑦劳动保护费：劳动保护费是企业按规定发放的劳动保护用品的支出，如工作服、手套、防暑降温饮料以及在有碍身体健康的环境中施工的保健费用等。

⑧工会经费：工会经费是指企业按《工会法》规定的全部职工工资总额比例计提的工会经费。

⑨职工教育经费：职工教育经费是指按职工工资总额的规定比例计提，企业为职

工进行专业技术和职业技能培训，专业技术人员继续教育、职工职业技能鉴定、职业资格认定以及根据需要对职工进行各类文化教育所发生的费用。

⑩财产保险费：财产保险费是指施工管理用财产、车辆等的保险费用。

⑪财务费：财务费是指企业为施工生产筹集资金或提供预付款担保、履约担保、职工工资支付担保等所发生的各种费用。

⑫税金：税金是指企业按规定缴纳的房产税、车船使用税、土地使用税、印花税等。

⑬其他：技术转让费、技术开发费、投标费、业务招待费、广告费、公证费、法律顾问费、审计费、咨询费、保险费、建设工程综合（交易）服务费及配合工程质量检测取样送检或为送检单位在施工现场开展有关工作所发生的费用等。

5）利润

它是指施工企业完成所承包工程获得的盈利。

6）一般风险费

风险费是指一般风险费和其他风险费。

①一般风险费：一般风险费是指工程施工期间因停水、停电，材料设备供应，材料代用等不可预见的一般风险因素影响正常施工而又不便计算的损失费用，包括：一月内临时停水、停电在工作时间 16 小时以内的停工、窝工损失；建设单位供应材料设备不及时，造成的停工、窝工每月在 8 小时以内的损失；材料的理论质量与实际质量的差；材料代用。不包括建筑材料中钢材的代用。

②其他风险费：其他风险费是指一般风险费外，招标人根据《建设工程工程量清单计价规范》（GB 50500—2013）《重庆市建设工程工程量清单计价规则》（CQJJGZ—2013）的有关规定，在招标文件中要求投标人承担的人工、材料、机械价格及工程量变化导致的风险费用。

（2）措施项目费

措施项目费是指建筑安装工程施工前和施工过程中发生的技术、生活、安全、环境保护等费用，包括人工费、材料费、施工机具使用费、企业管理费、利润和一般风险费。措施项目费分为施工技术措施项目费与施工组织措施项目费。

1）施工技术措施项目费

①特、大型施工机械设备进出场及安拆费：进出场费是指特、大型施工机械整体或分体自停放地点运至施工现场或由一施工地点运至另一施工地点的运输、装卸、辅助材料、回程等费用；安拆费是指特、大型施工机械在现场进行安装与拆卸所需的人工、材料、机械和试运转费用以及机械辅助设施的折旧、搭设、拆除等费用。

②脚手架费：是指施工需要的各种脚手架搭、拆、运输费用以及脚手架购置费的摊销或租赁费用。

③混凝土模板及支架费：是指混凝土施工过程中需要的各种模板和支架等的支、拆、运输费用以及模板、支架的摊销或租赁费用。

④施工排水及降水费：是指为确保工程在正常条件下施工，采取各种排水、降水措施所发生的各种费用。

⑤其他技术措施费：是指除上述措施项目外，各专业工程根据工程特征所采用的措施项目费用，具体项目见表5.2。

表5.2　各专业工程根据工程特征所采用的措施项目费

专业工程	施工技术措施项目
房屋建筑与装饰工程	垂直运输、超高施工增加
仿古建筑工程	垂直运输
通用安装工程	垂直运输、超高施工增加、组装平台、抱（拔）杆、防护棚、胎（膜）具、充气保护
市政工程	围堰、便道及便桥、洞内临时设施、构件运输
园林绿化工程	树木支撑架、草绳绕树干、搭设遮阴（防寒）、围堰
构筑物工程	垂直运输
城市轨道交通工程	围堰、便道及便桥、洞内临时设施、构件运输
爆破工程	爆破安全措施项目

注：表内未列明的施工技术措施项目，可根据各专业工程实际情况增加。

2）施工组织措施项目费

①组织措施费

a. 夜间施工增加费：是指因夜间施工所发生的夜班补助费、夜间施工降效、夜间施工照明设备摊销及照明用电等费用。

b. 二次搬运费：是指因施工场地条件限制而发生的材料、构配件、半成品等一次运输不能到达堆放地点，必须进行二次或多次搬运所发生的费用。

c. 冬雨期施工增加费：是指在冬期或雨期施工需增加的临时设施、防滑、排除雨雪，人工及施工机械效率降低等费用。

d. 已完工程及设备保护费：是指竣工验收前，对已完工程及设备采取的必要保护措施所发生的费用。

e. 工程定位复测费：是指工程施工过程中进行全部施工测量放线、复测费用。

②安全文明施工费

a. 环境保护费：是指施工现场为达到环保部门要求所需要的各项费用。

b. 文明施工费：是指施工现场文明施工所需要的各项费用。

c. 安全施工费：是指施工现场安全施工所需要的各项费用。

d. 临时设施费：是指施工企业为进行建设工程施工所必须搭设的生活和生产用的临时建筑物、构筑物和其他临时设施费用，包括临时设施的搭设、维修、拆除、清理和摊销费等。

③建设工程竣工档案编制费

建设工程竣工档案编制费是指施工企业根据建设工程档案管理的有关规定，在建设工程施工过程中收集、整理、制作、装订、归档具有保存价值的文字、图纸、图表、声像、电子文件等各种建设工程档案资料所发生的费用。

④住宅工程质量分户验收费

住宅工程质量分户验收费是指施工企业根据住宅工程质量分户验收规定，进行住宅工程分户验收工作发生的人工、材料、检测工具、档案资料等费用。

（3）其他项目费

其他项目费是指由暂列金额、暂估价、计日工和总承包服务费组成的其他项目费用，包括人工费、材料费、施工机具使用费、企业管理费、利润和一般风险费。

①暂列金额：是指招标人在工程量清单中暂定并包括在工程合同价款中的一笔款项。用于施工合同签订时尚未确定或者不可预见的所需材料、工程设备、服务的采购，施工中可能发生的工程变更、合同约定调整因素出现时的工程价款调整以及发生的索赔、现场签证确认等的费用。

②暂估价：是指招标人在工程量清单中提供的用于支付必然发生但暂时不能确定价格的材料、工程设备的单价以及专业工程的金额。

③计日工：是指在施工过程中，承包人完成发包人提出的施工图纸以外的零星项目或工作，按合同约定计算所需的费用。

④总承包服务费：是指总承包人为配合协调发包人进行专业工程分包，同期施工时提供必要的简易架料、垂直吊运和水电接驳、竣工资料汇总整理等服务所需的费用。

（4）规费

规费是指根据国家法律、法规的规定，由省级政府和省级有关权力部门规定必须缴纳或计取的费用，包括：

1）社会保险费

①养老保险费：是指企业按照规定标准为职工缴纳的基本养老保险费。

②工伤保险费：是指企业按照规定标准为职工缴纳的工伤保险费。

③医疗保险费：是指企业按照规定标准为职工缴纳的基本医疗保险费。

④生育保险费：是指企业按照规定标准为职工缴纳的生育保险费。

⑤失业保险费：是指企业按照规定标准为职工缴纳的失业保险费。

2）住房公积金

它是指企业按规定标准为职工缴纳的住房公积金。

（5）税金

税金是指国家税法规定的应计入建筑安装工程造价的增值税、城市维护建设税、教育费附加、地方教育附加以及环境保护税。

第六章　工程计价方法及依据

第一节　工程计价方法

一、工程计价的含义

工程计价是指按照法律、法规和标准规定的程序、方法和依据，对工程项目实施建设的各个阶段的工程造价及其构成内容进行预测和确定的行为。工程计价依据是指在工程计价活动中，所要依据的与计价内容、计价方法和标准相关的工程计量标准，工程计价定额及工程造价信息等。

工程计价的含义应该从以下三个方面进行解释。

1. 工程计价是工程价值的货币形式

工程计价是指按照规定计算程序和方法，用货币的数量表示建设项目（包括拟建、在建和已建的项目）的价值。工程计价是自下而上的分部组合计价，建设项目兼具单间性和多样性的特点，每一个建设项目都需要按业主的特定需求进行单独设计、单独施工，不能批量生产和按整个项目的确定价格，只能将整个项目进行分解，划分为可以按有关技术参数测算价格的基本构造要素（或称分部、分项工程），并计算出基本构造要素的费用。

2. 工程计价是投资控制的依据

投资计划按照建设工期、工程进度和建设价格等逐年分月制定，正确的投资计划有助于合理有效地使用资金。工程计价的每一次估算对下一次估算都是严格控制的。具体来说，后一次估算不能超过前一次估算的幅度。这种控制是在投资者财务能力有限内为取得既定的投资效益所必需的。工程计价基本确定了建设资金的需求量，从而为筹集资金提供比较准确的依据。当建设资金来源于金融机构的贷款时，金融机构在对项目的偿贷能力进行评估的基础上，也需要依据工程计价来确定投资者的贷款数额。

3. 工程计价是合同价款管理的基础

合同价款是业主依据承包人按图样完成的工程量在历次支付过程中应支付给承包人的款额，是发包人确认后按合同约定的计算方法确定形成的合同约定金额、变更金额、调整金额、索赔金额等各工程款额的总和。合同价款管理的各项内容中始终有工程计价的存在：在签约合同价的形成过程中有招标控制价、投标报价以及签约合同价等计价活动；在工程价款的调整过程中，需要确定价款额度，工程计价也贯穿其中；工程价款的支付仍然需要计价工作，以确定最终的支付额。

二、工程计价的基本原理

工程计价的基本原理就在于项目的分解与组合。分部分项工程费的计算公式为

分部分项工程费 = Σ[基本构造单元工程量(定额项目或清单项目) × 相应单价]

工程造价可分为工程计价和工程计量两个环节。

1. 工程单价的确定和工程总价的计算

（1）工程单价是指完成单位工程基本构造单元的工程量所需的基本费用，包括工料单价和综合单价。

工料单价(直接工程费) = Σ(人材机消耗量 × 人材机单价)

综合单价除包括人工、材料、机具使用费外，还包括可能分摊在单位工程基本构造单元的费用。根据我国现行有关规定，它又可以分为清单综合单价和全费用综合单价两种：清单综合单价中除包括人工、材料、机具使用费之外，还包括企业管理费、利润和风险因素；全费用综合单价中除包括人工、材料、机具使用费外，还包括企业管理费、利润、规费和税金。

（2）工程总价是指经过规定的程序或方法逐级汇总形成的相应工程造价。①在采用工料单价时，确定工料单价后乘以相应定额项目工程量得直接工程费，再按相应的取费程序计算其他费用。②采用综合单价时，确定综合单价后乘以相应项目工程量得分部分项工程费，再加上措施费、其他项目费、规费和税金得工程造价。

2. 工程项目的划分和工程量的计算

（1）单位工程基本造价单元的确定。在编制工程概预算时，基本的计价单元根据工程定额进行工程的划分；在编制工程量清单时，基本的计价单元根据工程量清单计量规范规定的清单项目进行划分。

（2）工程量的计算就是按照工程项目的划分和工程量计算规则，就施工图设计文件和施工组织设计对分项工程实物量进行计算。工程量计算规则包括：①各类工程定额规定的计算规则；②各专业工程计量规范附录中的计算规则。

三、工程计价的标准和依据

工程造价计价依据即用以计算工程造价的基础资料总称，包括工程定额，人工、材料、机械台班及设备单价，工程量清单，工程造价指数，工程量计算规则，以及政府主管部门发布的有关工程造价的经济法规、政策等。工程的多次计价有各不相同的计价依据，由于影响造价的因素多，决定了计价依据的复杂性。

计价依据主要可分为以下几类：

（1）设备和工程量计算依据。包括项目建议书、可行性研究报告、设计文件、相关的工程量计算规则、规范等。

（2）人工、材料、机械等实物消耗量计算依据，包括投资估算指标、概算定额、预算定额、消耗量定额等。

（3）工程单价计算依据，包括人工单价、材料价格、材料运杂费、机械台班费、概算定额、预算定额等。

（4）设备单价计算依据，包括设备原价、设备运杂费、进口设备关税等。

（5）措施费、间接费和工程建设其他费用计算依据，主要是相关的费用定额和指标。

（6）政府规定的税、费。

（7）物价指数和工程造价指数等工程造价信息资料。

工程计价依据的复杂性不仅使计算过程复杂，而且需要计价人员熟悉各类依据，并加以正确应用。

根据工程造价计价依据的不同，目前我国处于工程定额计价和工程量清单计价两种计价模式并存的状态。

四、工程计价的基本程序

工程计价程序包括综合单价计算程序和单位工程计价程序。下面以《重庆市建设工程费用定额》（CQFYDE—2018）的规定为例，介绍相应的综合单价计算程序和单位工程计价程序。

1. 综合单价计算程序

综合单价是指完成一个规定清单项目所需的人工费、材料费、施工机具使用费和企业管理费、利润以及一定范围内的风险费用。

（1）房屋建筑工程、仿古建筑工程、构筑物工程、市政工程、城市轨道交通的盾构工程及地下工程和轨道工程、机械（爆破）土石方工程、房屋建筑修缮工程，综合单价计算程序表见表 6.1 和表 6.2。

表 6.1 综合单价计算程序表（一）

序号	费用名称	一般计税法计算式
1	定额综合单价	$1.1 + \cdots + 1.6$
1.1	定额人工费	
1.2	定额材料费	
1.3	定额施工机具使用费	
1.4	企业管理费	$(1.1 + 1.3) \times$ 费率
1.5	利润	$(1.1 + 1.3) \times$ 费率
1.6	一般风险费	$(1.1 + 1.3) \times$ 费率
2	人材机价差	$2.1 + 2.2 + 2.3$
2.1	人工费价差	合同价（信息价、市场价）－定额人工费
2.2	材料费价差	不含税合同价（信息价、市场价）－定额材料费
2.3	施工机具使用费价差	$2.3.1 + 2.3.2$
2.3.1	机上人工费价差	合同价（信息价、市场价）－定额机上人工费
2.3.2	燃料动力费价差	不含税合同价（信息价、市场价）－定额燃料动力费
3	其他风险费	
4	综合单价	$1 + 2 + 3$

表 6.2 综合单价计算程序表（二）

序号	费用名称	简易计税法计算式
1	定额综合单价	$1.1 + \cdots + 1.6$
1.1	定额人工费	
1.2	定额材料费	
1.2.1	其中：定额其他材料费	
1.3	定额施工机具使用费	
1.4	企业管理费	$(1.1 + 1.3) \times$ 费率
1.5	利润	$(1.1 + 1.3) \times$ 费率
1.6	一般风险费	$(1.1 + 1.3) \times$ 费率
2	人材机价差	$2.1 + 2.2 + 2.3$
2.1	人工费价差	合同价（信息价、市场价）－定额人工费
2.2	材料费价差	$2.2.1 + 2.2.2$
2.2.1	计价材料价差	含税合同价（信息价、市场价）－定额材料费
2.2.2	定额其他材料费进项税	$1.2.1 \times$ 材料进项税税率16%
2.3	施工机具使用费价差	$2.3.1 + 2.3.2 + 2.3.3$
2.3.1	机上人工费价差	合同价（信息价、市场价）－定额机上人工费
2.3.2	燃料动力费价差	含税合同价（信息价、市场价）－定额燃料动力费
2.3.3	施工机具进项税	$2.3.3.1 + 2.3.3.2$
2.3.3.1	机械进项税	按施工机械台班定额进项税额计算
2.3.3.2	定额其他施工机具使用费进项税	定额其他施工机具使用费×施工机具进项税税率16%
3	其他风险费	
4	综合单价	$1 + 2 + 3$

（2）装饰工程、通用安装工程、市政安装工程、园林绿化工程、城市轨道交通安装工程、人工土石方工程、房屋安装修缮工程、房屋拆除工程，综合单价计算程序表见表6.3和表6.4。

表6.3　综合单价计算程序表（三）

序号	费用名称	一般计税法计算式
1	定额综合单价	1.1 + … + 1.6
1.1	定额人工费	
1.2	定额材料费	
1.3	定额施工机具使用费	
1.4	企业管理费	1.1 × 费率
1.5	利润	1.1 × 费率
1.6	一般风险费	1.1 × 费率
2	未计价材料	不含税合同价（信息价、市场价）
3	人材机价差	3.1 + 3.2 + 3.3
3.1	人工费价差	合同价（信息价、市场价）－定额人工费
3.2	材料费价差	不含税合同价（信息价、市场价）－定额材料费
3.3	施工机具使用费价差	3.3.1 + 3.3.2
3.3.1	机上人工费价差	合同价（信息价、市场价）－定额机上人工费
3.3.2	燃料动力费价差	不含税合同价（信息价、市场价）－定额燃料动力费
4	其他风险费	
5	综合单价	1 + 2 + 3 + 4

表6.4　综合单价计算程序表（四）

序号	费用名称	简易计税法计算式
1	定额综合单价	1.1 + … + 1.6
1.1	定额人工费	
1.2	定额材料费	
1.2.1	其中：定额其他材料费	
1.3	定额施工机具使用费	
1.4	企业管理费	1.1 × 费率
1.5	利润	1.1 × 费率
1.6	一般风险费	1.1 × 费率
2	未计价材料	含税合同价（信息价、市场价）
3	人材机价差	3.1 + 3.2 + 3.3
3.1	人工费价差	合同价（信息价、市场价）－定额人工费
3.2	材料费价差	3.2.1 + 3.2.2
3.2.1	计价材料价差	含税合同价（信息价、市场价）－定额材料费

续表

序号	费用名称	简易计税法计算式
3.2.2	定额其他材料费进项税	1.2.1×材料进项税税率16%
3.3	施工机具使用费价差	3.3.1+3.3.2+3.3.3
3.3.1	机上人工费价差	合同价（信息价、市场价）－定额机上人工费
3.3.2	燃料动力费价差	含税合同价（信息价、市场价）－定额燃料动力费
3.3.3	施工机具进项税	3.3.3.1+3.3.3.2+3.3.3.3
3.3.3.1	机械进项税	按施工机械台班定额进项税额计算
3.3.3.2	仪器仪表进项税	按仪器仪表台班定额进项税额计算
3.3.3.3	定额其他施工机具使用费进项税	定额其他施工机具使用费×施工机具进项税税率16%
4	其他风险费	
5	综合单价	1+2+3+4

2. 单位工程计价程序

按照《重庆市建设工程费用定额》（CQFYDE—2018）的规定，单位工程造价计算程序表见表6.5。

表6.5 单位工程造价计算程序表

序号	项目名称	计算式	金额（元）
1	分部分项工程费		
2	措施项目费	2.1+2.2	
2.1	技术措施项目费		
2.2	组织措施项目费		
2.2.1	其中：安全文明施工费		
3	其他项目费	3.1+3.2+3.3+3.4+3.5	
3.1	暂列金额		
3.2	暂估价		
3.3	计日工		
3.4	总承包服务费		
3.5	索赔及现场签证		
4	规费		
5	税金	5.1+5.2+5.3	
5.1	增值税	（1+2+3+4－甲供材料费）×税率	
5.2	附加税	5.1×税率	
5.3	环境保护税	按实计算	
6	合价	1+2+3+4+5	

第二节　建筑安装工程人工、材料、机具台班定额消耗量的确定

一、施工过程分解及工时研究

施工过程就是在建设工地范围内所进行的生产过程。每个施工过程的结束，获得一定的产品。

根据施工过程组织上的复杂程度，施工过程可以分解为工序、工作过程和综合工作过程。

工序是组织上不可分割的，操作过程中技术上属于同类的施工过程。工序的特征：工作者不变，劳动对象、劳动工具和工作地点也不变。如果有一项改变，说明由一项工序转入另一项工序。如钢筋制作，由平直、除锈、切断和弯曲等工序组成。编制施工定额时，工序是基本的施工过程，是主要的研究对象。测定定额时，只需分解到工序。工序可以一个人完成，也可几个人协同完成；机械化施工工序包括工人完成的操作和机器完成的工作两部分。

工作过程是同一工人或同一小组完成的在技术操作上相互有机联系的工序的总和。特点是人员编制不变，工作地点不变，而材料和工具可以变换，如砌墙与勾缝。

综合工作过程是同时进行的，在组织上有机地联系在一起的，最终能获得一种产品的施工过程的总和。例如，浇筑混凝土，由调制、运送、浇灌和捣实等过程组成。

二、确定人工消耗量的基本方法

工人工作时间的分类如图 6.1 所示。工人在工作班内消耗的工作时间分为必须消耗的时间和损失时间。

必须消耗的时间是正常施工条件下，完成一定产品所消耗的时间，是制定定额的主要根据。

损失时间是与施工组织和技术上的缺点有关，与工人在施工中的过失或偶然因素有关的时间消耗。这部分时间不包括在定额中。

同样，必须消耗的时间是正常施工条件下，完成一定产品所消耗的时间，是制定定额的主要根据。损失时间不包括在定额中。

测定时间定额的基本方法是计时观察法，也称现场观察法，以研究工时消耗为对象，以观察测时为手段，通过抽样等技术进行直接的时间研究。

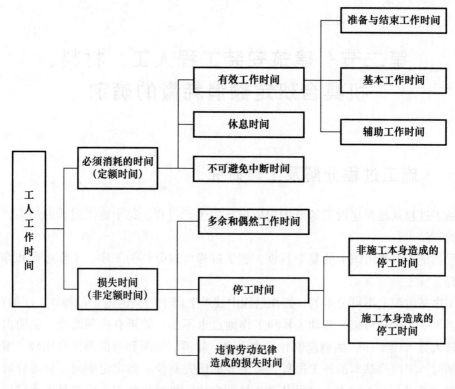

图 6.1　工人工作时间的分类

计时观察法为制定定额提供基础数据。计时观察法对施工过程进行观察、测时，计算实物和劳务产量，记录施工过程所处的施工条件和确定影响工时消耗的因素。通过时间测定方法，得出相应的观测数据，经加工整理计算后得到制定定额所需要的时间。

计时测定的方法有许多种，主要有测时法、写实记录法、工作日写实法三种。

测时法主要适用于测定定时重复的循环工作的工时消耗，是精确度较高的计时观察方法。

写实记录法用普通表进行，详细记录在一段时间内观察对象的各种活动及其时间消耗，以及完成的产品数量。

工作日写实法是一种研究整个工作班内的各种工时消耗的方法。

编制人工定额主要包括拟定正常的施工条件以及拟定定额时间两项工作。

1. 拟定正常的施工作业条件

拟定正常的施工作业条件就是要规定执行定额时应该具备的条件，正常条件若不能满足，则可能达不到定额中的劳动消耗量标准。

拟定正常施工的条件包括：拟定施工作业的内容、拟定施工作业的方法、拟定施工作业地点的组织、拟定施工作业人员的组织等。

2. 拟定施工作业的定额时间

拟定施工作业的定额时间是在拟定基本工作时间、辅助工作时间、准备与结束时间、不可避免的中断时间，以及休息时间的基础上编制的。

根据时间定额可以计算产量定额，它们互为倒数。

工序作业时间 = 基本工作时间 + 辅助工作时间

= 基本工作时间/（1 - 辅助时间占工序作业时间的比率）

规范时间 = 准备与结束工作时间 + 不可避免的中断时间 + 休息时间

定额时间 = 工序作业时间/（1 - 规范时间占定额时间的比率）

【例6-1】 完成 $10m^3$ 砖墙需基本用工为 26 个工日，辅助用工为 5 个工日，超距离运砖需 3 个工日，人工幅度差系数为 10%，则预算定额人工工日消耗量为多少？

解 预算定额人工工日消耗量 = （26 + 5 + 3）×（1 + 10%）= 37.4（工日/$10m^3$）

三、确定材料消耗量的基本方法

1. 按材料消耗的性质划分

施工中的材料分为必须消耗的材料和损失的材料。

必须消耗的材料指在合理用料情况下，合格产品所需消耗的材料，包括直接用于建筑安装工程的材料；不可避免的施工废料；不可避免的材料损耗。

直接用于建筑安装工程的材料，编制材料净用量定额；不可避免的施工废料和材料损耗，编制材料损耗定额。

损失的材料指非故意的、非计划的和非预期的材料的损失。

材料消耗量公式为

材料消耗量 = 材料净用量 + 材料损耗量

2. 按材料消耗与工程实体的关系划分

施工中的材料分为实体材料和非实体材料两类。

实体材料，是指直接构成工程实体的材料，包括主要材料和辅助材料。主要材料用量大，辅助材料用量少。

非实体材料，是指在施工中必须使用但又不能构成工程实体的施工措施性材料。非实体材料主要是指周转性材料，如模板、脚手架等。

3. 确定材料消耗量

确定实体材料的净用量定额和材料损耗定额的计算数据，通过现场技术测定、实验室试验、现场统计和理论计算等方法获得。

（1）利用现场技术测定法，主要是编制材料损耗定额，也可以提供编制材料净用量定额的参考数据。其优点是能通过现场观察、测定，取得产品产量和材料消耗的情况，为编制材料定额提供技术根据。

（2）利用实验室试验法，主要是编制材料净用量定额。通过试验，能够对材料的结构、化学成分和物理性能以及按强度等级控制的混凝土、砂浆配比做出科学的结论，给编制材料消耗定额提供有技术根据的、比较精确的计算数据。

（3）采用现场统计法，是通过对现场进料、用料的大量统计资料进行分析计算，获得材料消耗的数据。这种方法由于不能分清材料消耗的性质，因而不能作为确定材料净用量定额和材料损耗定额的依据。

（4）理论计算法，是运用一定的数学公式计算材料消耗定额。

四、确定机械台班定额消耗量的基本方法

1. 拟定机械工作的正常施工条件

拟定机械工作的正常施工条件包括合理组织工作地点，拟定施工机械作业方法，确定配合机械作业的施工小组的组织以及机械工作班制度等。

2. 确定机械净工作效率

确定机械净工作效率即确定出机械纯工作一小时的正常生产率。

如果机械工作一次循环的正常延续时间用分钟计量，则

机械纯工作一小时循环次数 = 60/（一次循环的正常延续时间）

机械纯工作一小时正常生产率 = 机械纯工作一小时循环次数 × 一次循环生产的产品数量

3. 确定机械利用系数

机械利用系数是指机械在施工作业班内对作业时间的利用率。其计算公式为

$$机械利用系数 = \frac{工作班净工作时间}{机械工作班时间}$$

4. 计算施工机械台班产量定额

计算公式

施工机械台班产量定额 = 机械纯工作时间的生产率 × 工作班延续时间 × 机械利用系数

5. 计算时间定额

计算公式

施工机械台班时间定额 = 1/施工机械台班产量定额

6. 拟定工人小组的定额时间

工人小组的定额时间是指配合施工机械作业的工人小组的工作时间总和。

工人小组的定额时间 = 施工机械时间定额 × 工人小组的人数

第三节　建筑安装工程人工、材料、机具台班单价的组成和确定方法

一、人工日工资单价的组成和确定方法

1. 人工单价的组成内容

人工单价是指按工资总额构成规定，支付给从事建筑安装工程施工的生产工人和附属生产单位工人的各项费用，内容包括计时工资或计件工资、奖金、津贴、补贴、加班加点工资、特殊情况下支付的工资。

2. 人工日工资单价的确定方法

（1）年平均每月法定工作日

$$年平均每月法定工作日 = \frac{全年日历日 - 法定节假日}{12}$$

（2）日工资单价的计算

$$日工资单价 = \frac{生产工人平均月工资(计时、计件) + 平均月(奖金 + 津贴、补贴 + 特殊情况下支付的工资)}{年平均每月法定工作日}$$

（3）日工资单价的管理

虽然施工企业投标报价时可以自主确定人工费，但由于人工日工资单价在我国具有一定的政策性，因此工程造价管理机构确定日工资单价应根据工程项目的技术要求，通过市场调查并参考实物的工程量人工单价综合分析确定，发布的最低日工资单价不得低于工程所在地人力资源和社会保障部门所发布的最低工资标准的：普工1.3倍、一般技工2倍、高级技工3倍。

3. 影响人工单价的因素

（1）社会平均工资水平

建筑安装工人人工单价必然和社会平均工资水平趋同。社会平均工资水平取决于

经济发展水平。由于我国改革开放以来经济迅速增长，社会平均工资也有大幅增长，从而人工单价也大幅提高。

（2）生产费指数

生产费指数的提高也会使人工单价提高，以减少生活水平的下降，或维持原来的生活水平。生活消费指数的变动取决于物价的变动，尤其取决于生活消费品物价的变动。

（3）人工单价的组成内容

例如住房消费、养老保险、医疗保险、失业保险费等列入人工单价，会使人工单价提高。

（4）劳动力市场供需变化

在劳动力市场，如果需求大于供给，人工单价就会提高；供给大于需求，人工单价就会下降。

（5）社会保障和福利政策

政府推行的社会保障和福利政策也会影响人工单价的变动。

二、材料单价的组成和确定方法

1. 材料价格的概念

材料价格是指施工过程中耗费的原材料、辅助材料、构配件、零件、半成品或成品、工程设备的费用。材料价格为材料从来源地到达施工工地仓库（施工现场指定地点）后的出库的综合平均价格，内容包括材料原价、材料运杂费、运输损耗费、采购及保管费。

2. 材料价格组成的内容

（1）材料原价（或供应价格）

供应价也就是材料、工程设备的进货价，一般包括货价和供销部门经营费两部分。这是材料预算价格最重要的构成因素。

供应价是指材料的出厂价、进口材料的到岸价或市场批发价。对同一种材料，因产地、供应渠道不同出现几种原价时，其综合原价可按其供应量的比例加权平均计算。

（2）材料运杂费

材料运杂费指材料自来源地运至工地仓库或指定堆放地点所发生的全部费用，包括调车和驳船费、装卸费、运输费、附加工作费，以及便于材料运输和保护而发生的包装费。

包装费是为了材料在搬运、保管中不受损失或便于运输而对材料进行包装发生的净费用。包装费包括水运和陆运的支撑、篷布、包装袋、包装箱、绑扎等费用，不包括已计入材料原价的包装费。材料运到现场或使用后，要对包装品进行回收，回收价值冲减材料预算价格。

材料运输费包括调车和驳船费、装卸费、运输费及附加工作费。材料运输费应按照国家有关部门和地方政府交通管理部门的规定计算。同一品种的材料如有若干个来源地，其运输费可根据每个来源地的运输里程、运输方法和运价标准，用加权平均的方法计算。

（3）运输损耗费

它是指材料在装卸和运输过程中发生的合理损耗。运输损耗可以计入运输费用，也可以单独列项计算。

$$运输损耗 = 材料原价 × 相应材料损耗率$$

（4）采购及保管费

它是指为组织材料的采购、供应和保管发生的各项必要费用。采购及保管费一般按材料到库价格的比率取定，如某市费率为 2.5%。其中：采购费占 40%，仓储费占 20%，工地保管费占 20%，仓储损耗占 20%。

$$采购及保管费 = 材料运至工地仓库价格 × 采购及保管费率$$

材料基价（预算价格）=（供应价 + 运杂费 + 运输损耗费）×（1 + 采购及保管费率）-包装品回收值

【例 6-2】某种材料供应价为 145 元/t，不需包装，运输费为 37.28 元/t，运输损耗为 14.87 元/t，采购及保管费率为 2.5%。求该种材料基价。

解　材料基价 =（145 + 37.28 + 14.87）×（1 + 2.5%）= 202.08（元/t）

三、施工机械台班单价的组成和确定方法

1. 施工机械台班单价及其组成内容

施工机械台班单价是指一台施工机械，在正常运转条件下一个工作班中所发生的全部费用，每台班按八小时工作制计算。

施工机械台班单价包括折旧费、大修理费、经常修理费、安拆费及场外运费、人工费、燃料动力费、养路费及车船使用费等。

（1）折旧费。折旧费是指施工机械在规定使用期限内，陆续收回其原值及购置资金的时间价值。

（2）大修理费。大修理费是指机械设备按规定的大修间隔台班进行必要的大修理，以恢复机械正常功能所需的费用。

（3）经常修理费。经常修理费指施工机械除大修理以外的各级保养和临时故障排除所需的费用。

（4）安拆费及场外运费。安拆费指施工机械在现场进行安装与拆卸所需的人工、材料、机械和试运转费用以及机械辅助设施的折旧、搭设、拆除等费用；场外运费指施工机械整体或分体自停放地点运至施工现场或由一施工地点运至另一施工地点的运输、装卸、辅助材料及架线等费用。

安拆费及场外运费根据施工机械不同分为计入台班单价、单独计算和不计算三种类型。

1）移动较为频繁的小型机械及部分中型机械，其安拆费及场外运费应计入台班单价。

台班安拆费及场外运费 =（一次安拆费及场外运费 × 年平均安拆次数)/年工作台班

2）移动有一定难度的特、大型（少数中型）机械，其安拆费及场外运费应单独计算。

3）不需安装、拆卸且自身又能开行的机械和固定在车间不需安装、拆卸及运输的机械，其安拆费及场外运费不计算。

4）自升式塔式起重机安装、拆卸费用的超高起点及其增加费，由各地确定。

（5）人工费。人工费指机上司机（司炉）和其他操作人员的工作日人工费及上述人员在施工机械规定的年工作台班以外的人工费。

$$台班人工费 = \frac{人工消耗量 ×（1 + 年制度工作日 × 年工作台班）× 人工单价}{年工作台班}$$

（6）燃料动力费。燃料动力费是指施工机械在运转作业中所耗用的固体燃料（煤、木柴）、液体燃料及水、电等费用。

$$燃料动力费 = \Sigma\ 台班燃料动力消耗量 × 燃料动力单价$$

$$台班燃料动力消耗量 =（实测数 × 4 + 定额平均值 + 调查平均值)/6$$

（7）养路费及车船使用费。养路费及车船使用费是指施工机械按照国家和有关部门规定应缴纳的养路费、车船使用税、保险费及年检费用等。

养路费及车船使用费 =（年养路费 + 年车船使用税 + 年保险费 + 年检费用)/年工作台班

2. 影响机械台班单价的因素

（1）施工机械的价格。

（2）机械使用年限。

（3）机械的供求关系、使用效率、管理水平直接影响机械台班单价。

（4）政府征收税费的规定等。

第四节　建设工程定额概述

一、工程计价定额体系

建设工程定额是在合理的劳动组织和合理地使用材料与机械的条件下，完成一定计量单位合格建筑产品所消耗资源的数量标准。建设工程定额是工程建设中各类定额的总称。

建设工程定额可按照不同的原则和方法进行划分。

1. 按照反映的生产要素消耗内容划分

按照反映的生产要素消耗内容，建设工程定额可以分为人工定额（也称劳动定额）、材料消耗定额和机械消耗定额。

2. 按照编制程序和用途划分

按照编制程序和用途，建设工程定额可以分为施工定额（基础定额）、预算定额、概算定额、概算指标、投资估算指标。

（1）施工定额

施工定额是以同一性质的施工过程、工序作为研究对象，表示生产产品数量与时间消耗综合关系编制的定额。施工定额是施工企业（建筑安装企业），组织生产和加强管理在企业内部使用的一种定额，属于企业定额的性质。施工定额是工程建设定额中分项最细、定额子目最多的一种定额，也是工程建设定额中的基础性定额。施工定额主要直接用于工程的施工管理，同时也是编制预算定额的基础。

（2）预算定额

预算定额是以建筑物或构筑物各个分部分项工程为对象编制的定额。预算定额是以施工定额为基础综合扩大编制的，同时也是编制概算定额的基础。它是编制施工图预算的重要基础，同时它也可以用作编制施工组织设计、施工技术、财务计划的参考。

（3）概算定额

概算定额是以扩大的分部分项工程为对象编制的。概算定额是编制扩大初步设计概算、确定建设项目投资额的依据。概算定额一般是在预算定额的基础上综合扩大而成的，每一综合分项概算定额都包含数项预算定额。

（4）概算指标

概算指标是概算定额的扩大与合并，它是以整个建筑物和构筑物为对象，以更为扩大的计量单位来编制的。概算指标的设定和初步设计的深度相适应，一般是在概算定额和预算定额的基础上编制的，是设计单位编制设计概算或建设单位编制年度投资计划的依据，也可作为编制估算指标的基础。

（5）投资估算指标

投资估算指标是在项目建议书和可行性研究阶段编制投资估算、计算投资需要量时使用的一种指标，是合理确定项目投资的基础。它往往以独立的单项工程或完整的工程项目为计算对象，编制内容是所有项目费用之和。

3. 按照投资的费用性质划分

按照投资的费用性质，建设工程定额可以分为建筑工程定额、设备安装工程定额、建筑安装工程费用定额、工器具定额以及工程建设其他费用定额等。

（1）建筑工程定额

建筑工程定额是建筑工程的施工定额、预算定额、概算定额和概算指标的统称。

（2）设备安装工程定额

设备安装工程定额是安装工程的施工定额、预算定额、概算定额和概算指标的统称。设备安装工程一般是指对需要安装的设备进行定位、组合、校正、调试等工作的工程。在通用定额中有时把建筑工程定额和安装工程定额合二为一，称为建筑安装工程定额。建筑安装工程定额属于直接工程费定额，仅仅包括施工过程中人工、材料、机械台班消耗的数量标准。

（3）建筑安装工程费用定额

建筑安装工程费用定额一般包括两部分内容，即措施费定额和间接费定额。

（4）工器具定额

工器具定额是为新建或扩建项目投产运转首次配置的工具、器具数量标准。工具和器具是指按照有关规定不够固定资产标准而起劳动手段作用的工具、器具和生产用家具。

（5）工程建设其他费用定额

工程建设其他费用定额是独立于建筑安装工程定额、设备和工器具购置之外的其他费用开支的标准。其他费用定额是按各项独立费用分别编制的，以便合理控制这些费用的开支。

4. 按照主编单位和管理权限划分

按照主编单位和管理权限，建设工程定额可以分为全国统一定额、行业统一定额、地区统一定额、企业定额、补充定额。

（1）全国统一定额是由国家建设行政主管部门，综合全国工程建设中技术和施工组织管理的情况编制，并在全国范围内执行的定额。

（2）行业统一定额是由行业建设行政主管部门，考虑到各行业部门专业工程技术特点以及施工生产和管理水平所编制的，一般只在本行业和相同专业性质的范围内使用。

（3）地区统一定额是由地区建设行政主管部门，考虑地区性特点和全国统一定额水平进行适当调整和补充而编制的，仅在本地区范围内使用。

（4）企业定额是指由施工企业考虑本企业的具体情况，参照国家、部门或地区定额进行编制，在本企业内部使用的定额。企业定额水平应高于国家现行定额，才能满足生产技术发展、企业管理和增强市场竞争能力的需要。

（5）补充定额是指随着设计、施工技术的发展，现行定额不能满足需要的情况下，为了补充缺陷所编制的定额。补充定额只能在指定的范围内使用，可以作为以后修订定额的基础。

二、预算定额

1. 预算定额的概念

预算定额，是指在合理的施工组织设计、正常施工条件下生产一个规定计量单位合格产品所需的人工、材料和机械台班的社会平均消耗量标准，是计算建筑安装产品价格的基础。

预算定额是工程建设中的一项重要的技术经济文件，它的各项指标，反映了在完成规定计量单位，符合设计标准和施工及验收规范要求的分项工程消耗的或劳动和物化劳动的数量限度。这种限度最终决定着单项工程和单位工程的成本和造价。

2. 预算定额的作用

（1）预算定额是编制施工图预算、确定建筑安装工程造价的基础。

（2）预算定额是编制施工组织设计的依据。

（3）预算定额是工程价款支付的依据。

（4）预算定额是施工单位进行经济活动分析的依据。

（5）预算定额是编制概算定额的基础。

（6）预算定额是合理编制招标标底、投标报价的基础。

3. 预算定额的编制方法

（1）人工工日消耗量的计算

预算定额中人工工日消耗量是指在正常施工条件下，生产单位合格产品所必须消耗的人工工日数量，是由分项工程所综合的各个工序劳动定额包括的基本用工、其他用工两部分组成的。

人工工日消耗水平有两种确定方法：一种是以劳动定额为基础确定；另一种是以现场观察测定资料为基础计算，主要用于遇到劳动定额缺项时，采用现场工作日写实等测时方法测定和计算定额的人工消耗量。

1）基本用工

基本用工是指完成单位合格产品所必须消耗的技术工种用工。按技术工种相应劳动定额人工定额计算，以不同工种列出定额工日。

基本用工内容包括：

①完成定额计量单位的主要用工。基本用工 = Σ（综合取定的工程量 × 劳动定额）

②按劳动定额规定应增加计算的用工量。

③由于预算定额是以劳动定额子目综合扩大的，包括的工作内容较多，需要另外增加用工，列入基本用工内。

2）其他用工

①超运距用工：指劳动定额中已包括的材料、半成品场内水平搬运距离与预算定额所考虑的现场材料、半成品堆放地点到操作地点的水平运输距离之差。

$$超运距 = 预算定额取定运距 - 劳动定额已包括的运距$$

②辅助用工：指技术工种劳动定额内不包括而在预算定额内又必须考虑的用工。如机械土方工程配合用工、材料加工（筛砂、洗石）、电焊点火用工等。

$$辅助用工 = \Sigma（材料加工数量 \times 相应的加工劳动定额）$$

③人工幅度差：即预算定额与劳动定额的差额，主要是指在劳动定额中未包括而在正常施工情况下不可避免但又很难准确计量的用工和各种工时损失，包括：各工种间的工序搭接及交叉作业相互配合或影响所发生的停歇用工；施工机械在单位工程之间转移及临时水电线路移动所造成的停工；质量检查和隐蔽工程验收工作的影响；班组操作地点转移用工；工序交接时对前一工序不可避免的修整用工；施工中不可避免的其他零星用工。

$$人工幅度差 =（基本用工 + 辅助用工 + 超运距用工）\times 人工幅度差系数$$

人工幅度差系数一般为 $10\% \sim 15\%$。

在预算定额中，人工幅度差的用工量列入其他用工量中。

（2）材料消耗量的计算

材料消耗量是指完成单位合格产品所必须消耗的材料数量，包括：主要材料，指直接构成工程实体的材料，其中也包括成品、半成品的材料；辅助材料，也是构成工程实体除主要材料以外的其他材料，如垫木钉子、铅丝等；其他材料，指用量较少，难以计量的零星用料，如棉纱、编号用的油漆等。

材料消耗量计算方法主要有：凡有标准规格的材料，按规范要求计算定额计量单位的耗用量，如砖、防水卷材、块料面层等；凡设计图纸标注尺寸及下料要求的按设计图纸尺寸计算材料净用量，如钢筋工程等；换算法，如各种胶结、涂料等材料的配合比用料，可以根据要求条件换算，得出材料用量；测定法，包括实验室试验法和现场观察法。

材料损耗量，指在正常条件下不可避免的材料损耗，如现场内材料运输及施工操作过程中的损耗等。

$$材料损耗率 = 损耗量/净用量 \times 100\%$$
$$材料消耗量 = 材料净用量 + 损耗量$$

（3）机械台班消耗量的计算

预算定额中的机械台班消耗量是指在正常施工条件下，生产单位合格产品（分部分项工程或结构构件）必须消耗的某种型号施工机械的台班数量。

1）根据施工定额确定机械台班消耗量的计算。将施工定额或劳动定额中机械台班产量加机械幅度差计算预算定额的机械台班消耗量。机械台班幅度差指正常施工组织条件下不可避免的机械空转时间，施工技术原因的中断及合理停滞时间，因供电供水故障及水电线路移动检修而发生的运转中断时间，因气候变化或机械本身故障影响工时利用的时间，施工机械转移及配套机械相互影响损失的时间，配合机械施工的工人因与其他工种交叉造成的间歇时间，因检查工程质量造成的机械停歇的时间，工程收尾和工作量不饱满造成的机械停歇时间等。

大型机械幅度差系数为：土方机械25%，打桩机械33%，吊装机械30%，砂浆、混凝土搅拌机由于按小组配用，以小组产量计算机械台班产量，不另增加机械幅度差。其他分部工程中如钢筋加工、木材、水磨石等各项专用机械的幅度差为10%。

预算定额机械耗用台班 = 施工定额机械耗用台班 × (1 + 机械幅度差系数)

2）以现场测定资料为基础确定机械台班消耗量。如遇到施工定额（劳动定额）缺项者，则需要依据单位时间完成的产量测定为基础确定机械台班消耗量。

三、概算定额

1. 概算定额的概念

概算定额以扩大结构构件、分部工程或扩大分项工程为研究对象，以预算定额为基础，根据通用设计或标准图等资料，经过适当综合扩大，规定完成一定计量单位的合格产品，所需人工、材料、机械台班等消耗量的数量标准。

建筑安装工程概算定额基价又称扩大单位估价表，是确定概算定额单位产品所需全部材料费、人工费、施工机械使用费之和的文件，是概算定额在各地区以价格表现的具体形式。

概算定额基价 = 概算定额材料费 + 概算定额人工费 + 概算定额施工机械使用费

概算定额材料费 = Σ（材料概算定额消耗量 × 材料预算价格）

概算定额人工费 = Σ（人工概算定额消耗量 × 人工工资单价）

概算定额施工机械费 = Σ（施工机械概算定额消耗量 × 机械台班单价）

概算定额是预算定额的合并与扩大，将预算定额中有联系的若干个分项工程项目综合为一个概算定额项目。例如砖基础概算定额项目，通常以砖基础为主，综合了平整场地、挖沟槽（坑）、铺设垫层、砌砖基础、铺设防潮层、回填土及运土等预算定额项目。

2. 概算定额的作用

（1）概算定额是初步设计阶段编制建设项目设计概算的依据。

（2）概算定额是设计方案比较的依据。

（3）概算定额是编制主要材料需要量的计算基础。

（4）概算定额是编制概算指标的基础。

3. 概算定额的内容与形式

与预算定额表现形式一样，概算定额分文字说明和定额项目表。

文字说明包括总说明和章说明。其中，总说明描述概算定额的编制依据、使用范围、包括的内容及作用、应遵守的规则及建筑面积计算规则等；章说明主要说明本章包括的综合工作及工程量计算规则等。

定额项目表是概算定额的主要内容，由若干定额项目组成。每个表由工作内容、定额表及附注说明组成。定额表中有定额编号，计量单位，概算价格和人工、材料、机械台班消耗量指标。

四、重庆市现行建设工程定额及其相关配套文件

为合理确定和有效控制工程造价，提高工程投资效益，规范建设市场计价行为，推动建设行业持续健康发展，结合重庆市实际，重庆市城乡建设委员会编制了2018年《重庆市房屋建筑与装饰工程计价定额》《重庆市仿古建筑工程计价定额》《重庆市通用安装工程计价定额》《重庆市市政工程计价定额》《重庆市园林绿化工程计价定额》《重庆市构筑物工程计价定额》《重庆市城市轨道交通工程计价定额》《重庆市爆破工程计价定额》《重庆市房屋修缮工程计价定额》《重庆市绿色建筑工程计价定额》《重庆市建设工程施工机械台班定额》《重庆市建设工程施工仪器仪表台班定额》《重庆市建设工程混凝土及砂浆配合比表》《重庆市装配式建筑工程计价定额》以及《重庆市建设工程费用定额》。以上定额于2018年8月1日起在新开工的建设工程中执行，在此之前已发出招标文件或已签订施工合同的工程仍按原招标文件或施工合同执行。

第五节 工程造价信息管理

一、工程造价信息及其主要内容

1. 概念

工程造价信息是一切有关工程造价的特征、状态及其变动的消息的组合。

在工程发承包市场和工程建设中，工程造价是最灵敏的调节器和指示器，无论是政府工程造价主管部门还是工程发承包者，都要通过接收工程造价信息来了解工程建设市场动态，预测工程造价发展，决定政府的工程造价政策和工程发承包价。因此，

工程造价主管部门和工程发承包者都要接收、加工、传递和利用工程造价信息，工程造价信息作为一种社会资源在工程建设中的地位日趋明显，特别是随着我国逐步开始推行工程量清单计价制度，工程价格从政府计划的指令性价格向市场定价转化，而在市场定价的过程中，信息起着举足轻重的作用，因此工程造价信息资源开发的意义更为重要。

2. 主要内容

广义上讲，所有对工程造价的确定和控制过程起作用的资料都可以称为工程造价信息，例如各种定额资料、标准规范、政策文件等。通常意义的工程造价信息主要指三类造价信息，即价格信息、指数、已完或在建工程信息。这三类信息最能体现信息动态性变化特征，并且在工程价格的市场机制中起重要作用。

（1）价格信息

价格信息包括各种建筑材料、装修材料、安装材料、人工工资、施工机械等的最新市场价格。这些信息是比较初级的，一般没有经过系统的加工处理。

（2）指数

指数主要指根据原始价格信息加工整理得到的各种工程造价指数。

（3）已完或在建工程信息

已完或在建工程的各种造价信息，可以为拟建或在建工程的造价确定与控制提供依据。这种信息也称工程造价资料。

二、工程造价资料的累积、分析和运用

1. 工程造价资料的概念

工程造价资料是指已竣工和在建的有关工程可行性研究、估算、设计概算、施工图预算、工程竣工结算、竣工决算、单位工程施工成本以及新材料、新结构、新设备、新施工工艺等建筑安装工程分部分项的单价分析等资料。

工程造价资料是工程造价宏观管理、决策的基础，是制定、修订投资估算指标，概预算定额和其他技术经济指标以及研究工程造价变化规律的基础，是编制、审查、评估项目建议书、可行性研究报告投资估算，进行设计方案比较，编制设计概算，投标报价的重要参考，也可作为核定固定资产价值，考核投资效果的参考。

工程造价资料可以分为以下几种类别：

（1）工程造价资料按照其不同工程类型如厂房、铁路、住宅、公建、市政工程等进行划分。

（2）工程造价资料按照其不同阶段，一般分为项目可行性研究、投资估算、初步设计概算、施工图预算、工程量清单和报价、竣工结算、竣工决算等。

（3）工程造价资料按照其组成特点，一般分为建设项目、单项工程和单位工程造价资料，同时也包括有关新材料、新工艺、新设备、新技术的分部分项工程造价资料。

2. 工程造价资料积累的内容

工程造价资料积累的内容应包括"量"（主要工程量、材料数量、设备数量）和"价"，还要包括对造价确实有重要影响的技术经济条件，如工程的概况、建设条件等。

（1）建设项目和单项工程造价资料

1）对造价有主要影响的技术经济条件，如项目建设标准、建设工期、建设地点等。

2）主要的工程量、主要的材料量和主要设备的名称、型号、规格、数量及价格等。

3）投资估算、概算、预算、竣工结算、决算及造价指数等。

（2）单位工程造价资料

单位工程造价资料包括工程的内容、建筑结构特征、主要工程量、主要材料的用量和单位、人工工日和人工费以及相应的造价。

（3）其他

有关新材料、新工艺、新设备、新技术分部分项工程的人工工日，主要材料用量，机械台班用量。

3. 工程造价资料的管理

（1）建立工程造价资料积累制度

建立工程造价资料积累制度是工程造价计价依据极其重要的基础性工作。在美英等国，不同阶段的投资估算，以及编制标底、投标报价的主要依据是单位和个人所经常积累的工程造价资料。全面系统地积累和利用工程造价资料，建立稳定的造价资料积累制度，对于我国加强工程造价管理，合理确定和有效控制工程造价具有十分重要的意义。

工程造价资料积累的工作量非常大，牵涉面也非常广，应当依靠各级政府有关部门和行业组织进行组织管理。企业和相关的工程造价咨询企业也需要建立造价资料积累制度，才能适应新时期的工程造价确定和控制的需要。

（2）资料数据库的建立和网络管理

开发通用的工程造价资料管理程序，推广使用计算机建立工程造价资料的资料数据库，提高工程造价资料的适用性和可靠性。

为了便于进行数据的统一管理和信息交流，必须设计出一套科学、系统的编码体系。有了统一的工程分类与相应的编码之后，就可进行数据的搜集、整理和输入工作，得到不同层次的造价资料数据库。

工程造价资料数据库的建立，必须严格遵守统一的标准和规范。

三、工程造价指数动态管理

1. 工程造价指数的概念

工程造价指数是反映一定时期由于价格变化对工程造价影响程度的一种指标，它是调整工程造价价差的依据。

工程造价指数反映了报告期与基期相比的价格变动程度和趋势，在工程造价管理中，工程造价指数可以帮助分析价格变动趋势及其原因，估计工程造价变化对宏观经济的影响，是发承包双方进行工程估价和结算的重要依据。

2. 工程造价指数的分类

（1）按照工程范围、类别、用途分类

1）单项价格指数

单项价格指数分别反映各类工程的人工、材料、施工机械及主要设备报告期价格对基期价格的变化程度的指标。可利用它研究主要单项价格变化的情况及趋势。如人工费价格指数、主要材料价格指数、施工机械台班价格指数、主要设备价格指数等。

2）综合造价指数

综合造价指数是综合反映各类项目或单项工程人工费、材料费、施工机械使用费和设备费等报告期价格对基期价格变化而影响工程造价程度的指标，是研究造价总水平变动趋势和程度的主要依据。如建筑安装工程造价指数、建设项目或单项工程造价指数、建筑安装工程直接费造价指数、其他直接费及间接费造价指数、工程建设其他费用造价指数等。

（2）按造价资料期限长短分类

1）时点造价指数：是不同时点价格对比计算的相对数。

2）月指数：是不同月份价格对比计算的相对数。

3）季指数：是不同季度价格对比计算的相对数。

4）年指数：是不同年度价格对比计算的相对数。

（3）按不同基期分类

1）定基指数：是各时期价格与某固定时期的价格对比后编制的指数。

2）环比指数：是各时期价格都以其前一期价格为基础计算的造价指数。例如，与上月对比计算的指数，为月环比指数。

3. 工程造价指数的编制

（1）工料机价格指数的编制

人工、机械台班、材料等要素价格指数的编制是编制建筑安装工程造价指数的基础。

$$工料机价格指数 = \frac{P_n}{P_0}$$

式中　P_n——报告期人工费、施工机械台班和材料、设备预算价格；

　　　P_0——基期人工费、施工机械台班和材料、设备预算价格。

（2）建筑安装工程造价指数的编制

建筑安装工程造价指数是一种综合性极强的价格指数，可按照下列公式计算。

安装工程造价指数 = 人工费指数 × 基期人工费占建筑安装工程造价比例 + Σ（单项材料价格指数 × 基期该单项材料费占建筑安装工程造价比例）+ Σ（单项施工机械台班指数 × 基期该单项机械费占建筑安装工程造价比例）+ 其他直接费、间接费综合指数 × 基期其他直接费、间接费用占建筑安装工程造价比例

（3）设备、工器具价格指数的编制

设备工器具的种类、品种和规格很多，其指数一般可选择其中用量大、价格高、变动多的主要设备工器具的购置数量和单价进行登记，按照下面的公式进行计算。

$$设备、工器具价格指数 = \frac{\Sigma（报告期设备、工器具单价 \times 报告期购置数量）}{\Sigma（基期设备、工器具单价 \times 报告期购置数量）}$$

4. 建设项目或单项工程造价指数的编制

建设项目或单项工程造价指数 = 建筑安装工程造价指数 × 基期建筑安装工程费占总造价的比例 + Σ（单项设备价格指数 × 基期该项设备费占总造价的比例）+ 工程建设其他费用指数 × 基期工程建设其他费用占总造价的比例

$$建设项目或单项工程造价指数 = \frac{报告期建设项目或单项工程造价}{\dfrac{报告期建筑安装工程费}{建筑安装工程造价指数} + \dfrac{报告期设备、工器具费用}{设备、工器具价格指数} + \dfrac{报告期工程建设其他费}{工程建设其他费指数}}$$

第七章　土建工程计量

第一节　工程计量概述

一、工程计量的含义

工程量计算是工程计价活动的重要环节，是指建设工程项目以工程设计图纸、施工组织设计或施工方案及有关技术经济文件为依据，按照相关国家标准的计算规则、计量单位等规定，进行工程数量的计算活动，在工程建设中简称工程计量。

由于工程计量覆盖工程项目建设多阶段且计算过程较为烦琐，因此工程计量具有阶段性和准确性。工程计量不仅包括招标阶段的工程量清单编制中的工程量计算，也包括投标报价以及合同履约阶段的变更、索赔、支付和结算中工程量的计算和确认；工程计量工作所花时间较长，工序繁重，且工程量计算正确与否直接影响工程造价的准确性，所以要求工程计量的准确性。

二、工程量的含义

工程量是工程计量的结果，是指按一定规则并以物理计量单位或自然计量单位所表示的建设工程各分部分项工程、措施项目或结构构件的数量。物理计量单位是指以公制度量表示的长度、面积、体积和质量等计量单位。如预制钢筋混凝土方以"m"为计量单位，墙面抹灰以"m²"为计量单位，混凝土以"m³"为计量单位等。自然计量单位指建筑成品表现在自然状态下的简单点数所表示的个、条、樘、块等计量单位。如门窗工程可以以"樘"为计量单位；桩基工程可以以"根"为计量单位等。

准确计量工程量是工程计价活动中最基本的工作，一般来说工程量有以下作用：

（1）工程量是确定建筑安装工程造价的重要依据。只有准确计量工程量，才能正确计算工程相关费用，合理确定工程造价。

（2）工程量是承包人生产经营管理的重要依据。工程量是编制项目管理规划，安排工程施工进度，编制材料供应计划，进行工料分析，编制人工、材料、机具台班需要量，进行工程统计和经济核算的重要依据。也是编制工程形象进度统计报表，向工程建设发包人结算工程价款的重要依据。

（3）工程量是发包人管理工程建设的重要依据。工程量是编制进度计划、筹集资金、工程招标文件、工程量清单、建筑工程预算、安排工程价款的拨付和结算、进行投资控制的重要依据。

三、工程计量的依据

工程量的计算需要根据施工图及其相关说明，技术规范、标准、定额，有关的图集，有关的计算手册等，按照一定的工程量计算规则逐项进行的，主要依据如下：

（1）经审定的施工设计图纸及设计说明。施工图纸反映工程的构造和各部位尺寸，是计算工程量的基本依据。拿到施工图纸后应及时检查、审核是否齐全、正确，经过审核、修正后的施工图纸才能作为计算工程量的依据。此外，还应配合有关的标准图集进行工程量计算。

（2）国家发布的工程量计算规范和国家、地方和行业发布的消耗量定额及其工程量计算规则。计算工程量必须严格按照计算规则规定的各个分部分项工程量的计算规则和计算方法进行；否则，将可能出现计算结果的数据和单位等不一致。

（3）经审定的施工组织设计或施工技术措施方案。如计算土石方工程量时，施工图纸并未标明实际施工场地是否采取放坡、是否预留工作面或是否采用挡土板方式进行，需要以施工组织设计或施工技术措施为依据。平整场地和余土外运的工程量也需要根据建设项目施工现场实际情况予以计算确定。

（4）经审定通过的其他有关技术经济文件、工程施工合同、招标文件的商务条款等。

四、工程计量的原则

工程量是计算工程造价的基础数据，工程计量是最为细致的工作，且结果准确与否直接影响着造价编制的质量和进度。为快速准确地计算工程量，应遵循以下原则：

（1）熟悉基础资料。在工程量计算前，应熟悉现行消耗量定额、施工图纸、有关标准图集、施工组织设计等资料。

（2）计算工程量的项目应与现行定额项目一致。只有当所列分项工程项目与现行定额中分项工程的项目完全一致时，才能正确使用定额的各项指标。要注意所列分项工程的内容是否与选用定额分项工程所综合的内容一致，不可重复计算。如现行定额楼地面工程找平层子目中，均包括刷素水泥浆一道，在计算工程量时，不可再列刷素水泥浆子目。

（3）工程量计量单位必须与现行定额计量单位一致。现行定额中各分项工程的计量单位有"m³""m²""m"等，计算工程量时所选用单位应与之相同，当所选用单位与现行定额计量单位不一致时，需要对定额工程量进行换算。

（4）必须严格按照施工图纸及依据的计算规则计算。计算工程量必须在熟悉和审查图纸的基础上，严格按照规定的工程量计算规则，以施工图的标准尺寸（另有规定者除外）为依据进行计算，不能随意加大或缩小构件尺寸，以免影响工程量的准确性。

（5）工程量的计算宜采用表格形式。为计算清晰和便于审核，在计算工程量时常采用表格形式。

五、工程量计算规范与消耗量定额工程量计算规则的区别与联系

由于消耗量定额是工程量清单计价的重要依据，在工程量清单计算规范中具有基础性地位，特别是项目划分、计量单位、工程量计算规则等方面，二者既有区别又有很好的衔接。定额中的章节划分与工程量计算规范附录顺序基本一致，项目编码也相应保持一致，且在工程量计算规则方面，大多数定额计算规则均与工程量清单计算规范一致。在以上的联系基础上，还存在诸多不同。

（1）两者用途不同。工程量计算规范的工程量计算规范主要用于编制工程量清单，而消耗量定额的工程量计算规则主要用于工程计价，目的是将清单工程量与消耗量定额更好地联系起来。

（2）项目划分和综合的工作内容不同。工程量清单的项目划分是基于某一综合实体，消耗量定额的项目划分是基于施工工序，如清单项目挖一般土方，其包括的工作内容有土方开挖以及土方外运等，不同的工作内容对应不同的消耗量定额。

（3）计算口径的调整。工程量清单项目工程量计算规则是按工程实体尺寸的净量计算，并不考虑施工方法和加工余量；消耗量定额项目计量考虑了不同的施工方法和加工余量的实际数量。

如土石方工程中的010101004挖基坑土方，13清单计算规则为按设计图示尺寸以基础垫层底面积乘挖土深度以"m³"计算，而重庆市18定额计算规则为按设计图示尺寸以基础或垫层底面积乘以挖土深度加工作面及放坡工程量以"m³"计算。两者的工程量计算差别在于是否计算工作面及放坡工程量，清单工程量只计算构成基础实体所需开挖的土方量，而定额项目计量则包含为满足施工工艺而增加的加工余量，如图7.1所示。

（4）计量单位的调整。工程量清单项目的计量单位一般采用基本的物理计量单位或自然计量单位，如m²、m³、m、kg、t等，基础定额的计量单位一般采用扩大的物理计量单位或自然计量单位，如100m²、100m³、100m等。

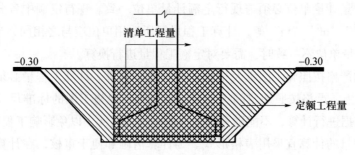

图 7.1　挖基础土方清单与定额工程量计算口径比较

六、工程计量的范围

1. 工程量清单及工程变更所修订的工程量清单的内容

工程量清单是指建设工程的分部分项工程项目、措施项目、其他项目、规费项目、税金项目的名称和相应数量等的明细清单。由分部分项工程量清单、措施项目清单、其他项目清单、规费税金清单组成，工程量清单范围内的所有列项子目都属于工程计量的范围。

工程变更是指合同实施过程中由发包人或承包人提出的，经发包人批准的对合同工作内容、工程数量、质量要求、施工顺序等的改变。工程变更范围包括：增加或减少合同中的工作量或额外追加的工作；取消合同中的任何工作，但转由其他人实施的工作除外；改变合同中任何工作的质量标准或其他特性；改变工程的基线、标高、位置和尺寸；改变工程的时间安排或实施顺序。以上工程变更所引起的工程量变化都属于工程计量的范围。

2. 合同文件中规定的各种费用支付项目

索赔费用是当事人一方因非己方原因而遭受经济损失或工期延误，按照约定或法律规定，应由对方承担责任而向对方提出费用补偿。预付款是在正式开工前由发包人预先支付给承包人，用于购买工程施工所需材料和组织施工机械和人员进场的费用。这些费用均属于工程计量的范围，合同文件中规定的主要有费用索赔、各种预付款、价格调整、违约金等。

七、工程计量的方法

1. 工程量计算顺序

为避免漏算或重复计算，提高计算的准确程度，工程量的计算应按照一定的顺序进行。具体的计算顺序应根据具体工程和个人习惯来确定，一般有以下几种顺序。

（1）单位工程计算顺序

1）按工程量计算规范附录或消耗量定额附录顺序计算。由前向后，逐项对照，附录项目与图纸对应时就计算。

2）按图纸顺序计算。根据图纸排列的先后顺序，由建施到结施图，各专业的图纸按照"先平面，再立面，再剖面；先基本图，再详图"的顺序计算。

3）按施工顺序计算。采用这种计算方法，需要对现场施工有一定了解才能有效地计算工程量，避免漏算。一般由平整场地、挖基础土方开始，直到装饰工程等全部施工内容结束。

（2）单个分部分项工程计算顺序

1）按照顺时针方向计算法：即先从平面图纸左上角开始，自左向右，然后由上而下，最后转回到左上角为止，按照顺时针方向转圈依次进行计算。例如计算外墙、地面、顶棚等分部分项工程，都可以按照此顺序进行。

2）按"先横后竖、先上后下、先左后右"计算法：这种方法从平面图左上角开始，按顺序计算。例如房屋的条形基础土方、砖石基础、砖墙砌筑、门窗过梁、墙面抹灰等分部分项工程，均可按这种顺序计算工程量。

3）按图纸分项编号顺序计算法：即按照图纸上所标注结构构件、配件的编号顺序进行计算。例如混凝土构件、门窗、屋架等分部分项工程，均可以按照此顺序计算。

4）按照图纸上定位轴线的编号计算：当建设工程项目图纸较为复杂时，为方便后期审核工程量和结算办理，可以采用按轴线编号计算的方法。例如混凝土梁、混凝土柱、砌体墙等，可根据轴号①~③、Ⓐ~Ⓒ这样顺序进行工程量计算。

2. 用统筹法计算工程量

运用统筹法计算工程量，就是分析工程量计算中各分部分项工程量计算之间的固有规律和相互之间的依赖关系，运用统筹法原理和统筹图图解来合理安排工程量的计算程序，以达到节约时间、简化计算、提高工效，为及时准确地编制工程预算提供科学数据的目的。

实践表明，每个分部分项工程量计算虽有着各自的特点，但都离不开计算"线""面"之类的基数，另外，某些分部分项工程的工程量计算结果往往是另一些分部分项工程的工程量计算的基础数据，因此，根据这个特性，运用统筹法原理，对每个分部分项工程的工程量进行分析，然后依据计算过程的内在联系，按先主后次，统筹安排计算程序，可以简化烦琐的计算，形成统筹计算工程量的计算方法。

（1）统筹法计算工程量的基本要点

1）统筹程序，合理安排。工程量计算程序的安排是否合理，关系着计量工作的效率高低，进度快慢。按施工顺序进行工程量计算，往往不能充分利用数据间的内在联系而形成重复计算，浪费时间和精力，有时还易出现计算差错。

2）利用基数，连续计算。就是以"线"或"面"为基数，利用连乘或加减，算出与它有关的分部分项工程量。这里的"线"和"面"指的是长度和面积，常用的基数为"三线一面"，"三线"是指建筑物的外墙中心线、外墙外边线和内墙净长线；"一面"是指建筑物的底层建筑面积。

3）一次算出，多次使用。在工程量计算过程中，往往有一些不能用"线""面"基数进行连续计算的项目，如门窗、屋架、钢筋混凝土预制标准构件等。首先，将常用数据一次算出，汇编成土建工程量计算手册（即"册"），其次也要把那些规律较明显的如槽、沟断面等一次算出，也编入册。当需要计算有关的工程量时，只要查手册就可快速算出所需要的工程量。这样可以减少按图逐项进行频繁而重复的计算，亦能保证计算的及时性与准确性。

4）结合实际，灵活机动。用"线""面""册"计算工程量，是一般常用的工程量基本计算方法，实践证明，在一般工程上完全可以利用。但在特殊工程上，由于基础断面、墙厚、砂浆强度等级和各楼层的面积不同，就不能完全用"线"或"面"的一个数作为基数，而必须结合实际灵活计算。

一般常遇到的几种情况及采用的方法如下：

①分段计算法。当基础断面不同，在计算基础工程量时，就应分段计算。

②分层计算法。遇多层建筑物，各楼层的建筑面积或砂浆强度等级不同时，均可分层计算。

③补加计算法。在同一分项工程中，遇到局部外形尺寸或结构不同时，为便于利用基数进行计算，可先将其看作相同条件计算，然后加上多出部分的工程量。如基础深度不同的内外基础、宽度不同的散水等工程。

④补减计算法。与补加计算法相似，只是在原计算结果上减去局部不同部分工程量。如在楼地面工程中，各楼层面除每层盥洗间为水磨石面层外，其余均为水泥砂浆面层，则可先按各楼层均为水泥砂浆面层计算，然后补减盥洗间的水磨石地面工程量。

（2）统筹图

运用统筹法计算工程量，就是要根据统筹法原理对计价规范中清单列项和工程量计算规则，设计出"计算工程量程序统筹图"。统筹图以"三线一面"作为基数，连续计算与之有共性关系的分部分项工程量，而与基数共性关系的分部分项工程量则用"册"或图示尺寸进行计算。

1）统筹图的主要内容。统筹图主要由计算工程量的主次程序线、基数、分部分项工程量计算式及计算单位组成。其主要程序线是指在"线""面"基数上连续计算项目的线，次要程序线是指在分部分项项目上连续计算的线。

2）计算程序的统筹安排。统筹图的计算程序安排是根据下述原则考虑的：

①共性合在一起，个性分别处理。分部分项工程量计算程序的安排，是根据分部分项工程之间共性与个性的关系，采取共性合在一起，个性分别处理的办法。共性合在一起，就是把与墙的长度（包括外墙中心线、外墙外边线和内墙净长线）有关的计算项目，

分别纳入各自系统中，把与建筑面积有关的计算项目，分别归于建筑物底层面积和分层面积系统中；与墙长或建筑面积这些基数联系不起来的计算项目，如楼梯、阳台、门窗、台阶等，则按其个性分别处理，或利用"工程量计算手册"另行单独计算。

②先主后次，统筹安排。用统筹法计算各分项工程量是从"线""面"基数的计算开始的。计算顺序必须本着先主后次顺序统筹安排，才能达到连续计算的目的。先算的项目要为后算的项目创造条件，后算的项目就能在先算的基础上简化计算，有些项目只和基数有关系，与其他项目之间没有关系，先算后算均可，前后之间要参照定额程序安排，以方便计算。

③独立项目单独处理。预制混凝土构件、钢窗或木门窗、金属或木构件、钢筋用量、台阶、楼梯、地沟等独立项目的工程量计算，与墙的长度、建筑面积没有关系，不能合在一起，也不能用"线""面"基数计算时，需要单独处理。可采用预先编制"册"的方法解决，只要查阅"册"即可得出所需要的各项工程量，或者利用前面所说的按表格形式填写计算的方法，如"线""面"基数没有关系又不能预先编入"册"的项目，按图示尺寸分别计算。

3）统筹法计算工程量的步骤。用统筹法计算工程量大体可分为五个步骤，如图 7.2 所示。

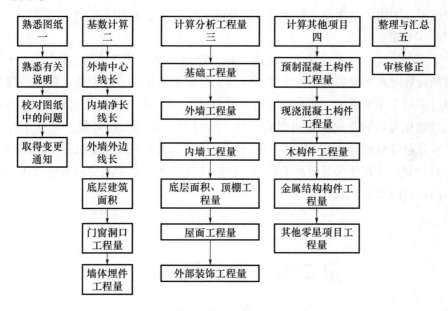

图 7.2　利用统筹法计算工程量的步骤

3. 工程量计算中信息技术的应用

工程量计算是编制工程计价的基础工作，需要细致认真对待，既烦琐又复杂，占工程计价工作量的 50% ~ 70%，其工作难度较大，也难以保证准确性及高效性。传统工程量统计主要依赖手工计算和利用各类办公软件辅助计算，施工人员根据设计图纸进行各类构件信息的提取和分析，最终整理出有价值的工程量信息。专业计量软件目前在实际工作中得到大量应用。

随着工程量计算方式的与时俱进，近年来在政府、行业协会、软件企业的共同推动下，BIM 和云计量技术及其价值在我国得到了广泛的认识，并逐渐深入应用到工程建设项目中。

（1）BIM 计量

BIM 是以建筑工程项目的各项相关信息数据为基础，建立的数字化建筑模型，具有可视化、协调性、模拟性、优化性和可出图性五大特点，给工程建设信息化带来重大变革。首先，BIM 技术采用以数据为中心的协作方式，实现数据共享，大大提高了建筑行业工效；其次，能够提升建筑品质，实现绿色、模拟的设计和建造。BIM 技术将给工程造价信息化建设带来巨大影响，它不仅能够将工程造价管理与设计工作很好地联系起来，交互的数据信息更加丰富，相互作用更加明显，而且可以实现施工过程中的可视化、可控化工程造价动态管理，集三维设计、动态可视施工、动态造价管理的 5D 技术。BIM 技术将改变工程量的计算方法，将工程量计算规则、消耗量指标与 BIM 技术相结合，实现由设计信息到工程造价信息的自动转换，使得工程量计算更加快捷、准确和高效。该工程量的计算不仅可以适用于工程计价和工程造价管理的计量要求，也可以适用于对建设工程碳计量以及能效评价等方面的要求。

（2）云计量

由于当今建筑单体的体量大、功能全面，设计复杂，其三维信息量巨大，在计算机上自动计算时需要极强的硬件支撑，且技术更新越来越快，各专业工程越来越复杂，可以通过协同工作来高速完成复杂工程的精细化计量，因此现代工程建设更加注重专业分工精细化与协同作用，如可以将土建工程计量、装饰工程计量、电气工程计量、智能工程计量等分别放入"云端"，进行多方配合，共同完成。将工程计量放入"云端"进行计算，不仅能保证计算的质量，提高计算速度，也能减少对本地资源的需求，显著提高计算的效率，降低成本。

第二节　建筑面积计算

一、建筑面积概述

1. 建筑面积的概念

建筑面积是指建筑物（包括墙体）所形成的楼地面面积。面积是所占平面图形的大小，建筑面积主要是墙体围合的楼地面面积（包括墙体的面积），因此计算建筑面积时，首先以外墙结构外围水平面积计算。建筑面积包括三项，即使用面积、辅助面积和结构面积。

使用面积是指建筑物各层平面中直接为生产或生活实用的净面积的总和，也被称为"居住面积"，如住宅建筑中的居室、客厅、书房。

辅助面积是指建筑物各层平面布置中为辅助生产或生活所占净面积的总和，如住宅建筑的楼梯、走道、厨卫等。使用面积与辅助面积的总和称为"有效面积"。

结构面积是指建筑物各层平面中的墙体、柱等结构所占面积的总和。

2. 建筑面积的作用

建筑面积作为工程计量最基础的计算工作，在工程建设中具有重要的意义。从宏观角度看，建筑面积在国民经济一定时期内，是一项重要的技术经济指标，完成建筑面积的多少标志着一个国家的工农业生产发展状况、人民生活居住条件的改善和文化生活福利设施发展的程度。从微观角度看，首先，建筑面积是计算建设工程许多技术指标的基础数据，对确定建设工程造价、工程建设规模具有重要作用。其次，建筑面积可用于简化预算编制和某些费用计算，如中小型机械费、生产工具使用费、检验试验费等。

（1）建筑面积是控制设计规模和衡量平面布置合理性的主要数据，是设计单位在方案设计阶段编制设计概算，选择较经济合理的方案设计的依据。常用的将建筑面积作为基础数据的指标有容积率、建筑密度、建筑系数等。在评价设计方案时，常采用居住面积系数、土地利用系数、单方造价等指标，都与建筑面积密切相关。

$$容积率 = \frac{建筑总面积}{建筑占地面积} \times 100\% \tag{7-1}$$

$$建筑密度 = \frac{建筑底层面积}{建筑占地总面积} \times 100\% \tag{7-2}$$

（2）选择概算指标和编制概算的主要依据。概算指标通常是以建筑面积为计量单位。用概算指标编制概算时，要以建筑面积为计算基础。

（3）计算有关分项工程量的依据。建筑面积作为"三线一面"中的"一面"，在工程量计算中通过统筹安排，被反复利用，达到一次算出、多次应用的效果。如计算出建筑面积后，就可利用这一数据计算地面抹灰、楼（地）面面积、顶棚面积、室内回填土、平整场地、脚手架工程等项目的造价。

（4）确定各项技术经济指标的基础。建筑面积与使用面积、辅助面积、结构面积之间存在着一定的比例关系。设计人员在进行建筑或结构设计时，都应在计算建筑面积的基础上再分别计算出结构面积、有效面积等技术经济指标。

$$单位面积工程造价 = \frac{工程造价}{建筑面积} \tag{7-3}$$

二、建筑面积计算规则与方法

现行建筑面积计算主要依据我国住房城乡建设部发布的国家标准——《建筑工程建筑面积计算规范》（GB/T 50353—2013），该计算规范自2014年7月1日起实施。规范主要内容包括总则、术语、计算建筑面积的规定。较之《建筑工程建筑面积计算规范》（GB/T 50353—2005），主要修订了诸如无围护结构、有围护设施、有永久性顶盖、门斗等计算全部建筑面积、计算部分建筑面积和不计算建筑面积的情形及计算规则，适用于新建、扩建、改建的工业与民用建筑工程建设全过程的建筑面积计算。

1. 应计算建筑面积的范围及规则

（1）建筑物的建筑面积应按自然层外墙结构外围水平面积之和计算。结构层高在2.20m及以上的，应计算全面积；结构层高在2.20m以下的，应计算1/2面积。

自然层是指按楼地面结构分层的楼层。结构层高是指楼面或地面结构层上表面至上部结构层上表面之间的垂直距离，如图7.3所示。上下均为楼面时，结构层高是相邻两层楼板结构层上表面之间的垂直距离；建筑物最底层，从"混凝土构造"的上表面算至上层楼板结构层上表面（有混凝土底板时从底板上表面算起，底板有上反梁的从上反梁上表面算起；无混凝土底板从地面构造最上一层混凝土垫层或找平层表面算起）；建筑物顶层，从楼板结构层上表面算至屋面板结构层上表面。

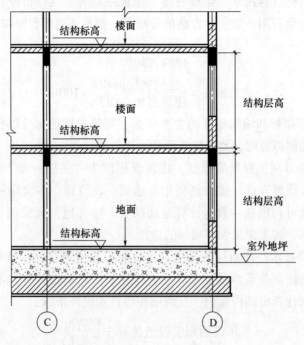

图7.3 结构层高示意图

建筑面积计算不再区分单层建筑和多层建筑，有围护结构的以围护结构外围计算。所谓围护结构，是指围合建筑空间的墙体、门、窗。计算建筑面积时不考虑勒脚，勒脚是建筑物外墙与室外地面或散水接触部分墙体的加厚部分，其高度一般为室内地坪与室外地面的高差，也有的将勒脚提高到底层窗台，因为勒脚是墙根很矮的一部分墙体加厚，不能代表整个外墙结构。当外围结构本身在一个层高范围内不等高时（不包括勒脚，外墙结构在该层高范围内材质不变），以楼地面结构标高处的外围水平面积计算，如图 7.4 所示。当围护结构下部为砌体，上部为彩钢板围护的建筑物时（图 7.5），其建筑面积的计算：当 $h < 0.45\text{m}$ 时，建筑面积按彩钢外围水平面积计算；当 $h \geqslant 0.45\text{m}$ 时，建筑面积按下部砌体外围水平面积计算。

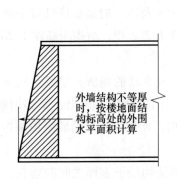

图 7.4 外墙结构不等高建筑面积
计算示意图

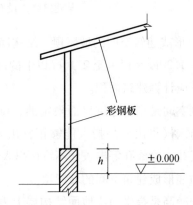

图 7.5 下部为砌体，上部为彩钢板
围护的建筑物

（2）建筑物内设有局部楼层时，对于局部楼层的二层及以上楼层，有围护结构的应按其围护结构外围水平面积计算，无围护结构的应按其结构底板水平面积计算，且结构层高在 2.20m 及以上的，应计算全面积；结构层高在 2.20m 以下的，应计算 1/2 面积。

如图 7.6 所示，在计算建筑面积时，只要是在一个自然层内设置的局部楼层，其首层面积已包括在原建筑物中，不能重复计算。因此，应从二层以上开始计算局部楼层建筑面积，二层有围护结构，因此按围护结构外围水平面积计算；三层栏板或栏杆不属于围护结构，为围护设施，因此，三层无围护结构，仅有一面或两面为墙体或门、窗，应按结构底板水平面积计算，底板面积不包括已有围护结构面积。

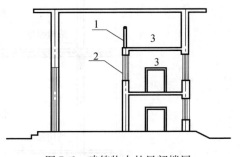

图 7.6 建筑物内的局部楼层
1—围护设施；2—围护结构；3—局部楼层

【例 7-1】如图 7.7 所示，局部楼层结构层高超过 2.20m，试计算其建筑面积。

解 该建筑的建筑面积为首层建筑面积 $= 50 \times 10 = 500$（m^2）；局部二层建筑面积（按围护结构计算）$= 5.49 \times 3.49 = 19.16$（$\text{m}^2$）；局部三层建筑面积（按底板计算）$= (5 + 0.1) \times (3 + 0.1) = 15.81$（$\text{m}^2$）。

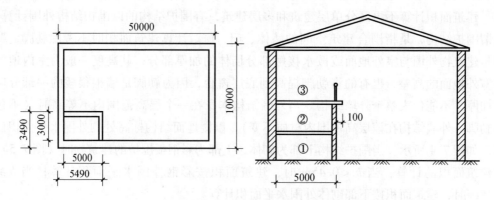

图 7.7　某建筑物内设有局部楼层建筑面积计算实例

（3）形成建筑空间的坡屋顶，结构净高在 2.10m 及以上的部位应计算全面积；结构净高在 1.20m 及以上至 2.10m 以下的部位应计算 1/2 面积；结构净高在 1.20m 以下的部位不应计算建筑面积。

建筑空间是指以建筑界面限定的、供人们生活或活动的场所。建筑空间是围合空间，可出入（可出入是指人能够正常出入，即通过门或楼梯等进出，而必须通过窗、栏杆、人孔、检修孔等出入的不算可出入）、可利用。所以，这里的坡屋顶是指与其他围护结构能形成建筑空间的坡屋顶。

结构净高是指楼面或地面结构层上表面至上部结构层下表面之间的垂直距离，如图 7.8 所示。

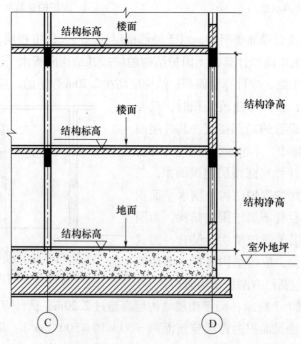

图 7.8　结构净高示意图

【例7-2】 计算图7.9所示坡屋顶下建筑空间的建筑面积。

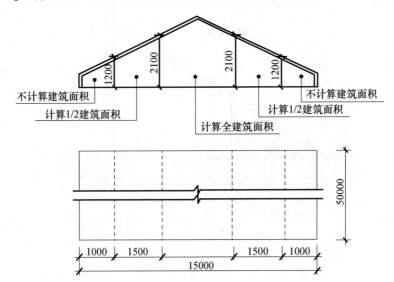

图 7.9 坡屋顶下建筑空间建筑面积计算范围示意图

解 全面积部分 $= 50 \times (15 - 1.5 \times 2 - 1.0 \times 2) = 500$（$m^2$）；1/2 面积部分 $= 50 \times 1.5 \times 2 \times 1/2 = 75$（$m^2$），合计建筑面积为 $500 + 75 = 575$（m^2）。

（4）场馆看台下的建筑空间，结构净高在 2.10m 及以上的部位应计算全面积；结构净高在 1.20m 及以上至 2.10m 以下的部位应计算 1/2 面积；结构净高在 1.20m 以下的部位不应计算建筑面积。室内单独设置的有围护设施的悬挑看台，应按看台结构底板水平投影面积计算建筑面积。有顶盖无围护结构的场馆看台应按其顶盖水平投影面积的 1/2 计算面积。场馆区分三种不同的情况：第一，看台下的建筑空间，对"场"（顶盖不闭合）和"馆"（顶盖闭合）都适用；第二，室内单独悬挑看台，仅对"馆"适用；第三，有顶盖无围护结构的看台，仅对"场"适用。

对于第一种情况，场馆看台下的建筑空间因其上部结构多为斜板，所以采用净高的尺寸画定建筑面积的计算范围，如图 7.10 所示。

对于第二种情况，室内单独设置的有围护设施的悬挑看台，因其看台上部设有顶盖且可供人使用，所以按看台板的结构底板水平投影计算建筑面积。

对于第三种情况，场馆看台上部空间建筑面积计算，取决于看台上部有无顶盖，按顶盖计算建筑面积的范围应是看台与顶盖重叠部分的水平投影面积。对于双层看台，各层分别计算建筑面积，顶盖及上层看台均视为下层看台的盖。无顶盖的看台不计算建筑面积。场馆看台（剖面）示意图见图 7.11。

（5）地下室、半地下室应按其结构外围水平面积计算。结构层高在 2.20m 及以上的，应计算全面积；结构层高在 2.20m 以下的，应计算 1/2 面积。地下室示意图如图 7.12 所示。

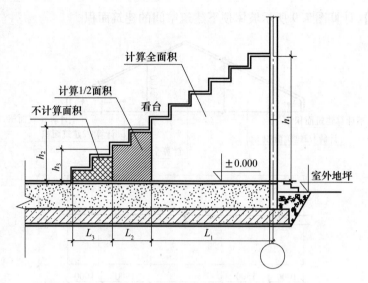

图 7.10 场馆看台下建筑空间

注：$h_2 = 2.1\text{m}$，$h_3 = 1.2\text{m}$。

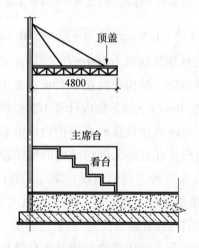

图 7.11 场馆看台（剖面）示意图

室内地平面低于室外地平面的高度超过室内净高的房间 1/2 的为地下室；室内地平面低于室外地平面的高度超过室内净高的房间 1/3 且不超过 1/2 的房间为半地下室。地下室、半地下室按"结构外围水平面积"计算，而不按"外墙上口"取定。当外墙为变截面时，按地下室、半地下室楼地面结构标高处的外围水平面积计算。地下室的外墙结构不包括找平层、防水（潮）层、保护墙等。地下空间未形成建筑空间的，不属于地下室或半地下室。

（6）出入口外墙外侧坡道有顶盖的部位，应按其外墙结构外围水平面积的 1/2 计算面积。

出入口坡道分有顶盖出入口坡道和无顶盖出入口坡道，出入口坡道顶盖的挑出长度，为顶盖结构外边线至外墙结构外边线的长度；顶盖以设计图纸为准，对后增加及建设单位自行增加的顶盖等，不计算建筑面积。顶盖不分材料种类（如钢筋混凝土顶盖、彩钢板顶盖、阳光板顶盖等）。地下室出入口见图 7.13。

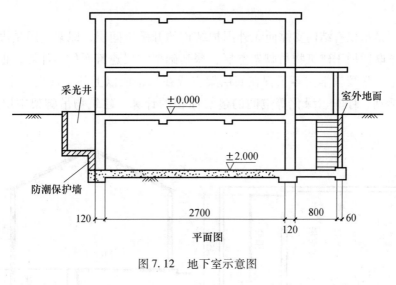

图 7.12 地下室示意图

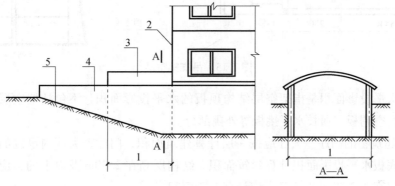

图 7.13 地下室出入口

1—计算 1/2 投影面积部位；2—主体建筑；3—出入口顶盖；4—封闭出入口侧墙；5—出入口坡道

坡道是从建筑物内部一直延伸到建筑物外部的，建筑物内的部分随建筑物正常计算建筑面积，建筑物外部的部分按本条执行。建筑物内、外的划分以建筑物外墙结构外边线为界（图 7.14）。所以，出入口坡道顶盖的挑出长度，为顶盖结构外边线至外墙结构外边线的长度。

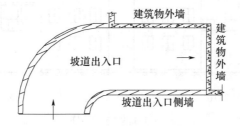

图 7.14 外墙外侧坡道与建筑物内部坡道的划分示意图

（7）建筑物架空层及坡地建筑物吊脚架空层，应按其顶板水平投影计算建筑面积。结构层高在2.20m及以上的，应计算全面积；结构层高在2.20m以下的，应计算1/2面积。

架空层是指仅有结构支撑而无外围护结构的开敞空间层，即架空层是没有围护结构的。本条既适用于建筑物吊脚架空层、深基础架空层建筑面积的计算，也适用于目前部分住宅、学校教学楼等工程在底层架空或在二楼或以上某个甚至多个楼层架空，作为公共活动、停车、绿化等空间的建筑面积的计算。建筑物吊脚架空层如图7.15所示。

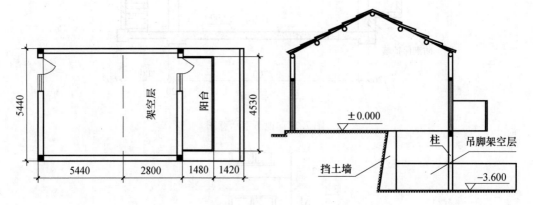

图7.15　吊脚架空层

顶板水平投影面积是指架空层结构顶板的水平投影面积，不包括架空层主体结构外的阳台、空调板、通长水平挑板等外挑部分。

（8）建筑物的门厅、大厅应按一层计算建筑面积，门厅、大厅内设置的走廊应按走廊结构底板水平投影面积计算建筑面积。结构层高在2.20m及以上的，应计算全面积；结构层高在2.20m以下的，应计算1/2面积。

（9）建筑物间的架空走廊，有顶盖和围护设施的，应按其围护结构外围水平面积计算全面积；无围护结构、有围护设施的，应按其结构底板水平投影面积计算1/2面积。

无围护结构的架空走廊如图7.16所示。有围护结构的架空走廊如图7.17所示。

图7.16　无围护结构的架空走廊（有围护设施）

1—栏杆；2—架空走廊

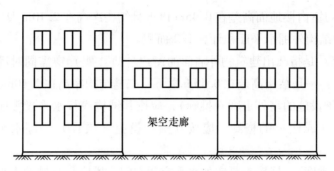

图 7.17 有围护结构的架空走廊

（10）立体书库、立体仓库、立体车库，有围护结构的，应按其围护结构外围水平面积计算建筑面积；无围护结构、有围护设施的，应按其结构底板水平投影面积计算建筑面积。无结构层的应按一层计算，有结构层的应按其结构层面积分别计算。结构层高在 2.20m 及以上的，应计算全面积；结构层高在 2.20m 以下的，应计算 1/2 面积。

结构层是指整体结构体系中承重的楼板层，包括板、梁等构件，而非局部结构起承重作用的分隔层、立体书库中的升降设备，不属于结构层，不计算建筑面积；仓库中的立体货架、书库中的立体书架都不算结构层，故该部分分层不计算建筑面积。立体书库如图 7.18 所示。

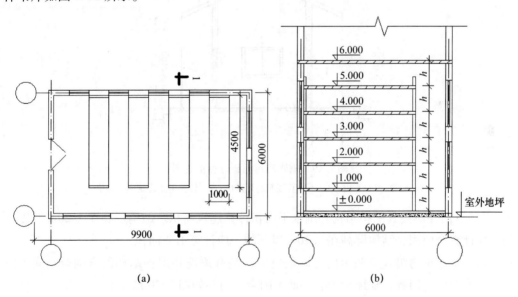

图 7.18 立体书库

（a）平面图；（b）剖面图

（11）有围护结构的舞台灯光控制室，应按其围护结构外围水平面积计算。结构层高在 2.20m 及以上的，应计算全面积；结构层高在 2.20m 以下的，应计算 1/2 面积。

（12）附属在建筑物外墙的落地橱窗，应按其围护结构外围水平面积计算。结构层高在 2.20m 及以上的，应计算全面积；结构层高在 2.20m 以下的，应计算 1/2 面积。

（13）窗台与室内楼地面高差在0.45m以下且结构净高在2.10m及以上的凸（飘）窗，应按其围护结构外围水平面积计算1/2面积。

凸窗（飘窗）是指凸出建筑物外墙面的窗户。凸（飘）窗需同时满足两个条件方能计算建筑面积：一是结构高差在0.45m以下，二是结构净高在2.10m及以上。

（14）有围护设施的室外走廊（挑廊），应按其结构底板水平投影面积计算1/2面积；有围护设施（或柱）的檐廊，应按其围护设施（或柱）外围水平面积计算1/2面积。

室外走廊（挑廊）、檐廊都是室外水平交通空间。挑廊是悬挑的水平交通空间；檐廊是底层的水平交通空间，由屋檐或挑檐作为顶盖，且一般有柱或栏杆、栏板等。底层无围护设施但有柱的室外走廊可参照檐廊的规则计算建筑面积。无论哪一种廊，除了必须有地面结构外，还必须有栏杆、栏板等围护设施或柱，这两个条件缺一不可，缺少任何一个条件都不计算建筑面积（图7.19）。在图中，1左部位没有围护设施，所以不计算建筑面积；1右部位有围护设施，按围护设施所围成面积的1/2计算。室外走廊（挑廊）、檐廊虽然都算1/2面积，但取定的计算部位不同：室外走廊（挑廊）按结构底板计算，檐廊按围护设施（或柱）外围计算。

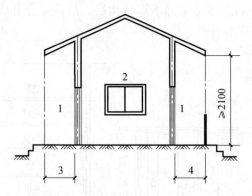

图7.19　檐廊建筑面积计算示意图

1—檐廊；2—室内；3—不计算建筑面积部位；4—计算1/2建筑面积部位

（15）门斗应按其围护结构外围水平面积计算建筑面积。结构层高在2.20m及以上的，应计算全面积；结构层高在2.20m以下的，应计算1/2面积。

门斗是建筑物出入口两道门之间的空间，是有顶盖和围护结构的全围合空间。门斗是全围合的，门廊、雨篷至少有一面不围合。门斗如图7.20所示。

（16）门廊应按其顶板的水平投影面积的1/2计算建筑面积；有柱雨篷时应按其结构板水平投影面积的1/2计算建筑面积；无柱雨篷的结构外边线至外墙结构外边线的宽度在2.10m及以上的，应按雨篷结构板的水平投影面积的1/2计算建筑面积。

门廊是指在建筑物出入口，无门、三面或两面有墙，上部有板（或借用上部楼板）围护的部位。门廊划分为全凹式、半凹半凸式、全凸式，如图7.21所示。

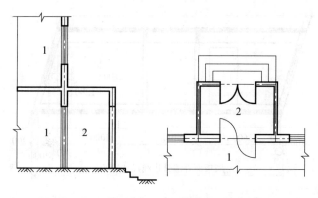

图 7. 20　门斗示意图

1—室内；2—门斗

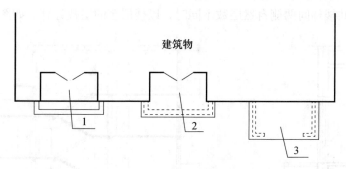

图 7. 21　门廊示意图

1—全凹式门廊；2—半凹半凸式门廊；3—全凸式门廊

（17）设在建筑物顶部的、有围护结构的楼梯间、水箱间、电梯机房等，结构层高在 2. 20m 及以上的，应计算全面积；结构层高在 2. 20m 以下的，应计算 1/2 面积。

建筑物房顶上的建筑部件属于建筑空间的可以计算建筑面积，不属于建筑空间的则归为屋顶造型（装饰性结构构件），不计算建筑面积。

（18）围护结构不垂直于水平面的楼层，应按其底板面的外墙外围水平面积计算。结构净高在 2. 10m 及以上的部位，应计算全面积；结构净高在 1. 20m 及以上至 2. 10m 以下的部位，应计算 1/2 面积；结构净高在 1. 20m 以下的部位，不应计算建筑面积。

由于目前很多建筑设计追求新、奇、特，造型越来越复杂，很多时候根本无法明确区分什么是围护结构，什么是屋顶。只要外壳倾斜，对于斜围护结构与斜屋顶采用相同的计算规则，按净高划段，分别计算建筑面积。如图 7. 22 所示，部位①结构净高在 1. 20m 及以上至 2. 10m 以下，计算 1/2 面积；部位②结构净高小于 1. 20m，不计算建筑面积；部位③是围护结构，应计算全部面积。

（19）建筑物的室内楼梯、电梯井、提物井、管道井、通风排气竖井、烟道，应并入建筑物的自然层计算建筑面积。有顶盖的采光井应按一层计算面积，结构净高在 2. 10m 及以上的，应计算全面积，结构净高在 2. 10m 以下的，应计算 1/2 面积。

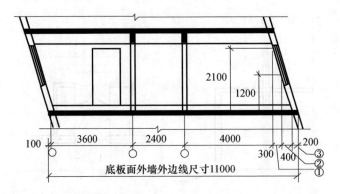

图 7.22 围护结构不垂直于水平楼面的建筑面积计算示意图

有顶盖的采光井包括建筑物中的采光井和地下室采光井。地下室采光井如图 7.23 所示。当室内公共楼梯间两侧自然层数不同时，以楼层多的层数计算，如图 7.24 所示。

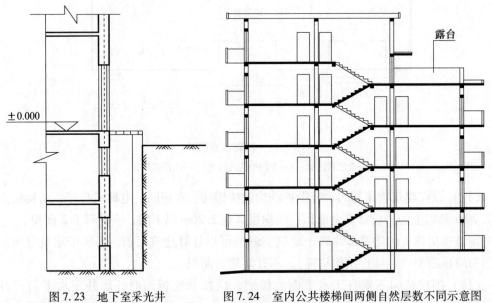

图 7.23 地下室采光井　　　　图 7.24 室内公共楼梯间两侧自然层数不同示意图

（20）室外楼梯应并入所依附建筑物自然层，并应按其水平投影面积的 1/2 计算建筑面积。

室外楼梯作为连接该建筑物层与层之间交通不可缺少的基本部件，无论从其功能，还是工程计价的要求来说，均需计算建筑面积。层数为室外楼梯所依附的楼层数，即梯段部分投影到建筑物范围的层数。利用室外楼梯下部的建筑空间不得重复计算建筑面积；利用地势砌筑的为室外踏步，不计算建筑面积。

（21）在主体结构内的阳台，应按其结构外围水平面积计算全面积；在主体结构外的阳台，应按其结构底板水平投影面积计算 1/2 面积。

砖混结构通常以外墙（即围护结构，包括墙、门、窗）来判断，外墙以内为主体结构内，外墙以外为主体结构外；框架结构，柱梁体系之内的为主体结构内，柱梁体系之外为主体结构外；剪力墙结构，阳台两侧或包围为剪力墙则为主体结构内，单侧或无剪力墙为主体结构外；框剪结构，角柱为受力结构，根基落地，则阳台在主体结构内，角柱仅为造型，无根基，则为主体结构外。

（22）有顶盖无围护结构的车棚、货棚、站台、加油站、收费站等，应按其顶盖水平投影面积的1/2计算建筑面积。

（23）以幕墙作为围护结构的建筑物，应按幕墙外边线计算建筑面积。幕墙以其在建筑物中所起的作用和功能来区分，直接作为外墙起围护作用的幕墙，按其外边线计算建筑面积；设置在建筑物墙体外起装饰作用的幕墙，不计算建筑面积。

（24）建筑物的外墙外保温层，应按其保温材料的水平截面面积计算，并计入自然层建筑面积。

建筑物外墙外侧有保温隔热层的，保温隔热层以保温材料的净厚度乘以外墙结构外边线长度按建筑物的自然层计算建筑面积，其外墙外边线长度不扣除门窗和建筑物外已计算建筑面积构件（如阳台、室外走廊、门斗、落地橱窗等部件）所占长度。当建筑物外已计算建筑面积的构件（如阳台、室外走廊、门斗、落地橱窗等部件）有保温隔热层时，其保温隔热层也不再计算建筑面积。外墙是斜面者按楼面楼板处的外墙外边线长度乘以保温材料的净厚度计算。外墙外保温以沿高度方向满铺为准，某层外墙外保温铺设高度未达到全部高度时（不包括阳台、室外走廊、门斗、落地橱窗、雨篷、飘窗等），不计算建筑面积。保温隔热层的建筑面积是以保温隔热材料的厚度来计算的，不包含抹灰层、防潮层、保护层（墙）的厚度。图7.25中7所示部分为计算建筑面积范围，只计算保温材料本身的面积。

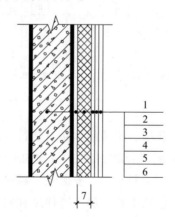

图7.25 建筑外墙外保温结构

1—墙体；2—粘结胶浆；3—保温材料；4—标准网；5—加强网；6—抹面胶浆；7—计算建筑面积部位

（25）与室内相通的变形缝，应按其自然层合并在建筑物建筑面积内计算。对于高低联跨的建筑物，当高低跨内部连通时，其变形缝应计算在低跨面积内。

与室内相通的变形缝，是指暴露在建筑物内，在建筑物内可以看见的变形缝，应计算建筑面积。

（26）对于建筑物内的设备层、管道层、避难层等有结构层的楼层，结构层高在2.20m 及以上的，应计算全面积；结构层高在 2.20m 以下的，应计算 1/2 面积。

设备层、管道层，虽然其具体功能与普通楼层不同，但在结构上及施工消耗上并无本质区别，且自然层被定义为"按楼地面结构分层的楼层"，因此设备、管道楼层归为自然层，其计算规则与普通楼层相同。在顶棚空间内设置管道的，则顶棚空间部分不能被视为设备层、管道层。

2. 不计算建筑面积的范围

（1）与建筑物内不相连通的建筑部件。建筑部件指的是依附于建筑物外墙外不与户室开门连通，起装饰作用的敞开式挑台（廊）、平台，以及不与阳台相通的空调室外机搁板（箱）等设备平台部件。

（2）骑楼、过街楼底层的开放公共空间和建筑物通道。骑楼指建筑底层沿街面后退且留出公共人行空间的建筑物，如图 7.26 所示。过街楼指跨越道路上空并与两边建筑相连接的建筑物，如图 7.27 所示。

（3）舞台及后台悬挂幕布和布景的天桥、挑台等。这里指的是影剧院的舞台及为舞台服务的可供上人维修、悬挂幕布、布置灯光及布景等搭设的天桥和挑台等构件设施。

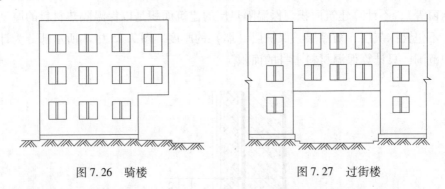

图 7.26　骑楼　　　　　　　　　图 7.27　过街楼

（4）露台、露天游泳池、花架、屋顶的水箱及装饰性结构构件。露台是设置在屋面、首层地面或雨篷上的供人室外活动的有围护设施的平台。

（5）建筑物内的操作平台、上料平台、安装箱和罐体的平台。建筑物内不构成结构层的操作平台、上料平台（包括工业厂房、搅拌站和料仓等建筑物中的设备操作控制平台、上料平台等），其主要作用为室内构筑物或设备服务的独立上人设施，因此不计算建筑面积。某车间操作平台如图 7.28 所示。

（6）勒脚、附墙柱、垛、台阶、墙面抹灰、装饰面、镶贴块料面层、装饰性幕墙，主体结构外的空调室外机搁板（箱）、构件、配件，挑出宽度在 2.10m 以下的无柱雨篷和顶盖高度达到或超过两个楼层的无柱雨篷。附墙柱是指非结构性装饰柱。

（7）窗台与室内地面高差在 0.45m 以下且结构净高在 2.10m 以下的凸（飘）窗，窗台与室内地面高差在 0.45m 及以上的凸（飘）窗。

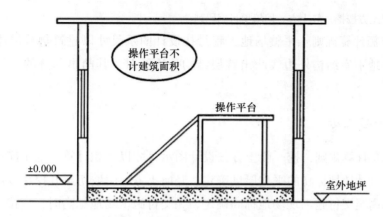

图 7.28 某车间操作平台示意图

（8）室外爬梯、室外专用消防钢楼梯。专用的消防钢楼梯是不计算建筑面积的。当钢楼梯是建筑物通道，兼顾消防用途时，则应计算建筑面积。

（9）围护结构的观光电梯。

（10）建筑物以外的地下人防通道，独立的烟囱、烟道、地沟、油（水）罐、气柜、水塔、储油（水）池、储仓、栈桥等构筑物。

第三节　建筑与装饰工程量计算

本节介绍房屋建筑与装饰工程工程量的计算规则与方法，以《房屋建筑与装饰工程工程量计算规范》（GB 50854—2013）附录中的清单项目设置和工程量计算规则为主。定额工程量计算规则参考《重庆市建筑与装饰工程计价定额》（CQFYDE—2018）。阅读时，可先进行清单计算规则的学习，先熟悉清单工程量计算规则。需要进行计价时，再进行定额计算规则的学习。

部分建筑工程量计算规则节选如下。

一、土石方与基础工程量计算

1. 平整场地

（1）清单计算规则：平整场地按设计图示尺寸以建筑物首层建筑面积计算。建筑物场地厚度在 ±30cm 以内的挖、填、运、找平，应按平整场地项目编码列项。厚度在 ±30cm 以外的竖向布置挖土或山坡切土应按挖一般土方项目编码列项。

备注：《重庆市建设工程工程量计算规则》（CQJLGZ—2013）规定，建筑物场地厚度 ≤ ±300mm

的全挖、全填土方按挖一般土方、回填项目编码列项。

（2）定额计算规则：平整场地工程量按设计图示尺寸以建筑物首层建筑面积计算。建筑物地下室结构外边线凸出首层结构外边线时，其凸出部分的建筑面积合并计算。

2. 挖一般土方

（1）清单计算规则：挖一般土方按设计图示尺寸以体积计算。挖土应按自然地面测量标高至设计地坪标高的平均厚度确定。竖向土方、山坡切土开挖深度应按基础垫层底表面标高至交付施工现场地标高确定，无交付施工场地标高时，应按自然地面标高确定。

土方体积应按挖掘前的天然密实体积计算。如需按天然密实体积折算，应按表 7.1 系数计算。挖土方如需截桩头，应按桩基工程相关项目编码列项。

表 7.1　土方体积折算系数表

天然密实度体积	虚方体积	夯实后体积	松填体积
0.77	1.00	0.67	0.83
1.00	1.30	0.87	1.08
1.15	1.50	1.00	1.25
0.92	1.20	0.80	1.00

注：1. 虚方指未经碾压、堆积时间≤1 年的土壤。

　　2. 设计密实度超过规定的，填方体积按工程设计要求执行；无设计要求按各省、自治区、直辖市或行业建设行政主管部门规定的系数执行。

挖沟槽、基坑、一般土方因工作面和放坡增加的工程量（管沟工作面增加的工程量），是否并入各土方工程量中，按各省、自治区、直辖市或行业建设主管部门的规定实施，如并入各土方工程量中，办理工程结算时，按经发包人认可的施工组织设计规定计算，编制工程量清单时，可按表 7.2、表 7.3 的规定计算。

表 7.2　放坡系数表

土类别	放坡起点（m）	人工挖土	机械挖土		
			在坑内作业	在坑上作业	顺沟槽，在坑上作业
一、二类土	1.20	1：0.5	1：0.33	1：0.75	1：0.5
三类土	1.50	1：0.33	1：0.25	1：0.67	1：0.33
四类土	2.00	1：0.25	1：0.10	1：0.33	1：0.25

注：1. 沟槽、基坑中土类别不同时，分别按其放坡起点、放坡系数、依不同土类别厚度加权平均计算。

　　2. 计算放坡时，在交接处的重复工程量不予扣除，原槽、坑做基础垫层时，放坡自垫层上表面开始计算。

表7.3 基础施工所需工作面宽度计算表

基础材料	每边各增加工作面宽度（mm）
砖基础	200
浆砌毛石、条石基础	150
混凝土基础垫层支模板	300
混凝土基础支模板	300
基础垂直面做防水层	1000（防水层面）

（2）定额计算规则：挖一般土方按设计图示尺寸体积加放坡工程量计算。开挖深度按图示开挖底面尺寸至自然地面（场地平整的按平整后的标高）高度计算。

土方天然密实体积、夯实后体积、松填体积和虚方体积，按表7.4所列值换算。

表7.4 土方体积折算表

天然密实体积	夯实后体积	松填体积	虚方体积
1	0.87	1.08	1.30

注：本表适用于计算挖填平衡工程量。

挖一般土方、沟槽、基坑土方放坡应根据设计或批准的施工组织设计要求的放坡系数计算。如设计或批准的施工组织设计无规定，放坡系数按表7.5的规定计算。

表7.5 放坡系数表

人工挖土	机械开挖土方	放坡起点深度	
土方	在沟槽、坑底	在沟槽、坑边	土方
1:0.3	1:0.25	1:0.67	1:5

注：计算土方放坡时，在交接处所产生的重复工程量不予扣除。

3. 挖沟槽土方和挖基坑土方

（1）清单计算规则：房屋建筑按设计图示尺寸以基础垫层底面积乘以挖土深度计算。构筑物按最大水平投影面积乘以挖土深度（原地面平均标高至坑底高度）以体积计算。

沟槽、基坑、一般土方的划分：底宽≤7m、底长＞3倍底宽为沟槽；底长≤3倍底宽、底面积≤150m² 为基坑；超出上述范围则为一般土方。

备注：《重庆市建设工程工程量计算规则》（CQJLGZ—2013）规定，挖沟槽、基坑土方，垫层原槽浇筑时，加宽工作面从基础外边缘起算；垫层浇筑需支模时，加宽工作面从垫层外边缘起算。

（2）定额计算规则：挖沟槽、基坑土石方工程量，按设计图示尺寸以基础或垫层底面积乘以挖土深度加工作面及放坡工程量以"m³"计算。外墙基槽长度按图示中心线长度计算，内墙基槽长度按槽底净长计算，其凸出部分的体积并入基槽工程量计算。

挖沟槽、基坑土方垫层为原槽浇筑时，加宽工作面从基础外缘边起算；垫层浇筑需支模时，加宽工作面从垫层外缘边起算。沟槽、基坑工作面宽度按设计规定计算，如无设计规定，按表7.6计算。

表7.6 沟槽、基坑工作面宽度

建筑工程		构筑物	
基础材料	每侧工作面宽（mm）	无防潮层（mm）	有防潮层（mm）
砖基础	200		
浆砌条石、块（片）石	250		
混凝土基础支模板者	400	400	600
混凝土垫层支模板者	150		
基础垂面做砂浆防潮层	400（自防潮层面）		
基础垂面做防水防腐层	1000（白防水防腐层）		
支挡土板100（另加）			

4. 管沟土方

（1）清单计算规则：管沟土方若以"m"计量，按设计图示以管道中心线长度计算；若以"m³"计量，按设计图示管底垫层面积乘以挖土深度计算；无管底垫层按管外径的水平投影面积乘以挖土深度计算。管沟土方施工每侧所需工作面宽度见表7.7。

表7.7 管沟施工每侧所需工作面宽度计算表   mm

管道结构宽 管道类型	≤500	≤1000	≤2500	>2500
混凝土及钢筋混凝土管道	400	500	600	700
其他材质管道	300	400	500	600

注：管道结构宽：有管座的按基础外缘计算，无管座的按管道外径计算。

管沟土方项目适用于管道（给排水、工业、电力、通信）、光（电）缆沟（包括人孔桩、接口坑）及连接井（检查井）等。

（2）定额计算规则：建筑与装饰工程计价定额中并无管沟土方计算规则，市政工程计价定额中对管沟土方工程量计算有相应的规定，可作为计算参考。管沟土方工程量按图示尺寸加工作面宽度增加量、放坡量，以"m³"计算。

基础、管道、管网沟槽宽度按设计规定计算，如无设计规定，无基础（垫层）的管道沟槽底宽按其管道外径另两侧工作面宽度计算；有基础（垫层）的底宽按其基础（垫层）宽度加两侧工作面宽度计算；支撑挡土板的沟槽底宽，除按以上规定计算外，每边各加0.1m。沟槽每侧工作面宽度按表7.8计算。

表 7.8　管道沟槽工作面宽度　　　　　　　　　　　　　　　mm

管道工程			
管道结构宽	管道混凝土基础 90°	管道混凝土基础 >90°	金属管道
500 以内	400	400	300
1000 以内	500	500	400
2500 以内	600	500	400
2500 以上	700	600	500

管道、管网工程沟槽长度：主管按管道的设计轴线长度计算，支管按支沟槽的净长线计算；管沟的放坡应根据设计或施工组织设计要求的放坡系数计算。如设计或施工组织设计无规定，土方放坡按表 7.5 规定的放坡系数计算。

5. 挖一般石方、挖沟槽石方、挖基坑石方

（1）清单计算规则：挖一般石方按设计图示尺寸以体积计算。挖沟槽石方按设计图示尺寸沟槽底面积乘以挖石深度以体积计算。挖基坑石方按设计图示尺寸基坑底面积乘以挖石深度以体积计算。

挖石应按自然地面测量标高至设计地坪标高的平均厚度确定。基础石方开挖深度应按基础垫层底表面标高至交付施工场地标高确定，无交付施工场地标高时，应按自然地面标高确定。厚度在 ±30cm 以外的竖向布置挖石或山坡凿石应按挖一般石方项目编码列项。

沟槽、基坑、一般石方的划分：底宽≤7m，底长 >3 倍底宽为沟槽；底长≤3 倍底宽、底面积≤150m² 为基坑；超出上述范围则为一般石方。

石方体积应按挖掘前的天然密实体积计算。如需按天然密实体积折算，应按表 7.9 所示系数进行计算。

备注：《重庆市建设工程工程量计算规则》（CQJLGZ—2013）规定，建筑物场地平整厚度≤±300mm 的全挖石方按挖一般石方项目编码列项。挖沟槽、基坑石方，垫层原槽浇筑时，加宽工作面从基础外边缘起算；垫层浇筑需支模时，加宽工作面从垫层外边缘起算。

表 7.9　石方体积折算系数表

石方类别	天然密实度体积	虚方体积	松填体积	码方
石方	1.0	1.54	1.31	—
块石	1.0	1.75	1.43	1.67
砂夹石	1.0	1.07	1.05	

注：本表按住房城乡建设部颁发《爆破工程消耗量定额》（GYD-102—2008）整理。

（2）定额计算规则：挖一般石方工程量按设计图示尺寸体积加放坡工程量计算。挖沟槽、基坑石方工程量，按设计图示尺寸以基础或垫层底面积乘以开挖深度加工作

面及放坡工程量，以"m³"计算。石方放坡应根据设计或批准的施工组织设计要求的放坡系数计算；机械进入施工作业面，上下坡道增加的土石方工程量，并入施工的土石方工程量内一并计算。

土方天然密实体积、夯实后体积、松填体积和虚方体积，按表7.10所列值换算。

表 7.10　石方体积折算表

石方类别	天然密实体积	夯实后体积	松填体积	虚方体积
石方	1	1.18	1.31	1.54
块石	1	—	1.43	1.75
砂夹石	1	—	1.05	1.07

6. 回填方

（1）清单计算规则：土（石）方回填按设计图示尺寸以体积计算。

场地回填：回填面积乘以平均回填厚度。

室内回填：主墙间净面积乘以回填厚度，不扣除间隔墙。

基础回填：挖方体积减去自然地坪以下埋设的基础体积（包括基础垫层及其他构筑物）。

（2）定额计算规则：

场地（含地下室顶板以上）回填：回填面积乘以平均回填厚度，以"m³"计算。

室内地坪回填：主墙间面积（不扣除间隔墙，扣除连续底面积2m²以上的设备基础等面积）乘以回填厚度，以"m³"计算。

沟槽、基坑回填：挖方体积减自然地坪以下埋设的基础体积（包括基础、垫层及其他构筑物）。

场地原土碾压，按图示尺寸，以"m²"计算。

余方工程量按下式计算：余方运输体积＝挖方体积－回填方体积（折合天然密实体积），总体积为正，则为余土外运；总体积为负，则为取土内运。

二、地基处理与边坡支护工程

1. 地下连续墙

清单计算规则：按设计图示墙中心线长乘以厚度乘以槽深，以体积计算。

2. 预应力锚杆、锚索与其他锚杆、土钉

（1）清单计算规则

1）以"m"计量，按设计图示尺寸以钻孔深度计算；

2）以"根"计量，按设计图示数量计算。

其他锚杆是指不施加预应力的土层锚杆和岩石锚杆。置入方法包括钻孔置入、打入或射入等。

（2）定额计算规则

土钉、砂浆锚钉：按照设计图示钻孔深度以"m"计算；锚杆（索）钻孔根据设计要求，按实际钻孔土层和岩层深度以"延长米"计算；锚孔注浆土层按设计图示孔径加 20mm 充盈量，岩层按设计图示孔径以"m³"计算；土钉按设计图示钻孔深度以"m"计算。

三、桩基础工程

1. 泥浆护壁成孔灌注桩、沉管灌注桩、干作业成孔灌注桩

（1）清单计算规则

1）以"m"计量，按设计图示尺寸以桩长（包括桩尖）计算；

2）以"m³"计量，按不同截面在桩上范围内以体积计算；

3）以"根"计量，按设计图示数量计算。

泥浆护壁成孔灌注桩是指在泥浆护壁条件下成孔，采用水下灌注混凝土的桩。其成孔方法包括冲击钻成孔、冲抓锥成孔、回旋钻成孔、潜水钻成孔、泥浆护壁的旋挖成孔等。

沉管灌注桩的沉管方法包括锤击沉管法、振动沉管法、振动冲击沉管法、内夯沉管法等。

干作业成孔灌注桩是指在不用泥浆护壁和套管护壁的情况下，用钻机成孔后，下钢筋笼，灌注混凝土的桩，适用于地下水位以上的土层使用。其成孔方法包括螺旋钻成孔、螺旋钻成孔扩底、干作业的旋挖成孔等。

（2）定额计算规则

机械钻孔灌注混凝土桩（含旋挖桩）工程量按设计截面面积乘以桩长（长度加600mm），以"m³"计算。

旋挖机械钻孔灌注桩土（石）方工程量按设计图示桩的截面面积乘以桩孔中心线深度，以"m³"计算；成孔深度为自然地面至桩底的深度；机械钻孔灌注桩土（石）方工程量按设计桩长，以"m"计算；钢护筒工程量按长度，以"m"计算；可拔出时，其混凝土工程量按钢护筒外直径计算，成孔无法拔出时，其钻孔孔径按照钢护筒外直径计算，混凝土工程量按设计桩径计算。

2. 人工挖孔灌注桩

（1）清单计算规则

1）以"m³"计量，按桩芯混凝土体积计算；

2）以"根"计量，按设计图示数量计算。

（2）定额计算规则

人工挖孔灌注桩桩芯混凝土：工程量按单根设计桩长乘以设计断面，以"m³"计算。

人工挖孔桩土石方工程量以设计桩的截面面积（含护壁）乘以桩孔中心线深度，以"m³"计算。如在同一桩孔内，有土有石时，按其土层与岩石不同深度分别计算工程量，执行相应定额子目。挖孔桩深度如图 7.29 所示。

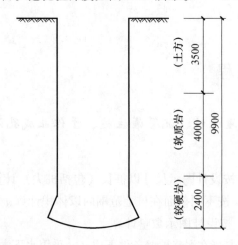

图 7.29　挖孔桩深度示意图

1）土方按 6m 内挖孔桩定额执行。

2）软质岩、较硬岩分别执行 10m 内人工凿软质岩、较硬岩挖孔桩相应子目。

截（凿）桩头按设计桩的截面面积（含护壁）乘以桩头长度，以"m³"计算，截（凿）桩头的弃渣费另行计算；护壁模板按照模板接触面，以"m²"计算。

四、砌筑工程量计算

1. 砖（石）基础

（1）清单计算规则：按设计图示尺寸以体积计算。

1）应并入：附墙垛基础宽出部分体积。

应扣除：地梁（圈梁）、构造柱所占体积。单个面积在 0.3m² 以上孔洞所占体积。

不扣除：基础大放脚 T 形接头处的重叠部分以及嵌入基础内的钢筋、铁件、管道、基础砂浆防潮层及单个面积在 0.3m² 以内孔洞所占体积。

不增加：靠墙暖气沟的挑檐。

2）基础长度：外墙按外墙中心线，内墙按内墙净长线计算。

3）基础与墙（柱）身使用同一种材料时，以设计室内地面为界（有地下室者，以地下室室内设计地面为界），以下为基础，以上为墙（柱）身。基础与墙身使用不同材料时，位于设计室内地面高度 ≤ ±300mm 时，以不同材料为分界线；高度 > ±300mm 时，以设计室内地面为分界线。

此项"砖基础"项目适用于各种类型砖基础，如柱基础、墙基础、管道基础等。

（2）定额计算规则：砖基础工程量按设计图示体积，以 "m³" 计算。

1）包括附墙垛基础宽出部分体积，扣除地梁（圈梁）、构造柱所占体积，不扣除基础大放脚T形接头处的重叠部分及嵌入基础内的钢筋、铁件、管道、基础砂浆防潮层和单个面积≤0.3m² 的孔洞所占体积，靠墙暖气沟的挑檐不增加。

2）基础长度：外墙按外墙中心线，内墙按内墙净长线计算。

2. 砖（石）砌体

（1）清单计算规则

1）实心砖墙、多孔砖墙、空心砖墙按设计尺寸以体积计算。

①应并入：凸出墙面的砖垛并入墙体内。

应扣除：门窗、洞口、过人洞、空圈、嵌入墙内的钢筋混凝土柱、梁、圈梁、挑梁、过梁及凹进墙内的壁龛、管槽、暖气槽、消火栓箱等所占体积。单个面积在 0.3m² 以上孔洞所占体积。

不扣除：梁头、板头、檩头、垫木、木楞头、沿椽木、木砖、门窗走头、砖墙内加固钢筋、木筋、铁件、钢管及 0.3m² 以下孔洞所占体积。

不增加：凸出墙面的腰线、挑檐、压顶、窗台线、虎头砖、门窗套体积。

②墙长度：外墙按中心线，内墙按净长线计算。

③墙高度。

外墙：斜（坡）屋面无檐口顶棚者算至屋面板底；有屋架且室内外均有顶棚者，算至屋架下弦底面另加 200mm；无顶棚者算至屋架下弦底加 300mm；出檐宽度超过 600mm 时，应按实砌高度计算；平屋面算至钢筋混凝土板底。

内墙：位于屋架下弦者算至屋架底；无屋架者算至顶棚底另加 100mm；有钢筋混凝土楼板隔层者算至板顶；有框架梁时算至梁底。

女儿墙：从屋面板上表面算至女儿墙顶面（有混凝土压顶时，算至压顶下表面）。

内、外山墙：按其平均高度计算。

④围墙：高度算至压顶上表面（有混凝土压顶时算至压顶下表面），围墙柱并入围墙体积内。砖围墙以设计室外地坪为界，以下为基础，以上为墙身。标准砖以 240mm ×115mm ×53mm 为准。标准砖墙厚度按表 7.11 计算。

表 7.11　标准砖墙厚度表

砖数（厚度）	1/4	1/2	3/4	1	1.5	2	2.5	3
计算厚度/mm	53	115	180	240	365	490	615	740

⑤框架间墙：不分内外墙按墙体净尺寸以体积计算。

2）空斗墙：按图示尺寸以空斗墙外形体积计算。墙角、内外墙交接处、门窗洞口立边、窗台砖、屋檐处的实砌部分并入空斗墙体内计算。

3）空花墙：按设计图示尺寸以空花部分外形体积计算，不扣除空洞部分体积。

4）填充墙：按设计图示尺寸以填充墙外形体积计算。

5）心砖柱、多孔砖柱：按设计图示尺寸以体积计算。扣除混凝土及钢筋混凝土梁垫、梁头所占体积。

6）零星砌砖：按如下规则计算。

①以"m^3"计量，按设计图示尺寸截面面积乘以长度计算；

②以"m^2"计量，按设计图示尺寸水平投影面积计算；

③以"m"计量，按设计图示尺寸长度计算；

④以"个"计量，按设计图示数量计算。

7）检查井：按设计图示数量计算。

8）散水、地坪：按设计图示尺寸以面积计算。

9）地沟、明沟：以"m"计量，按设计图示以中心线长度计算。

（2）定额计算规则

1）实心砖墙、多孔砖墙、空心砖墙、砌块墙按设计图示体积以"m^3"计算。

①应并入：凸出墙面的砖垛并入墙体体积内计算。

应扣除：门窗、洞口、嵌入墙内的钢筋混凝土柱、梁、板、圈梁、挑梁、过梁及凹进墙内的壁龛、管槽、暖气槽、消火栓箱所占体积。

不扣除：梁头、板头、檩头、垫木、木楞头、沿缘木、木砖、门窗走头、砖墙内加固钢筋、木筋、铁件、钢管及单个面积≤$0.3m^2$的孔洞所占的体积。

不增加：凸出墙面的腰线、挑檐、压顶、窗台线、虎头砖、门窗套的体积。

②墙长度：外墙按中心线、内墙按净长线计算。

③墙高度。

外墙：按设计图示尺寸计算，斜（坡）屋面无檐口顶棚者算至屋面板底；有屋架且室内外均有顶棚者，算至屋架下弦底另加200mm；无顶棚者算至屋架下弦底另加300mm，出檐宽度超过600mm时，按实砌高度计算；有钢筋混凝土楼板隔层者算至板顶。平屋顶算至钢筋混凝土板底。有框架梁时算至梁底。

内墙：位于屋架下弦者，算至屋架下弦底；无屋架者算至顶棚底另加100mm；有钢筋混凝土楼板隔层者算至楼板顶；有框架梁时算至梁底。

女儿墙：从屋面板上表面算至女儿墙顶面（有混凝土压顶时，算至压顶下表面）。

内、外山墙：按其平均高度计算。

④框架间墙：不分内外墙按墙体净体积以"m^3"计算。

⑤围墙：高度算至压顶上表面（有混凝土压顶时算至压顶下表面），围墙柱并入围墙体积内。

2）砖砌挖孔桩护壁及砖砌井圈按图示体积以"m³"计算。

3）空花墙按设计图示尺寸按空花部分外形体积以"m³"计算，不扣除空花部分体积。

4）砖柱按设计图示体积以"m³"计算，扣除混凝土及钢筋混凝土梁垫，扣除伸入柱内的梁头、板头所占体积。

5）砖砌检查井、化粪池、零星砌体、砖地沟、砖烟（风）道按设计图示体积以"m³"计算。不扣除单个面积≤0.3m²的孔洞所占的体积。

6）预制块砌体按设计图示体积以"m³"计算。

3. 台阶、蹲台、池槽、水槽腿、花台、花池、楼梯栏板、阳台栏板

（1）清单计算规则：应按零星砌砖项目编码列项。砖砌锅台与炉灶可按外形尺寸以"个"计算，砖砌台阶可按水平投影面积以"m²"计算，小便槽、地垄墙可按长度计算；其他工程量按"m³"计算。

备注：《重庆市建设工程工程量计算规则》（CQJLGZ—2013）规定，零星砌砖项目适用于砖砌小便池槽、厕所蹲台、水槽腿、垃圾箱、台阶、梯带、阳台栏杆（栏板）、花台、花池、屋顶烟囱、污水斗、锅台、架空隔热板砖墩，以及石墙的门窗立边、钢筋砖过梁、砖平砌或单个体积在0.3m³内的砌体。

（2）定额计算规则：零星砌体按设计图示体积以"m³"计算，不扣除单个面积≤0.3m²的孔洞所占的体积。零星砌体适用于砖砌小便池槽、厕所蹲台、水槽腿、垃圾箱、梯带、阳台栏杆（栏板）、花台、花池、屋顶烟囱、污水斗、锅台、架空隔热板砖墩，以及石墙的门窗立边、钢筋砖过梁、砖平砌、砖胎模、宽度＜300mm的门垛、阳光窗、空调板上砌体或单个体积在0.3m³以内的砌体。

砖砌台阶（不包含梯带）按设计图示尺寸水平投影面积以"m²"计算，不包括基础、垫层和填充部分的工料，需要时应分别计算工程量执行相应子目。垫层按设计图示体积以"m³"计算，其中原土夯入碎石按设计图示面积以"m²"计算。

五、混凝土及钢筋混凝土工程量计算

1. 现浇混凝土基础

（1）清单计算规则：按设计图示尺寸以体积计算，不扣除构件内钢筋、预埋铁件和伸入承台基础的桩头所占体积，包括带形基础、独立基础、满堂基础、设备基础、桩承台基础等。

（2）定额计算规则：工程量按设计图示体积以"m³"计算。不扣除构件内钢筋、螺栓、预埋铁件及单个面积0.3m²以内的孔洞所占体积。

1）无梁式满堂基础，其倒转的柱头（帽）并入基础计算，肋形满堂基础的梁、板

合并计算。

2）有肋带形基础，肋高与肋宽之比在 5∶1 以上时，肋与带形基础应分别计算。

3）箱式基础应按满堂基础（底板）、柱、墙、梁、板（顶板）分别计算。

4）框架式设备基础应按基础、柱、梁、板分别计算。

5）计算混凝土承台工程量时，不扣除伸入承台基础的桩头所占体积。

2. 现浇混凝土柱

（1）清单计算规则：包括矩形柱、构造柱、异型柱等。按设计图示尺寸以体积计算，不扣除构件内钢筋、预埋铁件所占体积。型钢混凝土柱扣除构件内型钢所占体积。依附柱上的牛腿、升板的柱帽、构造柱的嵌接部分的体积并入柱身体积。

柱高：

有梁板，应自柱基上表面（或楼板上表面）至上一层楼板上表面之间的高度计算。

无梁板，应自柱基上表面（或楼板上表面）至柱帽下表面之间的高度计算。

框架柱，应自柱基上表面至柱顶高度计算。

构造柱，按全高计算。

备注：《重庆市建设工程工程量计算规则》（CQJLGZ—2013）规定，异型柱清单项目适用于圆形柱、不规则多边形柱、薄壁框架柱，应分别编码列项。现浇混凝土薄壁柱适用于框架结构体系中存在的薄壁结构柱。单肢：肢长小于或者等于肢宽 4 倍的按薄壁柱列项；肢长大于肢宽 4 倍的按墙列项。多肢：肢长小于或者等于 2.5m 的按薄壁柱列项；肢体长大于 2.5m 的按墙列项。

（2）定额计算规则：工程量按设计图示体积以"m^3"计算。不扣除构件内钢筋、螺栓、预埋铁件及单个面积 0.3m^2 以内的孔洞所占体积。

1）柱高：

有梁板的柱高，应以柱基上表面（或梁板上表面）至上一层楼板上表面之间的高度计算。

无梁板的柱高，应以柱基上表面（或楼板上表面）至柱帽下表面之间的高度计算。

有楼隔层的柱高，应以柱基上表面至梁上表面高度计算。

无楼隔层的柱高，应以柱基上表面至柱顶高度计算。

2）附属于柱的牛腿，并入柱身体积内计算。

3）构造柱（抗震柱）应包括马牙槎的体积在内，以"m^3"计算。

3. 现浇混凝土梁

（1）清单计算规则：包括基础梁、矩形梁、异型梁、圈梁、过梁、弧形梁、拱形梁等。按设计图示尺寸以体积计算，不扣除构件内钢筋、预埋铁件所占体积。伸入墙内的梁头、梁垫并入梁体积内计算。梁长：梁与柱连接时，梁长算至柱侧面；主梁与次梁连接时，次梁长算至主梁侧面。

（2）定额计算规则：工程量按设计图示体积以"m^3"计算。不扣除构件内钢筋、螺栓、预埋铁件及单个面积 $0.3m^2$ 以内的孔洞所占体积；预应力梁按设计图示体积（扣除空心部分）以"m^3"计算。

1）梁与柱（墙）连接时，梁长算至柱（墙）侧面。

2）次梁与主梁连接时，次梁长算至主梁侧面。

3）伸入砌体墙内的梁头、梁垫体积，并入梁体积内计算。

4）梁的高度算至梁顶，不扣除板的厚度。

4. 现浇混凝土墙

（1）清单计算规则：包括直形墙、弧形墙、短肢剪力墙、挡土墙等，按设计图示尺寸以体积计算。不扣除构件内钢筋、预埋铁件所占体积，扣除门窗洞口及 $0.3m^2$ 以外孔洞所占的体积。墙垛及凸出墙面部分并入墙体体积内计算。

（2）定额计算规则：工程量按设计图示体积以"m^3"计算。不扣除构件内钢筋、螺栓、预埋铁件及单个面积 $0.3m^2$ 以内的孔洞所占体积。

与混凝土墙同厚的暗柱（梁）并入混凝土墙体积计算；墙垛与凸出部分小于墙厚的 1.5 倍（不含 1.5 倍）者，并入墙体工程量内计算。

5. 现浇混凝土板

（1）清单计算规则

1）有梁板、无梁板、平板、拱板、栏板等，按设计图示尺寸以体积计算，不扣除构件内钢筋、预埋铁件及 $0.3m^2$ 以内孔洞所占体积。压形钢板混凝土楼板扣除构件内压形钢板所占体积。其中：有梁板（包括主、次梁与板）按梁、板体积之和计算；无梁板按板和柱帽体积之和计算；各类板伸入墙内的板头并入板体积内计算；薄壳板的肋、基梁并入薄壳体积内计算。

2）天沟（檐沟）、挑檐板，按设计图示尺寸以体积计算。

3）雨篷、悬挑板、阳台板，按设计图示尺寸以墙外部分体积计算。包括伸出墙外的牛腿和雨篷反挑檐的体积。

4）现浇挑檐、天沟板、雨篷、阳台与板（包括屋面板、楼板）连接时，以外墙外边线为分界线；与圈梁（包括其他梁）连接时，以梁外边线为分界线。外边线以外为挑檐、天沟、雨篷或阳台。

（2）定额计算规则

工程量按设计图示体积以"m^3"计算（雨篷、悬挑板除外）。不扣除构件内钢筋、螺栓、预埋铁件及单个面积 $0.3m^2$ 以内的孔洞所占体积。

1）有梁板（包括主、次梁与板）按梁、板体积合并计算；无梁板按板和柱头（帽）的体积之和计算；各类板伸入砌体墙内的板头并入板体积内计算；复合空心板应扣除空心楼板筒芯、箱体等所占体积；薄壳板的肋、基梁并入薄壳体积内计算。

2）栏板、栏杆工程量以"m³"计算，伸入砌体墙内部分合并计算。

3）雨篷（悬挑板）按水平投影面积以"m²"计算。挑梁、边梁的工程量并入折算体积内。

6. 现浇混凝土楼梯

（1）清单计算规则

现浇混凝土楼梯包括直形楼梯、弧形楼梯等，按如下规则计算：

1）以"m²"计量，按设计图示尺寸以水平投影面积计算。不扣除宽度≤500mm的楼梯井，伸入墙内部分不计算；

2）以"m³"计量，按设计图示尺寸以体积计算。

整体楼梯（包括直形楼梯、弧形楼梯）水平投影面积包括休息平台、平台梁、斜梁和楼梯的连接梁。当整体楼梯与现浇楼板无梯梁连接时，以楼梯的最后一个踏步边缘加300mm为界。

（2）定额计算规则

1）整体楼梯（包括休息平台、平台梁、斜梁及楼梯的连接梁）按水平投影面积以"m²"计算，不扣除宽度小于500mm的楼梯井，伸入墙内部分亦不增加。当整体楼梯与现浇楼层板无梯梁连接且无楼梯间时，以楼梯的最后一个踏步边缘加300mm为界。

2）弧形及螺旋形楼梯（包括休息平台、平台梁、斜梁及楼梯的连接梁）按水平投影面积以"m²"计算。

7. 现浇混凝土其他构件

（1）清单计算规则

1）散水、坡道以"m²"计量，按设计图示尺寸以面积计算。不扣除单个≤0.3m²的构件所占面积。

2）电缆沟、地沟以"m"计量，按设计图示以中心线长计算。

3）台阶按如下规则计算：以"m²"计量，按设计图示尺寸水平投影面积计算；以"m³"计量，按设计图示尺寸以体积计算。

4）扶手、压顶按如下规则计算：以"m"计量，按设计图示的"延长米"计算；以"m³"计量，按设计图示尺寸以体积计算。

5）化粪池和检查井的底、壁、顶以及其他构件按设计图示尺寸以体积计算。不扣除构件内钢筋、预埋铁件所占体积。

备注：《重庆市建设工程工程量计算规则》（CQJLGZ—2013）规定，混凝土小型池槽、垫块、门框、压顶、阳台立柱、栏杆、挑出墙外宽度小于500mm的线（角）、板（包含空调板、阳光窗、雨篷）以及单个体积不超过0.02m³内的现浇构件等，应按现浇混凝土其他构件项目编码列项。

（2）定额计算规则

零星构件按设计图示体积以"m³"计算。现浇零星定额子目适用于小型池槽、压顶、垫块、扶手、门框、阳台立柱、栏杆、栏板、挡水线、挑出梁柱、墙外宽度小于500mm的线（角）、板（包含空调板、阳光窗、雨篷），以及单个体积不超过0.02m³的现浇构件等。

1）散水、防滑坡道按设计图示水平投影面积以"m²"计算。

2）台阶混凝土按实体体积以"m³"计算，台阶与平台连接时，应算至最上层踏步外沿加300mm。

8. 后浇带

（1）清单计算规则：按设计图示尺寸以体积计算。

（2）定额计算规则：按设计图示尺寸以体积计算。

9. 预制混凝土柱

（1）清单计算规则：包括矩形柱、异型柱等，按如下规则计算。

1）以"m³"计量，按设计图示尺寸以体积计算。不扣除构件内钢筋、预埋铁件所占体积。

2）以"根"计量，按设计图示尺寸以数量计算。注：以根计量，必须描述单件体积。

（2）定额计算规则：混凝土的工程量按设计图示体积以"m³"计算。不扣除构件内钢筋、螺栓、预埋铁件及单个面积小于0.3m²的孔洞所占体积。

10. 预制混凝土梁

（1）清单计算规则：包括矩形梁、异型梁、过梁、拱形梁、鱼腹式吊车梁、风道梁等，按如下规则计算。

1）以"m³"计量，按设计图示尺寸以体积计算。不扣除构件内钢筋、预埋铁件所占体积。

2）以"根"计量，按设计图示尺寸以数量计算。注：以"根"计量，必须描述单件体积。

（2）定额计算规则：混凝土的工程量按设计图示体积以"m³"计算。不扣除构件内钢筋、螺栓、预埋铁件及单个面积小于0.3m²的孔洞所占体积。

11. 预制混凝土板

（1）清单计算规则

1）平板、空心板、槽形板、网架板、折线板、带肋板、大型板等，按如下规则计算：

①以"m³"计量，按设计图示尺寸以体积计算。不扣除构件内钢筋、预埋铁件及

单个尺寸≤300mm×300mm 的孔洞所占体积，扣除空心板孔洞体积。

②以"块"计量，按设计图示尺寸以数量计算。

2）板、井盖板、井圈，按如下规则计算：

①以"m^3"计量，按设计图示尺寸以体积计算，不扣除构件内钢筋、预埋铁件所占体积。

②以"块"计量，按设计图示尺寸以数量计算。以块、套计量，必须描述单件体积。

预制 F 形板、双 T 形板、单肋板和带反挑檐的雨篷板、挑檐板、遮阳板等，应按带肋板项目编码列项。

预制大型墙板、大型楼板、大型屋面板等，应按大型板项目编码列项。

（2）定额计算规则

混凝土的工程量按设计图示体积以"m^3"计算。不扣除构件内钢筋、螺栓、预埋铁件及单个面积小于 $0.3m^2$ 的孔洞所占体积。

空心板应扣除空洞体积以"m^3"计算。

12. 预制钢筋混凝土楼梯、其他预制构件

（1）清单计算规则

1）楼梯按如下规则计算：

①以"m^3"计量，按设计图示尺寸以体积计算，不扣除构件内钢筋、预埋铁件所占体积，扣除空心踏步板孔洞体积；

②以"块"计量，按设计图示数量计算。以"块"计量，必须描述单件体积。

2）其他预制构件按如下规则计算：

①以"m^3"计量，按设计图示尺寸以体积计算，不扣除构件内钢筋、预埋铁件及单个面积≤300mm×300mm 的孔洞所占体积，扣除烟道、垃圾道、通风道的孔洞所占体积。

②以"m^2"计量，按设计图示尺寸以面积计算。不扣除构件内钢筋、预埋铁件及单个面积≤300mm×300mm 的孔洞所占面积。

③以"根"计量，按设计图示尺寸以数量计算。以"块、根"计量，必须描述单件体积。

预制钢筋混凝土小型池槽、压顶、扶手、垫块、隔热板、花格等，按其他构件项目编码列项。

（2）定额计算规则

混凝土的工程量按设计图示体积以"m^3"计算。不扣除构件内钢筋、螺栓、预埋铁件及单个面积小于 $0.3m^2$ 的孔洞所占体积。

1）空心楼梯段应扣除孔洞体积以"m^3"计算。

2）预制镂空花格按折算体积以"m^3"计算，每 $10m^2$ 镂空花格折算为 $0.5m^3$ 混

凝土。

3）通风道、烟道按设计图示体积以"m^3"计算，不扣除构件内钢筋、螺栓、预埋铁件及单个面积小于等于300mm×300mm的孔洞所占体积，扣除通风道、烟道的孔洞所占体积。

13. 钢筋工程

（1）清单计算规则

1）现浇构件钢筋、钢筋网片、钢筋笼、先张法预应力钢筋等，按设计图示钢筋（网）长度（面积）乘以单位理论质量计算。

2）后张法预应力钢筋、预应力钢丝、预应力钢绞线按设计图示钢筋（丝束、绞线）长度乘单位理论质量计算。

①低合金钢筋两端均采用螺杆锚具时，钢筋长度按孔道长度减0.35m计算，螺杆另行计算。

②低合金钢筋一端采用镦头插片、另一端采用螺杆锚具时，钢筋长度按孔道长度计算，螺杆另行计算。

③低合金钢筋一端采用镦头插片、另一端采用帮条锚具时，钢筋增加0.15m计算；两端均采用帮条锚具时，钢筋长度按孔道长度增加0.3m计算。

④低合金钢筋采用后张混凝土自锚时，钢筋长度按孔道长度增加0.35m计算。

⑤低合金钢筋（钢绞线）采用JM、XM、QM型锚具，孔道长度在20m以内时，钢筋长度增加1m计算；孔道长度20m以外时，钢筋长度增加1.8m计算。

⑥碳素钢丝采用锥形锚具，孔道长度在20m以内时，钢丝束长度按孔道长度增加1m计算；孔道长在20m以上时，钢丝束长度按孔道长度增加1.8m计算。

⑦碳素钢丝束采用镦头锚具时，钢丝束长度按孔道长度增加0.35m计算。

备注：《重庆市建设工程工程量计算规则》（CQJLGZ—2013）规定，箍筋弯钩长度（含平直段10d）按27.8d计算，设计平直段长度不同时允许调整。

（2）定额计算规则

1）钢筋、铁件工程量按设计图示钢筋长度乘以单位理论质量以"t"计算。

①长度：按设计图示长度（钢筋中轴线长度）计算。钢筋搭接长度按设计图示及规范进行计算。

②接头：钢筋的搭接（接头）数量按设计图示及规范计算，设计图示及规范未标明的，以构件的单根钢筋确定。水平钢筋直径ϕ10mm以内按每12m长计算一个搭接（接头）；ϕ10mm以上按每9m长计算一个搭接（接头）。竖向钢筋搭接（接头）按自然层计算，当自然层层高大于9m时，除按自然层计算外，应增加每9m或12m长计算的接头量。

③箍筋：箍筋长度（含平直段10d）按箍筋中轴线周长加23.8d计算，设计平直段长度不同时允许调整。

④设计图未明确钢筋根数、以间距布置的钢筋根数时，按以向上取整加1的原则计算。

2）机械连接（含直螺纹和锥螺纹）、电渣压力焊接头按数量以"个"计算，该部分钢筋不再计算其搭接用量。

3）植筋连接按数量以"个"计算。

4）预制构件的吊钩并入相应钢筋工程量。

5）现浇构件中固定钢筋位置的支撑钢筋、双（多）层钢筋用的铁马（垫铁），设计或规范有规定的，按设计或规范计算；设计或规范无规定的，按批准的施工组织设计（方案）计算。

6）先张法预应力钢筋按构件外形尺寸长度计算。后张法预应力钢筋按设计图规定的预应力钢筋预留孔道长度，并区别不同的锚具类型，分别按下列规定计算：

①低合金钢筋两端采用螺杆锚具时，预应力的钢筋按预留孔道长度减350mm，螺杆另行计算。

②低合金钢筋一端采用镦头插片、另一端采用螺杆锚具时，预应力钢筋长度按预留孔道长度计算，螺杆另行计算。

③低合金钢筋一端采用镦头插片、另一端采用帮条锚具时，预应力钢筋增加150mm。两端均采用帮条锚具时，预应力钢筋共增加300mm计算。

④低合金钢筋采用后张混凝土自锚时，预应力钢筋长度增加350mm计算。

⑤低合金钢筋或钢绞线采用JM、XM、QM型锚具和碳素钢丝采用锥形锚具时，孔道长度在20m以内时，预应力钢筋增加1000mm计算；孔道长度在20m以上时，预应力钢筋长度增加1800mm计算。

⑥碳素钢丝采用镦粗头时，预应力钢丝长度增加350mm计算。

7）声测管长度按设计桩长另加900mm计算。

（3）钢筋工程量计算

以下涉及平法构造部分，根据现行国家建筑标准设计图集《混凝土结构施工图平面整体表示方法制图规则和构造详图》（16G101）（后简称平法16图集）整理。平法16图集发行后的工程设计需使用平法16图集。使用平法16图集的工程，钢筋工程量需按照平法16图集构造计算。

1）钢筋算量基本原理

钢筋质量的计算公式为

$$钢筋质量 = \Sigma（钢筋图示长度 \times 根数 \times 理论质量）$$

单构件钢筋长度计算公式为

$$钢筋图示长度 = 构件尺寸 - 保护层厚度 + 弯起钢筋增加长度$$
$$+ 两端弯钩长度 + 图纸注明的搭接长度$$

有关联构件钢筋工程量计算公式为

$$钢筋图示长度 = 构件净长 + 节点锚固 + 搭接 + 弯钩$$

2）钢筋单位理论质量

钢筋每米长度理论质量见表 7.12，钢筋表观密度可按 $7850\mathrm{kg/m^3}$ 计算。

$$钢筋每米质量 = 0.006165 \times d^2$$

表 7.12 钢筋每米长度理论质量

直径（mm）	理论质量（kg/m）	横截面面积（cm²）	直径（mm）	理论质量（kg/m）	横截面面积（cm²）
4	0.099	0.126	18	2	2.546
5	0.154	0.196	20	2.47	3.143
6	0.222	0.283	22	2.98	3.803
6.5	0.26	0.332	25	3.85	4.91
8	0.395	0.503	28	4.83	6.159
8.2	0.432	0.528	32	6.31	8.045
10	0.617	0.785	36	7.99	10.182
12	0.888	1.131	40	9.87	12.57
14	1.21	1.539	50	15.42	19.641
16	1.58	2.011			

注：表中直径 $d = 8.2\mathrm{mm}$ 的计算截面面积及理论质量仅适用于有纵肋的热处理钢筋。

3）钢筋的混凝土保护层厚度

混凝土保护层厚度指最外层钢筋外边缘至混凝土表面的距离。适用于设计使用年限为 50 年的混凝土结构。混凝土保护层的最小厚度见表 7.13。

表 7.13 混凝土保护层的最小厚度 mm

环境类别	条件	板、墙、壳	梁、柱、杆
一	室内干燥环境；无侵蚀性静水浸没环境	15	20
二ₐ	室内潮湿环境；非严寒和非寒冷地区的露天环境；非严寒和非寒冷地区与无侵蚀性的水或土壤直接接触的环境；严寒和寒冷地区的冰冻线以下与无侵蚀性的水或土壤直接接触的环境	20	25
二ᵦ	干湿交替环境；水位频繁变动环境；严寒和寒冷地区的露天环境；严寒和寒冷地区冰冻线以上与无侵蚀性的水或土壤直接接触的环境	25	35
三ₐ	严寒和寒冷地区冬季水位变动区环境；受除冰盐影响环境；海风环境	30	40
三ᵦ	盐渍土环境；受除冰盐作用环境；海岸环境	40	50

注：1. 混凝土强度≤C25 时，表中保护层厚度数值应增加 5mm。

2. 基础底面钢筋的保护层厚度，有混凝土垫层时应从垫层顶面算起，且不应小于 40mm。

4）弯起钢筋增加长度。弯起钢筋的弯曲度数有 30°、45°、60°，如图 7.30 所示。弯起钢筋增加的长度为 $S - L$，不同弯起角度的 $S - L$ 值见表 7.14。

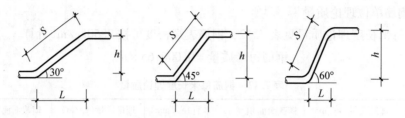

图 7.30 弯起钢筋增加长度示意图 $S-L$

表 7.14 弯起钢筋增加长度计算表

弯起角度	S	L	$S-L$
30°	2.000h	1.732h	0.268h
45°	1.414h	1.000h	0.414h
60°	1.155h	0.577h	0.578h

注：弯起钢筋高度 h = 构件高度 − 保护层厚度。

5）钢筋弯钩增加长度。钢筋的弯钩主要有半圆弯钩（180°）、直弯钩（90°）和斜弯钩（45°），如图 7.31 所示。HPB300 级光圆钢筋受拉，钢筋末端做 180°弯钩时，钢筋弯折的弯弧内直径不应小于钢筋直径 d 的 2.5 倍，弯钩的弯折后平直段长度不应小于钢筋直径 d 的 3 倍。按弯弧内径为钢筋直径 d 的 2.5 倍，平直段长度为钢筋直径 d 的 3 倍，确定弯钩的增加长度：半圆弯钩增加长度为 6.25d，直弯钩增加长度为 3.5d，斜弯钩增加长度为 4.9d。

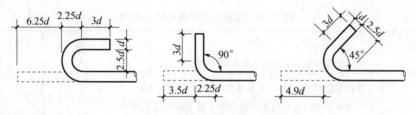

图 7.31 钢筋弯钩长度示意图

当平直段长度为其他数值时，可相应换算得到弯钩增加长度，如斜弯钩平直段长度为 10d 时，弯钩增加长度为 11.9d（$4.9d-3d+10d=11.9d$）。对于现浇混凝土板上负筋直弯钩，为减少马凳筋的用量，直弯钩取板厚减两个保护层。

6）钢筋的锚固长度。

①锚固长度的关系

非抗震钢筋基本锚固长度 l_{ab}，见 16G101-1（P57）；抗震钢筋基本锚固长度 l_{abE}，见 16G101-1（P57）；非抗震钢筋锚固长度 l_a，见 16G101-1（P58）；抗震钢筋锚固长度 l_{aE}，见 16G101-1（P58）。

②具体部位的锚固

具体部位的锚固长度，根据相应节点大样计算。

以楼层框架梁为例，图 7.32 所示为抗震楼层框架梁 KL 纵向钢筋构造。

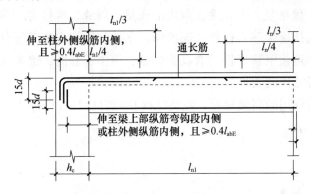

图 7.32　抗震楼层框架梁 KL 纵向钢筋构造

边跨梁端支座处钢筋锚固长 = $\max(0.4l_{abE}$，h_c − 保护层厚度 − 柱箍筋直径 − 柱主筋直径 − 钢筋间距 25) + 15d

第二排边跨梁端支座处钢筋锚固长 = $\max(0.4l_{abE}$，h_c − 保护层厚 − 柱箍筋直径 − 柱主筋直径 − 钢筋间距 25 − 第一排梁钢筋直径 − 钢筋间距 25) + 15d

7）搭接长度

l_1 非抗震绑扎长度，见 16G101-1（P60）；l_{1E} 纵向钢筋抗震受拉钢筋绑扎长度，见 16G101-1（P61）。

8）箍筋长度计算

【例7-3】构件 4×4 肢箍筋示意图如图 7.33 所示，计算如下。

外箍筋长 = （构件周长 − 8 倍保护层厚 − 8d）+ 23.8d

内箍 1 筋长 = [（b − 2 × 保护层 − 2 倍箍筋 d − 主筋 d）/3 + 主筋 d] × 2 + （h − 2 × 保护层 − 2d）× 2 + 23.8d

内箍 2 筋长 = [（h − 2 × 保护层 − 2 倍箍筋 d − 主筋 d）/3 + 主筋 d] × 2 + （b − 2 × 保护层 − 2d）× 2 + 23.8d

注：23.8d 为箍筋弯钩增加长，参考 2018 重庆建筑与装饰工程计价定额。

六、金属结构工程

1. 钢网架、钢托架、钢桁架、钢桥架

（1）清单计算规则

按设计图示尺寸以质量计算，不扣除孔眼的质量，焊条、铆钉、螺栓等不另增加质量。

（2）定额计算规则

按设计图示尺寸计算的理论质量以"t"计算，不扣除单个面积 ≤0.3m² 的孔洞质

量，焊缝、铆钉、螺栓（高强螺栓、花篮螺栓、剪力栓钉除外）等不另增加质量。

钢网架计算工程量时，不扣除孔洞眼的质量，焊缝、铆钉等不另增加质量。焊接空心球网架质量包括连接钢管杆件、连接球、支托和网架支座等零件的质量，螺栓球节点网架质量包括连接钢管杆件（含高强螺栓、销子、套筒、锥头或封板）、螺栓球、支托和网架支座等零件的质量。

金属构件安装使用的高强螺栓、花篮螺栓和剪力栓钉按设计图示数量以"套"为单位计算。

2. 钢屋架

（1）清单计算规则

1）以"榀"计量，按设计图示数量计算。

2）以"t"计量，按设计图示尺寸以质量计算。不扣除孔眼的质量，焊条、铆钉、螺栓等不另增加质量。以"榀"计量，按标准图设计的应注明标准图代号，按非标准图设计的项目特征必须描述单榀屋架的质量。

（2）定额计算规则

计算规则同钢网架。金属构件安装使用的高强螺栓、花篮螺栓和剪力栓钉按设计图示数量以"套"为单位计算。

3. 钢柱

（1）清单计算规则

计算规则同钢网架。实（空）腹钢柱依附在钢柱上的牛腿及悬臂梁等并入钢柱工程量内；钢管柱上的节点板、加强环、内衬管、牛腿等并入钢管柱工程量内。

（2）定额计算规则

计算规则同钢网架。依附在钢柱上的牛腿及悬臂梁等并入钢柱工程量内，钢柱上的柱脚板、加劲板、柱顶板、隔板和肋板等并入钢管柱工程量内。钢管柱上的节点板、加强环、内衬管、牛腿等并入钢管柱工程量内。

4. 钢梁、钢吊车梁

（1）清单计算规则

计算规则同钢网架。制动梁、制动板、制动桁架、车挡并入钢吊车梁工程量内。

（2）定额计算规则

计算规则同钢网架。

5. 钢板楼板、墙板

（1）清单计算规则

1）钢板楼板按设计图示尺寸以铺设水平投影面积计算，不扣除 $0.3m^2$ 以内柱、垛以及孔洞所占面积。

2）钢板墙板按设计图示尺寸以铺挂展开面积计算。不扣除单个面积在 $0.3m^2$ 以内的梁、孔洞所占面积，包角、包边、窗台泛水等面积不另加面积。

（2）定额计算规则

1）钢板楼板按设计图示铺设面积以"m^2"计算，不扣除单个面积 $\leq 0.3m^2$ 的柱、垛及孔洞所占面积。

2）钢板墙板按设计图示面积以"m^2"计算，不扣除单个面积 $\leq 0.3m^2$ 的梁、孔洞所占面积。

6. 钢构件

（1）清单计算规则

钢支撑、钢拉条、钢檩条、钢天窗架、钢挡风架、钢墙架、钢平台、钢走道、钢梯、钢护栏、钢支架、零星钢构件等，计量规则同钢网架。钢漏斗、钢板天沟计算规则同钢网架，且依附漏斗或者天沟的型钢并入漏斗或天沟工程量内。

（2）定额计算规则

1）钢平台的工程量包括钢平台的柱、梁、板、斜撑的质量，依附于钢平台上的钢扶梯及平台栏杆应按相应构件另行列项计算。

2）钢栏杆包括扶手的质量，合并执行钢栏杆子目。

3）钢楼梯的工程量包括楼梯平台、楼梯梁、楼梯踏步等的质量，钢楼梯上的扶手、栏杆另行列项计算。

4）钢板天沟计算工程量时，依附天沟的型钢并入天沟工程量内。不锈钢天沟、彩钢板天沟按设计图示长度以"m"计算。

5）槽铝檐口端面封边包角、槽铝混凝土浇捣收边板高度按150mm考虑，工程量按设计图示长度以"延长米"计算，其他材料的封边包角、混凝土浇捣收边板按设计图示展开面积以"m^2"计算。

7. 金属制品

（1）清单计算规则

1）成品空调金属百叶护栏、成品栅栏、金属网栏按设计图示尺寸以框外围展开面积计算。

2）成品雨篷按如下规则计算：以"m"计量，按设计图示接触边以长度计算；以"m^2"计量，按设计图示尺寸以展开面积计算。

3）砌块墙钢丝网加固、后浇带金属网按设计图示尺寸以面积计算。

备注：《重庆市建设工程工程量计算规则》（CQJLGZ—2013）规定，在编审招标控制价和投标报价时，工程量清单项目综合单价应考虑金属构件的切边，不规则及多边形钢板发生的损耗。不规则及多边形钢板损耗按钢板外接矩形质量与设计图示尺寸质量之差计算；实腹柱、吊车梁、H型钢的腹板及翼板损耗按每边 15mm 计算。

（2）定额计算规则

1）成品空调金属百叶护栏及成品栅栏按设计图示框外围展开面积以"m²"计算。

2）金属网栏按设计图示框外围展开面积以"m²"计算。

3）金属网定额子目适用于后浇带及混凝土构件中不同强度等级交接处铺设的金属网，其工程量按图示面积以"m²"计算。

七、木结构工程

1. 木屋架

（1）清单计算规则

1）木屋架按如下规则计算：以"榀"计量，按设计图示数量计算；以"m³"计量，按设计图示的规格尺寸以体积计算。

2）钢木屋架以"榀"计量，按设计图示数量计算。以"榀"计量，按标准图设计，项目特征必须标注标准图代号。

（2）定额计算规则

1）木屋架、檩条工程量按设计图示体积以"m³"计算。附属于其上的木夹板、垫木、风撑、挑檐木、檩条三角条，均按木料体积并入屋架、檩条工程量内。单独挑檐木并入檩条工程量内。檩托木、檩垫木已包括在定额子目内，不另计算。

2）屋架的马尾、折角和正交部分半屋架，并入相连接屋架的体积内计算。

3）钢木屋架区分圆、方木，按设计断面以"m³"计算。圆木屋架连接的挑檐木、支撑等为方木时，其方木木料体积乘以系数 1.7 折合成圆木并入屋架体积内。单独的方木挑檐，按矩形檩木计算。

4）檩木按设计断面以"m³"计算。简支檩长度按设计规定计算，设计无规定者，按屋架或山墙中距增加 0.2m 计算，如两端出土，檩条长度算至博风板；连续檩条的长度按设计长度以"m"计算，其接头长度按全部连续檩木总体积的 5% 计算。檩条托木已计入相应的檩木制作安装项目中，不另计算。

2. 木构件

（1）清单计算规则

1）木柱、木梁：按设计图示尺寸以体积计算。

2）木楼梯：按设计图示尺寸以水平投影面积计算，不扣除宽度小于 300mm 的楼梯井，伸入墙内部分不计算。

3）木檩及其他木构件按如下规则计算：以"m³"计量，按设计图示尺寸以体积计算；以"m"计量，按设计图示尺寸以长度计算按设计图示尺寸以体积或长度计算。

（2）定额计算规则

同清单计算规则。

3. 屋面木基层

（1）清单计算规则

按设计图示尺寸以斜面积计算。不扣除房上烟囱、风帽底座、风道、小气窗、斜沟等所占面积。小气窗的出檐部分不增加面积。

（2）定额计算规则

同清单计算规则。封檐板工程量按设计图示檐口外围长度以"m"计算，博风板按斜长度以"m"计算，有大刀头者每个大刀头增加长度0.5m计算。

八、门窗工程量计算

1. 木门

（1）清单计算规则

木质门、木质门带套、木质连窗门、木质防火门、木门框按如下规则计算。

1）以"樘"计量，按设计图示数量计算。

2）以"m²"计量，按设计图示洞口尺寸以面积计算。以"樘"计量，项目特征必须描述洞口尺寸，以"m²"计量，项目特征可不描述洞口尺寸。门锁安装按设计图示数量计算。

木质门应区分镶板木门、企口木板门、实木装饰门、胶合板门、夹板装饰门、木纱门、全玻门（带木质扇框）、木质半玻门（带木质扇框）等项目。

木门五金应包括折页、插销、门碰珠、弓背拉手、搭机、木螺丝、弹簧折页（自动门）、管子拉手（自由门、地弹门）、地弹簧（地弹门）、角铁、门轧头（地弹门、自由门）、闭门器等。

木质门带套计量按洞口尺寸以面积计算，不包括门套的面积。

备注：《重庆市建设工程工程量计算规则》（CQJLGZ—2013）规定，门窗五金如需采用贵重五金，编制工程量清单时应在项目特征中明确五金的品牌、种类、规格。

（2）定额计算规则

制作、安装有框木门工程量，按门洞口设计图示面积以"m²"计算；制作、安装无框木门工程量，按扇外围设计图示尺寸以"m²"计算。

2. 金属门

（1）清单计算规则

金属（塑钢）门、彩板门、钢质防火门、防盗门规则计算同木门。但以"樘"计量，项目特征必须描述洞口尺寸，没有洞口尺寸的必须描述门框或扇外围尺寸；以"m^2"计量，项目特征可不描述洞口尺寸及框、扇的外围尺寸。

金属门应区分金属平开门、金属推拉门、金属地弹门、全玻门（带金属扇框）、金属半玻门（带扇框）等项目。

铝合金门五金包括地弹簧、门锁、拉手、门插、门铰、螺丝等。

其他金属门五金包括 L 形执手插锁（双舌）、执手锁（单舌）、门轨头、地锁、防盗门机、门眼（猫眼）、门碰珠、电子锁（磁卡锁）、闭门器、装饰拉手等。

（2）定额计算规则

成品塑钢、钢门安装按门洞口设计图示面积以"m^2"计算。

3. 金属卷帘（闸）门

（1）清单计算规则

金属卷帘（闸）门、防火卷帘（闸）门按如下规则计算。

1）以"樘"计量，按设计图示数量计算；

2）以"m^2"计量，按设计图示洞口尺寸以面积计算。

（2）定额计算规则：金属卷帘（闸）、防火卷帘按设计图示尺寸宽度乘高度（算至卷帘箱卷轴水平线）以"m^2"计算。电动装置安装按设计图示套数计算。

4. 厂库房大门、特种门

（1）清单计算规则

木板大门、钢木大门、全钢板大门、金属格栅门、特种门计算规则与金属卷帘（闸）门相同。特种门应区分冷藏门、冷冻间门、保温门、变电室门、隔声门、防射电门、人防门、金库门等项目。

防护铁丝门、钢质花饰大门按如下规则计算：

1）以"樘"计量，按设计图示数量计算；

2）以"m^2"计量，按设计图示门框或扇以面积计算。

（2）定额计算规则

1）有框厂库房大门和特种门按洞口设计图示面积以"m^2"计算，无框的厂库房大门和特种门按门扇外围设计图示尺寸面积以"m^2"计算。

2）冷藏库大门、保温门、隔声门、变电室门、隔声门、射线防护门按洞口设计图示面积以"m^2"计算。

5. 木窗

（1）清单计算规则

1）木质窗、木质成品窗按如下规则计算：

①以"樘"计量，按设计图示数量计算；

②以"m²"计量，按设计图示洞口尺寸以面积计算。

2）木橱窗、木飘（凸）窗按如下规则计算：

①以"樘"计量，按设计图示数量计算；

②以"m²"计量，按设计图示尺寸以框外围展开面积计算。

木质窗应区分木百叶窗、木组合窗、木天窗、木固定窗、木装饰空花窗等项目。木窗五金包括折页、插销、风钩、木螺丝、滑楞滑轨（推拉窗）等。

（2）定额计算规则

同木门工程量计算规则。

6. 金属窗

（1）清单计算规则

1）金属（塑钢、断桥）窗、金属防火窗、金属百叶窗、金属纱窗、金属格栅窗计算规则同木质窗。

2）金属（塑钢、断桥）橱窗、金属（塑钢、断桥）飘（凸）窗计算规则同木橱窗。

3）彩板窗计算规则如下。

①以"樘"计量，按设计图示数量计算；

②以"m²"计量，按设计图示洞口尺寸或框外围以面积计算。

（2）定额计算规则

1）成品塑钢、钢窗［飘（凸）窗、阳台封闭、纱门窗除外］安装按窗洞口设计图示面积以"m²"计算。

2）门帘窗按设计图示洞口面积分别计算门、窗面积，其中窗的宽度算至门框的边外线。

3）塑钢飘（凸）窗、阳台封闭、纱门窗按框型材外围设计图示面积以"m²"计算。

7. 门窗套

（1）清单计算规则

1）木门窗套、木筒子板、金属门窗套、饰面夹板筒子板、石材门窗套、成品木门窗套按如下规则计算：

①以"樘"计量，按设计图示数量计算；

②以"m²"计量，按设计图示尺寸以展开面积计算；

③以"m"计量，按设计图示中心以"延长米"计算。

2）门窗木贴脸按如下规则计算：

①以"樘"计量，按设计图示数量计算；

②以"m"计量，按设计图示尺寸以"延长米"计算。

（2）定额计算规则

门窗贴脸按设计图示尺寸以外边线"延长米"计算；水泥砂浆塞缝按门窗洞口设计图示尺寸以"延长米"计算。

8. 窗台板

（1）清单计算规则

木窗台板、铝塑窗台板、石材窗台板、金属窗台板，按设计图示尺寸以展开面积计算。

（2）定额计算规则

窗台板按设计图示长度乘宽度以"m²"计算。图纸未注明尺寸的，窗台板长度可按窗框的外围宽度两边加100mm计算。窗台板凸出墙面的宽度按墙面外加50mm计算。

9. 窗帘、窗帘盒、轨

（1）清单计算规则

1）窗帘（杆）按如下规则计算：

①以"m"计量，按设计图示尺寸以长度计算；

②以"m²"计量，按图示尺寸以展开面积计算。

2）木窗帘盒、饰面夹板、塑料窗帘盒、铝合金窗帘盒、窗帘轨按设计图示尺寸以长度计算。

（2）定额计算规则

窗帘盒、窗帘轨按设计图示长度以"延长米"计算；窗帘按设计图示轨道高度乘以宽度以"m²"计算。

九、屋面及防水工程量计算

1. 瓦、型材及其他屋面

（1）清单计算规则

1）瓦屋面、型材屋面按设计图示尺寸以斜面积计算。不扣除房上烟囱、风帽底座、风道、小气窗、斜沟等所占面积，小气窗的出檐部分亦不增加。

2）阳光板屋面、玻璃钢屋面按设计图示尺寸以斜面积计算。不扣除屋面面积≤0.3m²孔洞所占面积。

3）膜结构屋面按设计图示尺寸以需要覆盖的水平投影面积计算。

（2）定额计算规则

瓦屋面、彩钢板屋面、压型板屋面均按设计图示面积以"m²"计算（斜屋面按斜面面积以"m²"计算）。不扣除房上烟囱、风帽底座、风道、屋面小气窗、斜沟和脊瓦所占面积，小气窗的出檐部分也不增加面积。

2. 屋面防水及其他

（1）清单计算规则

1）屋面卷材防水、屋面涂膜防水按设计图示尺寸以面积计算。斜屋顶（不包括平屋顶找坡）按斜面积计算；平屋顶按水平投影面积计算。不扣除房上烟囱、风帽底座、风道、屋面小气窗和斜沟所占的面积；屋面的女儿墙、伸缩缝和天窗等处的弯起部分，并入屋面工程量计算。

2）屋面刚性层按设计图示尺寸以面积计算。不扣除房上烟囱、风帽底座、风道等所占的面积。

3）屋面排水管按设计图示尺寸以长度计算。设计未标注尺寸的，以檐口至设计室外散水上表面垂直距离计算。

4）屋面排（透）气管、变形缝按设计图示尺寸以长度计算。

5）屋面（廊、阳台）泄（吐）水管按设计图示数量计算。

6）屋面天沟、檐沟按设计图示尺寸以展开面积计算。

备注：《重庆市建设工程工程量计算规则》（CQJLGZ—2013）规定，屋面卷材防水及屋面涂膜防水，女儿墙、伸缩缝和天窗等处的弯起部分，设计未规定时按防水层至屋面面层厚度加250mm计算。

（2）定额计算规则

1）卷材防水、涂料防水屋面按设计图示面积以"m^2"计算（斜屋面按斜面面积以"m^2"计算）。不扣除房上烟囱、风帽底座、风道、屋面小气窗、斜沟、变形缝所占面积，屋面的女儿墙、伸缩缝和天窗等处的弯起部分，按图示尺寸并入屋面工程量计算。如设计图示无规定，伸缩缝、女儿墙及天窗的弯起部分按防水层至屋面面层厚度另加250mm计算。

2）刚性屋面按设计图示面积以"m^2"计算（斜屋面按斜面面积以"m^2"计算）。不扣除房上烟道、风帽底座、风道、屋面小气窗等所占面积，屋面泛水、变形缝等弯起部分和加厚部分，已包括在定额子目内。挑出墙外的出檐和屋面天沟，另按相应项目计算。

3）分格缝按设计图示长度以"m"计算，盖缝按设计图示面积以"m^2"计算。

4）塑料水落管按图示长度以"m"计算，如设计未标注尺寸，以檐口至设计室外散水上表面垂直距离计算。

5）阳台、空调连通水落管按"套"计算。

6）铁皮排水按图示面积以"m^2"计算。

7）屋面变形缝按设计图示长度以"m"计算。

3. 墙面防水、防潮

（1）清单计算规则

1）墙面卷材防水、涂膜防水及砂浆防水（防潮）按设计图示尺寸以面积计算。

2）变形缝按设计图示尺寸以长度计算。墙面变形缝，若做双面，工程量乘系数2。

（2）定额计算规则

1）墙面防潮层，按设计展开面积以"m²"计算，扣除门窗洞口及单个面积大于0.3m²孔洞所占面积。

2）变形缝按设计图示长度以"m"计算。

4. 楼（地）面防水、防潮

（1）清单计算规则

1）楼（地）面卷材防水、涂膜防水及砂浆防水（防潮）按设计图示尺寸以面积计算。

①楼（地）面防水：按主墙间净空面积计算，扣除凸出地面的构筑物、设备基础等所占面积，不扣除间壁墙及单个面积≤0.3m²柱、垛、烟囱和孔洞所占面积。

②楼（地）面防水反边高度≤300mm算作地面防水，反边高度>300mm算作墙面防水。

2）楼（地）面变形缝按设计图示以长度计算。

（2）定额计算规则

1）墙基防水、防潮层，外墙长度按中心线内墙长度按净长乘以墙宽以"m²"计算。

2）楼地面防水、防潮层，按墙间净空面积以"m²"计算，门洞下口防水层工程量并入相应楼地面工程量内。扣除凸出地面的构筑物、设备基础及单个面积大于0.3m²柱、垛、烟囱和孔洞所占面积。门洞、空圈、暖气包槽、壁龛的开口部分不增加面积。

3）与墙面连接处，上券高度在300mm以内按展开面积以"m²"计算，执行楼地面防水定额子目；高度超过300mm时，按展开面积以"m²"计算，执行墙面防水定额子目。

4）变形缝按设计图示长度以"m"计算。

十、保温、隔热、防腐工程量计算

1. 保温、隔热

（1）清单计算规则

1）保温隔热屋面按设计图示尺寸以面积计算。扣除面积>0.3m²孔洞及所占面积。

2）保温隔热顶棚、保温隔热楼地面按设计图示尺寸以面积计算。扣除面积>0.3m²上柱、垛、孔洞所占面积。

3）保温隔热墙面按设计图示尺寸以面积计算。扣除门窗洞口以及面积 >0.3m² 梁、孔洞所占面积；门窗洞口侧壁需做保温时，并入保温墙体工程量内。

4）保温隔热顶棚按设计图示尺寸以面积计算。扣除面积 >0.3m² 上柱垛、孔洞所占面积。

5）保温柱、梁按设计图示尺寸以面积计算。

①柱按设计图示柱断面保温层中心线展开长度乘保温层高度以面积计算，扣除面积 >0.3m² 梁所占面积；

②梁按设计图示梁断面保温层中心线展开长度乘保温层长度以面积计算。

6）其他保温隔热按设计图示尺寸以展开面积计算。扣除面积 >0.3m² 孔洞及所占面积。

（2）定额计算规则

1）泡沫混凝土块、加气混凝土块、沥青玻璃棉毡、沥青矿渣棉毡、水泥炉渣、水泥焦渣、水泥陶粒、泡沫混凝土、陶粒混凝土，按设计图示体积以"m³"计算，扣除单个面积大于 0.3m² 的孔洞所占的体积。

2）保温层排水管，按设计图示长度以"m"计算，不扣除管件所占的长度。

3）保温层排气孔安装，按设计图示数量以"个"计算。

4）其余同清单计算规则。

2. 防腐面层

（1）清单计算规则

1）防腐混凝土面层、防腐砂浆面层、防腐胶泥面层、玻璃钢防腐面层、聚氯乙烯板面层、块料防腐面层等均按设计图示尺寸以面积计算。

①平面防腐：扣除凸出地面的构筑物、设备基础等以及面积 >0.3m² 孔洞、柱、垛所占面积。

②立面防腐：扣除门、窗、洞口以及面积 >0.3m² 孔洞、梁所占面积，门、窗、洞口侧壁、垛凸出部分按展开面积并入墙面积内。

2）池、槽块料防腐面层按设计图示尺寸以展开面积计算。

备注：《重庆市建设工程工程量计算规则》（CQJLGZ—2013）规定，池、槽块料防腐面层项目适用于零星项目。

（2）定额计算规则
同清单计算规则。

3. 其他防腐

（1）清单计算规则

防腐涂料、隔离层计算规则与"防腐面层"中防腐混凝土面层相同；砌筑沥青浸渍砖按设计图示尺寸以体积计算。

（2）定额计算规则

同清单计算规则。砌筑沥青浸渍砖工程量按设计图示面积以"m^2"计算。

十一、楼地面装饰工程量计算

1. 整体面层

（1）清单计算规则

水泥砂浆楼地面、现浇水磨石楼地面、细石混凝土楼地面、菱苦土楼地面、自流平楼地面按设计图示尺寸以面积计算。扣除凸出地面构筑物、设备基础、室内管道、地沟等所占面积，不扣除间壁墙及≤0.3m² 柱、垛、附墙烟囱及孔洞所占面积。门洞、空圈、暖气包槽、壁龛的开口部分不增加面积。

平面砂浆找平层按设计图示尺寸以面积计算。

（2）定额计算规则

整体面层及找平层按设计图示尺寸以面积计算。均应扣除凸出地面的构筑物、设备基础、室内铁道、地沟等所占的面积，但不扣除柱、垛、间壁墙、附墙烟囱及面积≤0.3m² 孔洞所占的面积，而门洞、空圈、暖气包槽、壁龛的开口部分的面积亦不增加。

2. 块料面层、橡塑面层、其他材料面层

（1）清单计算规则

1）石材楼地面、碎石材楼地面、块料楼地面按设计图示尺寸以面积计算。门洞、空圈、暖气包槽、壁龛的开口部分并入相应的工程量内。

2）橡胶板楼地面、橡胶板卷材楼地面、塑料板楼地面、塑料卷材楼地面按设计图示尺寸以面积计算。门洞、空圈、暖气包槽、壁龛的开口部分并入相应的工程量内。

3）地毯楼地面、竹木地板、金属复合地板、防静电活动地板计算规则与橡塑面层相同。

（2）定额计算规则

块料面层、橡塑面层及其他材料面层按设计图示面积以"m^2"计算。门洞、空圈、暖气包槽、壁龛的开口部分并入相应的工程量内；拼花部分按实铺面积以"m^2"计算，块料拼花面积按拼花图案最大外接矩形计算；石材点缀按"个"计算，计算铺贴地面面积时，不扣除点缀所占面积。

3. 踢脚线

（1）清单计算规则

水泥砂浆踢脚线、石材踢脚线、块料踢脚线、塑料板踢脚线、木质踢脚线、金属

踢脚线、防静电踢脚线按如下规则计算。

1）按设计图示长度乘高度以面积计算；

2）按"延长米"计算。

（2）定额计算规则

踢脚线按设计图示长度以"延长米"计算。

4. 楼梯面层

（1）清单计算规则

石材楼梯面层、块料楼梯面层、拼碎块料面层、水泥砂浆楼梯面层、现浇水磨石楼梯面层、地毯楼梯面层、木板楼梯面层、橡胶板楼梯面层、塑料板楼梯面层按设计图示尺寸以楼梯（包括踏步、休息平台及≤500mm的楼梯井）水平投影面积计算。楼梯与楼地面相连时，算至梯口梁内侧边沿；无梯口梁者，算至最上一层踏步边沿加300mm。

（2）定额计算规则

同清单计算规则。

5. 台阶装饰及零星装饰项目

（1）清单计算规则

1）石材台阶面、块料台阶面、拼碎块料台阶面、水泥砂浆台阶面、现浇水磨石台阶面、剁假石台阶面按设计图示尺寸以台阶（包括最上层踏步边沿加300mm）水平投影面积计算。

2）石材零星项目、块料零星项目、拼碎石材零星项目、水泥砂浆零星项目按设计图示尺寸以面积计算。

备注：《重庆市建设工程工程量计算规则》（CQJLGZ—2013）规定，零星项目适用于楼梯侧面、楼梯踢脚线中的三角形块料、台阶的牵边、小便池、蹲台、池槽，以及面积在1m² 以内构件。

（2）定额计算规则

同清单计算规则。

十二、墙、柱面装饰与隔断、幕墙工程

1. 墙面抹灰

（1）清单计算规则

墙面一般抹灰、墙面装饰抹灰、墙面勾缝、立面砂浆找平层按设计图示尺寸以面积计算。扣除墙裙、门窗洞口及单个>0.3m² 的孔洞面积，不扣除踢脚线、挂镜线和墙

与构件交接处的面积，门窗洞口和孔洞的侧壁及顶面不增加面积。附墙柱、梁、垛、烟囱侧壁并入相应的墙面面积内。

1）外墙抹灰面积按外墙垂直投影面积计算。

2）外墙裙抹灰面积按其长度乘以高度计算。

3）内墙抹灰面积按主墙间的净长乘以高度计算。

①无墙裙的，高度按室内楼地面至顶棚底面计算。

②有墙裙的，高度按墙裙顶至顶棚底面计算。

4）内墙裙抹灰面按内墙净长乘以高度计算。

备注：《重庆市建设工程工程量计算规则》（CQJLGZ—2013）规定，有吊顶顶棚的内墙抹灰，抹至吊顶以上部分工程量并入相应抹灰清单工程量中。

（2）定额计算规则

1）内墙面、墙裙抹灰工程量均按设计结构尺寸（有保温、隔热、防潮层者按其外表面尺寸）面积以"m^2"计算。应扣除门窗洞口和单个面积＞$0.3m^2$的空圈所占的面积，不扣除踢脚板、挂镜线及单个面积在$0.3m^2$以内的孔洞和墙与构件交接处的面积，但门窗洞口、空圈、孔洞的侧壁和顶面（底面）面积亦不增加。

附墙柱（含附墙烟囱）的侧面抹灰应并入墙面、墙裙抹灰工程量内计算。

2）内墙面、墙裙的抹灰长度以墙与墙间的图示净长计算。其高度按下列规定计算：

①无墙裙的，其高度按室内地面或楼面至顶棚底面之间距离计算。

②有墙裙的，其高度按墙裙顶至顶棚底面之间距离计算。

③有吊顶顶棚的内墙抹灰，其高度按室内地面或楼面至顶棚底面另加100mm计算（有设计要求的除外）。

3）外墙抹灰工程量按设计结构尺寸（有保温、隔热、防潮层者按其外表面尺寸）面积以"m^2"计算。应扣除门窗洞口、外墙裙（墙面与墙裙抹灰种类相同者应合并计算）和单个面积＞$0.3m^2$的孔洞所占面积，不扣除单个面积在$0.3m^2$以内的孔洞所占面积，门窗洞口及孔洞的侧壁、顶面（底面）面积亦不增加。附墙柱（含附墙烟囱）侧面抹灰面积应并入外墙面抹灰工程量内。

2. 柱（梁）面抹灰

（1）清单计算规则

柱、梁面一般抹灰、柱、梁面装饰抹灰、柱、梁面砂浆找平计算规则如下：柱面抹灰按设计图示柱断面周长乘高度以面积计算。梁面抹灰按设计图示梁断面周长乘长度以面积计算。

柱、梁面勾缝按设计图示柱断面周长乘高度以面积计算。

（2）定额计算规则

柱抹灰按结构断面周长乘以抹灰高度以"m^2"计算。

3. 零星抹灰

（1）清单计算规则

零星项目一般抹灰、零星项目装饰抹灰、零星项目砂浆找平按设计图示尺寸以面积计算。

备注：《重庆市建设工程工程量计算规则》（CQJLGZ—2013）规定，零星抹灰项目适用于各种壁柜、碗柜、池槽、暖气壁龛、阳台栏板（栏杆）、雨篷线、天沟、扶手、花台、梯帮侧面及遮阳板等凸出墙面宽度在 500mm 以内的挑板、展开宽度在 300mm 以上的线条及单个面积在 $1m^2$ 以内的抹灰。

（2）定额计算规则

同清单计算规则。

4. 墙（柱）面块料面层

（1）清单计算规则

1）石材墙面、拼碎石材墙面、块料墙面按镶贴表面积计算；干挂石材钢骨架按设计图示以质量计算。

2）石材柱面、块料柱面、拼碎块柱面、石材梁面、块料梁面按镶贴表面积计算。

（2）定额计算规则

墙柱面块料面层，按设计饰面层实铺面积以"m^2"计算，应扣除门窗洞口和单个面积大于 $0.3m^2$ 的空圈所占的面积，不扣除单个面积在 $0.3m^2$ 以内的孔洞所占面积；专用勾缝剂工程量计算按块料面层计算规则执行。

5. 镶贴零星块料

（1）清单计算规则

石材零星项目、块料零星项目、拼碎块零星项目按镶贴表面积计算。

备注：《重庆市建设工程工程量计算规则》（CQJLGZ—2013）规定，镶贴零星块料项目适用于挑檐线、腰线、空调板、窗台线、雨篷线、门窗套、天沟、挡（滴）水线、压顶、扶手、花台、阳台栏板（栏杆）、遮阳板等突出墙面宽度在 500mm 以内的挑板及单个面积在 $1m^2$ 以内的项目。

（2）定额计算规则

零星项目按设计图示面积以"m^2"计算。

6. 墙、柱（梁）饰面

（1）清单计算规则

1）墙面装饰板按设计图示墙净长乘净高以面积计算。扣除门窗洞口及单个 $>0.3m^2$

的孔洞所占面积。

2）柱（梁）面装饰按设计图示饰面外围尺寸以面积计算。柱帽、柱墩并入相应柱饰面工程量内。

（2）定额计算规则

墙柱面其他饰面面层，按设计饰面层实铺面积以"m²"计算，龙骨、基层按饰面面积以"m²"计算，应扣除门窗洞口和单个面积大于0.3m²的空圈所占的面积，不扣除单个面积在0.3m²以内的孔洞所占面积。

7. 幕墙工程

（1）清单计算规则

1）带骨架幕墙按设计图示框外围尺寸以面积计算。与幕墙同种材质的窗所占面积不扣除；全玻（无框玻璃）幕墙按设计图示尺寸以面积计算。带肋全玻幕墙按展开面积计算。

2）木隔断、金属隔断按设计图示框外围尺寸以面积计算，不扣除单个≤0.3m²的孔洞所占面积；浴厕门的材质与隔断相同时，门的面积并入隔断面积内。玻璃隔断、塑料隔断和其他隔断按设计图示框外围尺寸以面积计算，不扣除单个≤0.3m²的孔洞所占面积。成品隔断按设计图示框外围尺寸以面积计算；或按设计间的数量以"间"计算。

（2）定额计算规则

1）幕墙

①全玻幕墙按设计图示面积以"m²"计算。带肋全玻幕墙的玻璃肋并入全玻幕墙内计算。

②骨架玻璃幕墙按设计图示框外围面积以"m²"计算。与幕墙同种材质的窗所占面积不扣除。

③金属幕墙、石材幕墙按设计图示框外围面积以"m²"计算，应扣除门窗洞口面积，门窗洞口侧壁工程量并入幕墙面积计算。

④全玻幕墙钢构架制安按设计图示尺寸计算的理论质量以"t"计算。

2）隔断

①隔断按设计图示外框面积以"m²"计算，应扣除门窗洞口及单个在0.3m²以上的孔洞所占面积，门窗按相应定额子目执行。

②全玻隔断的装饰边框工程量按设计尺寸以"延长米"计算，玻璃隔断按框外围面积以"m²"计算。

③玻璃隔断如有加强肋者，肋按展开面积并入玻璃隔断面积内以"m²"计算。

④钢构架制作、安装按设计图示尺寸计算的理论质量以"kg"计算。

十三、顶棚工程量计算

1. 顶棚抹灰

（1）清单计算规则

顶棚抹灰按设计图示尺寸以水平投影面积计算。不扣除间壁墙、垛、柱、附墙烟囱、检查口和管道所占的面积，带梁顶棚、梁两侧抹灰面积并入顶棚面积内，板式楼梯底面抹灰按斜面积计算，锯齿形楼梯底板抹灰按展开面积计算。

（2）定额计算规则

1）顶棚抹灰的工程量按墙与墙间的净面积以"m²"计算，不扣除柱、附墙烟囱、垛、管道孔、检查口、单个面积在 0.3m² 以内的孔洞及窗帘盒所占的面积。有梁板（含密肋梁板、井字梁板、槽形板等）底的抹灰按展开面积以"m²"计算，并入顶棚抹灰工程量内。

2）檐口顶棚宽度在 500mm 以上的挑板抹灰应并入相应的顶棚抹灰工程量内计算。

3）阳台底面抹灰按水平投影面积以"m²"计算，并入相应顶棚抹灰工程量内。阳台带悬臂梁者，其工程量乘以系数 1.30。

4）雨篷底面或顶面抹灰分别按水平投影面积（拱形雨篷按展开面积）以"m²"计算，并入相应顶棚抹灰工程量内。雨篷顶面带反沿或反梁者，其顶面工程量乘以系数 1.20；底面带悬臂梁者，其底面工程量乘以系数 1.20。

5）板式楼梯底面抹灰面积（包括踏步、休息平台以及小于 500mm 宽的楼梯井）按水平投影面积乘以系数 1.3 计算，锯齿楼梯底板抹灰面积（包括踏步、休息平台以及小于 500mm 宽的楼梯井）按水平投影面积乘以系数 1.5 计算。

2. 顶棚吊顶

（1）清单计算规则

1）吊顶顶棚按设计图示尺寸以水平投影面积计算。顶棚面中的灯槽及锯齿形、吊挂式、藻井式顶棚面积不展开计算。不扣除间壁墙、检查口、附墙烟囱、柱垛和管道所占面积，扣除单个 >0.3m² 的孔洞、独立柱及与顶棚相连的窗帘盒所占的面积。

2）格栅吊顶、吊筒吊顶、藤条造型悬挂吊顶、织物软雕吊顶、网架（装饰）吊顶按设计图示以水平投影面积计算。

（2）定额计算规则

1）各种吊顶顶棚龙骨按墙与墙之间面积以"m²"计算（多级造型、拱弧形、工艺穹顶顶棚、斜平顶龙骨按设计展开面积计算），不扣除窗帘盒、检修孔、附墙烟囱、柱、垛和管道、灯槽、灯孔所占面积。

2）顶棚基层、面层按设计展开面积以"m²"计算，不扣除附墙烟囱、垛、检查口、管道、灯孔所占面积，但应扣除单个面积在 0.3m² 以上的孔洞、独立柱、灯槽及与顶棚相连的窗帘盒所占的面积。

3）格栅吊顶、藤条造型悬挂吊顶、织物软雕吊顶和装饰网架吊顶，按设计图示水平投影面积以"m²"计算。

4）顶棚吊顶型钢骨架工程量按设计图示尺寸计算的理论质量以"t"计算。

3. 采光顶棚工程

（1）清单计算规则

采光顶棚按框外围展开面积计算。

（2）定额计算规则

同清单计算规则。

4. 顶棚其他装饰

（1）清单计算规则：灯带（槽）按设计图示尺寸以框外围面积计算；送风口、回风口按设计图示数量计算。

（2）定额计算规则：灯带、灯槽按长度以"延长米"计算；灯孔、风口按"个"计算。

十四、油漆、涂料、裱糊工程

1. 门（窗）油漆

（1）清单计算规则

木门（窗）油漆、金属门（窗）油漆按如下规则计算：以"樘"计量，按设计图示数量计量；以"m²"计量，按设计图示洞口尺寸以面积计算。

木门（窗）油漆应区分木大门、单层木门（窗）、双层（一玻一纱）木门（窗）、双层（单裁口）木门（窗）、全玻自由门、半玻自由门、装饰门、有框门或无框门、单层组合窗、双层组合窗、木百叶窗、木推拉窗等项目，分别编码列项。金属门（窗）油漆应区分平开门（窗）、推拉门（窗）、钢制防火门、固定窗、组合窗、金属格栅窗分别列项。

（2）定额计算规则

定额工程量计算表见表 7.15 和表 7.16。

2. 木扶手及其他板条、线条油漆

（1）清单计算规则

木扶手油漆，窗帘盒油漆，封檐板、顺水板油漆，挂衣板、黑板框油漆，挂镜线、窗帘杆、单独木线油漆等按设计图示尺寸以长度计算。木扶手应区分带托板与不带托板，分别编码列项，若是木栏杆带扶手，木扶手不应单独列项，应包含在木栏杆油漆中。

表7.15　木门（窗）油漆工程量计算表

项目名称	系数	工程量计算方法	项目名称	系数	工程量计算方法
单层木门	1		单层玻璃窗	1	
双层（一玻一纱）木门	1.36		双层（一玻一纱）木窗	1.36	
双层（单裁口）木门	2	按单面洞口面积计算	双层（单裁口）木窗	2	按单面洞口面积计算
单层全玻门	0.83		双层框三层（二玻一纱）木窗	2.6	
木百叶门	1.25				
厂库房大门	1.1		单层组合窗	0.83	
木百叶窗	1.5		双层组合窗	1.13	

表7.16　金属门（窗）油漆工程量计算表

项目名称	系数	工程量计算方法
单层钢门窗	1	
双层（一玻一纱）钢门窗	1.48	
钢百叶钢门	2.74	
半截百叶钢门	2.22	洞口面积
钢门或包铁皮门	1.63	
钢折叠门	2.3	
射线防护门	2.96	
厂库平开、推拉门	1.7	框（扇）外围面积
铁（钢）丝网大门	0.81	

（2）定额计算规则

工程量计算表见表7.17。

表7.17　木扶手及其他板条、线条油漆工程量计算表

项目名称	系数	工程量计算方法
木扶手（不带托板）	1	
木扶手（带托板）	2.6	
窗帘盒	2.04	
封檐板、顺水板	1.74	以"延长米"计算
挂衣板、黑板框、木线条100mm以外	0.52	
挂镜线、窗帘杆、木线条100mm以内	0.35	

3. 木材面油漆

（1）清单计算规则

1）木板、纤维板、胶合板油漆，木护墙、木墙裙油漆，窗台板、筒子板、盖板、门窗套、踢脚线油漆，清水板条顶棚、檐口油漆，木方格吊顶顶棚油漆，吸声板墙面、

顶棚面油漆，暖气罩油漆等按设计图示尺寸以面积计算。

2）木间壁、木隔断油漆，玻璃间壁露明墙筋油漆，木栅栏、木栏杆（带扶手）油漆等按设计图示尺寸以单面外围面积计算。

3）衣柜、壁柜油漆，梁柱饰面油漆，零星木装修油漆。按设计图示尺寸以油漆部分展开面积计算。

4）木地板油漆、木地板烫硬蜡面。按设计图示尺寸以面积计算。孔洞、空圈、暖气包槽、壁龛的开口部分并入相应的工程量内。

（2）定额计算规则

1）木材面油漆工程量计算表见表7.18。

表7.18 木材面油漆工程量计算表

项目名称	系数	工程量计算方法
木板、木夹板、胶合板顶棚（单面）	1	长×宽
木护墙、木墙裙	1	
窗台板、盖板、门窗套、踢脚线	1	
清水板条顶棚、檐口	1.07	
木格栅吊顶顶棚	1.2	
鱼鳞板墙	2.48	
吸声板墙面、顶棚面	1	
屋面板（带檩条）	1.11	斜长×宽
木间壁、木隔断	1.9	单面外围面积
玻璃间壁露明墙筋	1.65	单面外围面积
木栅栏、木栏杆（带扶手）	1.82	
木屋架	1.79	跨度（长）×中高×1/2
衣柜、壁柜	1	按实刷展开面积
梁柱饰面、零星木装修	1	展开面积

2）木楼梯（不包括底面）油漆，按水平投影面积乘以系数2.3，执行木地板油漆相应定额子目。

3）木地板油漆、打蜡工程量按设计图示面积以"m^2"计算。孔洞、空圈、暖气包槽、壁龛的开口部分并入相应的工程量内。

4. 金属面油漆

（1）清单计算规则

以"t"计量，按设计图示尺寸以质量计算；以"m^2"计量，按设计展开面积计算。

（2）定额计算规则

工程量计算表见表7.19。

表 7.19 金属面油漆工程量计算表

项目名称	系数	工程量计算方法
金属间壁	1.85	长×宽
平板屋面（单面）	0.74	斜长×宽
瓦垄板屋面（单面）	0.89	
排水、伸缩缝盖板	0.78	展开面积
钢栏杆	0.92	单面外围面积
钢屋架、天窗架、挡风架、屋架梁、支撑、檩条	1	质量（t）
墙架（空腹式）	0.5	
墙架（格板式）	0.82	
钢柱、吊车梁、花式梁、柱、空花构件	0.63	
操作台、走台、制动梁、钢梁车挡	0.71	
钢栅栏门、窗栅	1.71	
钢爬梯	1.18	
轻型屋架	1.42	
踏步式钢扶梯	1.05	
零星铁件	1.32	

5. 抹灰面油漆

（1）清单计算规则

抹灰面油漆、满刮腻子按设计图示尺寸以面积计算；抹灰线条油漆按设计图示尺寸以长度计算。

（2）定额计算规则

抹灰面油漆工程量按相应的抹灰工程量计算规则计算。

6. 喷刷涂料

（1）清单计算规则

1）墙面喷刷涂料、顶棚喷刷涂料按设计图示尺寸以面积计算。

2）空花格、栏杆刷涂料按设计图示尺寸以单面外围面积计算。

3）线条刷涂料按设计图示尺寸以长度计算。

4）金属构件刷防火涂料按以下规则计算：以"t"计量，按设计图示尺寸以质量计算；以"m²"计量，按设计展开面积计算。

5）木材构件喷刷防火涂料按以下规则计算：以"m²"计量，按设计图示尺寸以面积计算；以"m³"计量，按设计结构尺寸以体积计算。

（2）定额计算规则

1）抹灰面涂料工程量按相应的抹灰工程量计算规则计算。

2）龙骨、基层板刷防火涂料（防火漆）的工程量按相应的龙骨、基层板工程量计算规则计算。

3）混凝土花格窗、栏杆花饰涂料工程量按单面外围面积乘以系数1.82计算。

7. 裱糊

（1）清单计算规则

墙纸裱糊、织锦缎裱糊按设计图示尺寸以面积计算。

（2）定额计算规则

裱糊工程量按设计图示面积以"m²"计算，应扣除门窗洞口所占面积。

十五、其他装饰工程

1. 柜类、货架

（1）清单计算规则

柜台、酒柜、衣柜、存包柜、鞋柜、书柜、厨房壁柜、木壁柜、厨房低柜、厨房吊柜、矮柜、吧台吊柜、酒吧吊柜、酒吧台、展台、收银台、试衣间、货架、书架、服务台按如下规则计算：

1）以"个"计量，按设计图示数量计量；

2）以"m"计量，按设计图示尺寸以"延长米"计算。

（2）定额计算规则

柜台、收银台、酒吧台按设计图示尺寸以"延长米"计算；货架、附墙衣柜类按设计图示尺寸以正立面的高度（包括脚的高度在内）乘以宽度以"m²"计算。

2. 压条、装饰线

（1）清单计算规则

金属装饰线、木质装饰线、石材装饰线、石膏装饰线、镜面玻璃线、铝塑装饰线、塑料装饰线按设计图示尺寸以长度计算。

（2）定额计算规则

1）木质装饰线、石膏装饰线、金属装饰线、石材装饰线条按设计图示长度以"m"计算。

2）柱墩、柱帽、木雕花饰件、石膏角花、灯盘按设计图示数量以"个"计算。

3）石材磨边、面砖磨边按长度以"延长米"计算。

4）打玻璃胶按长度以"延长米"计算。

3. 扶手、栏杆、栏板装饰

（1）清单计算规则

金属扶手、栏杆、栏板，硬木扶手、栏杆、栏板，塑料扶手、栏杆、栏板，金属靠墙扶手，硬木靠墙扶手，塑料靠墙扶手，玻璃栏板按设计图示以扶手中心线长度（包括弯头长度）计算。

（2）定额计算规则

1）扶手、栏杆、栏板、成品栏杆（带扶手）按设计图示以扶手中心线长度以"延长米"计算，不扣除弯头长度。如遇木扶手、大理石扶手为整体弯头，扶手消耗量需扣除整体弯头的长度，设计不明确者，每只整体弯头按400mm扣除。

2）单独弯头按设计图示数量以"个"计算。

4. 浴厕配件

（1）清单计算规则

1）洗漱台按设计图示尺寸以台面外接矩形面积计算。不扣除孔洞、挖弯、削角所占面积，挡板、吊沿板面积并入台面面积内。

2）晒衣架、帘子杆、浴缸拉手、卫生间扶手、毛巾杆（架）、毛巾环、卫生纸盒、肥皂盒、镜箱按设计图示数量计算。

3）镜面玻璃按设计图示尺寸以边框外围面积计算。

（2）定额计算规则

1）石材洗漱台按设计图示台面外接矩形面积以"m^2"计算，不扣除孔洞、挖弯、削角所占面积，挡板、吊沿板面积并入台面面积内。

2）镜面玻璃（带框）、盥洗室木镜箱按设计图示边框外围面积以"m^2"计算。

3）镜面玻璃（不带框）按设计图示面积以"m^2"计算。

4）安装成品镜面按设计图示数量以"套"计算。

5）毛巾环、肥皂盒、金属帘子杆、浴缸拉手、毛巾杆安装等按设计图示数量以"副"或"个"计算。

5. 雨篷、旗杆

（1）清单计算规则

雨篷吊挂饰面、玻璃雨篷按设计图示尺寸以水平投影面积计算；金属旗杆按设计图示数量计算。

（2）定额计算规则

雨篷按设计图示水平投影面积以"m^2"计算；不锈钢旗杆按设计图示数量以"根"计算；电动升降系统和风动系统按设计数量以"套"计算。

6. 招牌、灯箱

（1）清单计算规则

平面、箱式招牌按设计图示尺寸以正立面边框外围面积计算。复杂形的凹凸造型部分不增加面积；竖式标箱、灯箱按设计图示数量计算。

（2）定额计算规则

1）平面招牌基层按设计图示正立面边框外围面积以"m²"计算，复杂凹凸部分亦不增减。

2）沿雨篷、檐口或阳台走向的立式招牌基层，按平面招牌执行时，应按展开面积以"m²"计算。

3）箱体招牌和竖式标箱的基层，按设计图示外围体积以"m²"计算。

4）招牌、灯箱上的店徽及其他艺术装潢等均另行计算。

5）招牌、灯箱的面层按设计图示展开面积以"m²"计算。

6）广告牌钢骨架按设计图示尺寸计算的理论质量以"t"计算。型钢按设计图纸的规格尺寸计算（不扣除孔眼、切边、切肢的质量）。钢板按几何图形的外接矩形计算（不扣除孔眼质量）。

7. 美术字

（1）清单计算规则

泡沫塑料字、有机玻璃字、木质字、金属字、吸塑字按设计图示数量计算。

（2）定额计算规则

美术字的安装按字的最大外围矩形面积以"个"计算。

十六、措施项目

1. 脚手架工程

脚手架工程包括综合脚手架、外脚手架、里脚手架、悬空脚手架、挑脚手架、满堂脚手架、整体提升架、外装饰吊篮。

（1）综合脚手架：综合脚手架工程量按建筑面积计算。综合脚手架针对整个房屋建筑的土建和装饰装修部分。在编制清单项目时，当列出综合脚手架项目时，不得再使用外脚手架、里脚手架等单项脚手架；综合脚手架适用于能够按"建筑面积计算规则"计算建筑面积的建筑工程脚手架，不适用于房屋加层、构筑物及附属工程脚手架。同一建筑物有不同的檐高时，按建筑物竖向切面分别按不同檐高编列清单项目。

（2）外脚手架、里脚手架、整体提升架、外装饰吊篮：工程量按所服务对象的垂直投影面积计算。整体提升架包括2m高的防护架体设施。

（3）悬空脚手架、满堂脚手架：按搭设的水平投影面积计算。

（4）挑脚手架：按搭设长度乘以搭设层数以"延长米"计算。

备注：《重庆市建设工程工程量计算规则》（CQJLGZ—2013）规定，综合脚手架按现行重庆市"建筑面积计算规则"计算。在编审招标控制价时，综合脚手架面积按重庆市现行综合脚手架计算规则计算，其超过建筑面积部分的综合脚手架费用应包含在清单综合单价中。投标报价可参照执行。

2. 混凝土模板及支架（撑）

（1）垫层、基础、柱、梁、墙、板

垫层、基础（带形基础、独立基础、满堂基础、设备基础、桩承台基础）、柱（矩形柱、构造柱、异型柱）、梁（基础梁、矩形梁、异型梁、圈梁、过梁、弧形梁、拱形梁）、墙（直行墙、弧形墙、短肢剪力墙、电梯井壁）、板（有梁板、无梁板、平板、拱板、薄壳板、栏板、其他板）的混凝土模板及支架（撑）按模板与现浇混凝土构件的接触面积计算。

1）现浇钢筋混凝土墙、板单孔面积≤0.3m² 的孔洞不予扣除，洞侧壁模板亦不增加；单孔面积>0.3m² 时应予扣除，洞侧壁模板面积并入墙、板工程量内计算。

2）现浇框架分别按梁、板、柱有关规定计算；附墙柱、暗梁、暗柱并入墙内工程量内计算。

3）柱、梁、墙、板相互连接的重叠部分，均不计算模板面积。

（2）天沟、檐沟、雨篷、悬挑板、阳台板

天沟、檐沟、雨篷、悬挑板、阳台板按模板与现浇混凝土构件的接触面积计算；按图示外挑部分尺寸的水平投影面积计算，挑出墙外的悬臂梁及板边不另计算。

（3）直行楼梯、弧形楼梯

直行楼梯、弧形楼梯按楼梯（包括休息平台、平台梁、斜梁和楼层板的连接梁）的水平投影面积计算，不扣除宽度≤500mm 的楼梯井所占面积，楼梯踏步、踏步板、平台梁等侧面模板不另计算，伸入墙内部分亦不增加。

（4）其他现浇构件

其他现浇构件按模板与现浇混凝土构件的接触面积计算。

（5）电缆沟、地沟、扶手、散水、后浇带

电缆沟、地沟、扶手、散水、后浇带按模板与电缆沟、地沟接触的面积计算。

注：定额中后浇带的宽度按设计或经批准的施工组织设计（方案）规定宽度每边另加150mm计算。

（6）台阶

台阶按图示台阶水平投影面积计算，台阶端头两侧不另计算模板面积。架空式混凝土台阶，按现浇楼梯计算。

（7）化粪池、检查井的底、壁、顶

化粪池、检查井的底、壁、顶按模板与混凝土的接触面积计算。

3. 垂直运输

（1）清单计算规则

垂直运输可按以下规则计算：

1）按《建筑工程建筑面积计算规范》（GB/T 50353—2013）的规定计算建筑物的

建筑面积；

2）按施工工期日历天数。垂直运输机械指施工工程在合理工期内所需的垂直运输机械。

建筑物的檐口高度是指设计室外地坪至檐口滴水的高度（平屋顶系指屋面板底高度），凸出主体建筑物屋顶的电梯机房、楼梯出口间、水箱间、瞭望塔、排烟机房等不计入檐口高度。

备注：《重庆市建设工程工程量计算规则》（CQJLGZ—2013）规定，垂直运输按现行重庆市"建筑面积计算规则"计算。在编审招标控制价时，垂直运输面积按重庆市现行垂直运输计算规则计算，其超过建筑面积部分的垂直运输费用应包含在清单综合单价中。投标报价可参照执行。

（2）定额中垂直运输工程量

建筑物垂直运输面积，应分单层、多层和檐高，按综合脚手架面积以"m^2"计算。

4. 超高施工增加

超高施工增加按《建筑工程建筑面积计算规范》（GB/T 50353—2013）的规定计算建筑物超高部分的建筑面积。

单层建筑物檐口高度超过20m，多层建筑物超过6层时，可按超高部分的建筑面积计算超高施工增加。计算层数时，地下室不计入层数。

备注：《重庆市建设工程工程量计算规则》（CQJLGZ—2013）规定，在编审招标控制价时，超高施工增加费应按重庆市现行超高降效费计算规则计算。投标报价可参照执行。

5. 大型机械设备进出场及安拆

大型机械设备进出场及安拆的工作内容及包含范围如下：

（1）大型机械设备进出场包括施工机械整体或分体自停放场地运至施工现场，或由一个施工地点运至另一个施工地点，所发生的施工机械进出场运输及转移费用，由机械设备的装卸、运输及辅助材料费等构成。

（2）大型机械设备安拆费包括施工机械在施工现场进行安装、拆卸所需的人工费、材料费、机械费、试运转费和安装所需的辅助设施的费用。

（3）工程量以"台（次）"计量，按使用机械设备的数量计算。

6. 施工排水、降水

施工排水是指为保证工程在正常条件下施工，所采取的排水措施所发生的费用。施工排水的工作内容及包含范围如下：排水沟槽开挖、砌筑、维修，排水管道的铺设、维修，排水的费用以及专人值守的费用等。

施工降水是指为保证工程在正常条件下施工，所采取的降低地下水位的措施所发生的费用。施工降水的工作内容及包含范围如下：成井、井管安装、排水管道安拆的摊销、降水设备的安拆的维护的费用，抽水的费用以及专人值守的费用等。

（1）成井，按设计图示尺寸以钻孔深度计算。

（2）排水、降水，以昼夜（24h）为单位计量，按排水、降水日历天数计算。

7. 安全文明施工及其他措施项目

（1）安全文明施工费是指工程施工期间按照国家现行的环境保护、建筑施工安全、施工现场环境与卫生标准和有关规定，购置和更新施工安全防护用具及设施、改善安全生产条件和作业环境所需要的费用。安全文明施工含环境保护、文明施工、安全施工、临时设施。

1）环境保护包含范围：现场施工机械设备降低噪声、防扰民措施费用；水泥和其他易飞扬细颗粒建筑材料密闭存放或采取覆盖措施等费用；工程防扬尘洒水费用；土石方、建渣外运车辆冲洗、防撒漏等费用；现场污染源的控制、生活垃圾清理外运、场地排水排污措施的费用；其他环境保护措施费用。

2）文明施工包含范围："五牌一图"的费用；现场围挡的墙面美化（包括内外粉刷、刷白、标语等）、压顶装饰费用；现场厕所刷白、贴面砖，水泥砂浆地面或地砖费用，建筑物内临时便溺设施费用；其他施工现场临时设施的装饰装修、美化措施费用；现场生活卫生设施费用；符合卫生要求的饮水设备、淋浴、消毒等设施费用；生活用洁净燃料费用；防煤气中毒、防蚊虫叮咬等措施费用；施工现场操作场地的硬化费用；现场绿化费用、治安综合治理费用；现场配备医药保健器材、物品费用和急救人员培训费用；用于现场工人的防暑降温费、电风扇、空调等设备及用电费用；其他文明施工措施费用。

3）安全施工包含范围：安全资料、特殊作业专项方案的编制，安全施工标志的购置及安全宣传的费用；"三宝"（安全帽、安全带、安全网）、"四口"（楼梯口、电梯井口、通道口、预留洞口），"五临边"（阳台周边、楼板周边、屋面周边、槽坑周边、卸料平台周边），水平防护架、垂直防护架、外架封闭等防护的费用；施工安全用电的费用，包括配电箱三级配电、两级保护装置要求、外电防护措施；起重机、塔吊等起重设备（含井架、门架）及外用电梯的安全防护措施（含警示标志）费用及卸料平台的临边防护、层间安全门、防护棚等设施费用；建筑工地起重机械的检验检测费用；施工机具防护棚及其围栏的安全保护设施费用；施工安全防护通道的费用；工人的安全防护用品、用具购置费用；消防设施与消防器材的配置费用；电气保护、安全照明设施费；其他安全防护措施费用。

4）临时设施包含范围：施工现场采用彩色、定型钢板，砖、混凝土砌块等围挡的安砌、维修、拆除费或摊销费；施工现场临时建筑物、构筑物的搭设、维修、拆除或摊销的费用，如临时宿舍、办公室、食堂、厨房、厕所、诊疗所、临时文化福利用房、临时仓库、加工厂、搅拌台、临时简易水塔、水池等；施工现场临时设施搭设、维修、拆除的摊销费用，如临时供水管道、临时供电管线、小型临时设施等；施工现场规定范围内临时简易道路铺设，临时排水沟、排水设施安砌、维修、拆除的费用；其他临时设施费搭设、维修、拆除或摊销的费用。

（2）夜间施工。夜间施工的工作内容及包含范围如下：

1）夜间固定照明灯具和临时可移动照明灯具的设置、拆除。

2）夜间施工时，施工现场交通标志、安全标牌、警示灯等的设置、移动、拆除。

3）夜间照明设备的摊销及照明用电、施工人员夜班补助、夜间施工劳动效率降低等费用。

（3）非夜间施工照明。非夜间施工照明的工作内容及包含范围如下：为保证工程施工正常进行，在如地下室等特殊施工部位施工时所采用的照明设备安拆、维护的摊销及照明用电等费用。

（4）二次搬运。二次搬运的工作内容及包含范围如下：由于施工场地条件限制而发生的材料、成品、半成品等一次运输不能到达堆放地点，必须进行二次或多次搬运的费用。

（5）冬雨期施工。冬雨期施工的工作内容及包含范围如下：

1）冬雨（风）期施工时增加的临时设施（防寒保温、防雨、防风设施）的搭设、拆除。

2）冬雨（风）期施工时，对砌体、混凝土等采用的特殊加温、保温和养护措施。

3）冬雨（风）期施工时，施工现场的防滑处理、对影响施工的雨雪的清除。

4）包括冬雨（风）期施工时增加的临时设施的摊销、施工人员的劳动保护用品、冬雨（风）期施工劳动效率降低等费用。

（6）地上、地下设施、建筑物的临时保护设施。地上、地下设施、建筑物的临时保护设施的工作内容及包含范围如下：在工程施工过程中，对已建成的地上、地下设施和建筑物进行的遮盖、封闭、隔离等必要保护措施所发生的费用。

（7）已完工程及设备保护。已完工程及设备保护的工作内容及包含范围如下：对已完工程及设备采取的覆盖、包裹、封闭、隔离等必要保护措施所发生的费用。

第八章　安装工程计量

安装工程计量是对拟建或已完安装工程（实体性或非实体性）数量的计算与确定。安装工程计量可划分为项目设计阶段、发承包阶段、项目实施阶段和竣工验收阶段的工程计量。项目设计阶段的工程计量是根据项目的建设规模、拟生产产品数量、生产方法、工艺流程和设备清单等对拟建项目安装工程量的计算。招标投标阶段的工程计量是依据安装施工图对拟建工程予以计算。项目实施阶段的工程计量根据合约规定及实际完成的安装工程数量确定；竣工验收阶段的工程计量是依据竣工图对安装工程的最终确认。

在进行计算工程量的过程中，须依据《通用安装工程工程量计算规范》（GB 50856—2013）（以下简称《安装工程计量规范》）、《建设工程工程量清单计价规范》（GB 50500—2013）（以下简称《计价规范》）、《重庆市通用安装工程计价定额》（CQAZDE—2018）、图纸和工程计量内容及相关规定等进行计量。

第一节　建筑给排水工程计量

一、建筑给水工程安装材料和常用设备

给水系统是由管道、管件和各种附件连接而成的，管道材料及附件合适与否，对工程质量、工程造价及使用产生直接影响。

1. 给水管材的分类、规格、特性

（1）塑料管

我国用于室内给水管的塑料管有硬聚氯乙烯（UPVC）管、三型聚丙烯（PP-R）管、聚乙烯（PE）管、聚丙烯（PP）管、交联聚乙烯（PEX）管、聚丁烯（PB）管、氯化钠氯乙烯（PVC-C）管、丁二烯-苯乙烯共聚物（ABS）管等。对于冷水给水系统，市场上现有的管材均可满足使用，满足使用的有 UPVC、PP-R、PEX 管等。在价格上，UPVC给水塑料管价格较低，但是它有 UPVC 外加剂渗出，不适用于热水给水系统。对于热水给水系统，市场上可以选用的管材有 PP-R、PB、PEX、UPVC 等，常用的有 PEX、PP-R 等。

PP-R 管材可以应用于公共及民用建筑用于输送冷热水、采暖系统和空调系统。

聚丙烯管采用热熔连接、电熔连接、过渡接头螺纹连接和法兰连接。管径 $DN \leqslant$ 110mm 时，采用热熔连接；$DN > 110$mm、管道最后连接或热熔连接困难的场合，采用电熔连接；PP-R 管道与小管径的金属管或卫生器具金属配件连接时，可采用过渡接头螺纹连接；PP-R 管道与较大管径的金属附件或管道连接时，可采用法兰连接。

（2）复合管

复合管是金属与材料复合型管材，由工作层、支撑层、保护层组成。常用的复合管有钢塑复合管和铝塑复合管两种。

钢塑复合管是钢管内壁衬（涂）一定厚度的塑料层复合而成的，依据复合管管材的不同，可分为衬塑复合管和涂塑复合管两种。衬塑复合管是由镀锌钢管内壁衬垫一定厚度的塑料（PE、PVC-U、PE-X）而成的。涂料复合管是以普通碳素钢作为基材，内涂或内外均涂塑料粉末，经加温熔融黏合而成的。钢塑复合管兼有金属强度高和塑料耐腐蚀的优点，广泛用于建筑给水中的冷、热水管道，建筑消防给水管道，天然气、煤气输送管道等。钢塑复合管一般采用螺纹连接和卡箍连接。

铝塑复合管中间一层为焊接铝合金，内外各一层聚乙烯，经胶合粘接而成。铝塑复合管具有聚乙烯材料管耐腐蚀性好和金属管耐压性能的优点。铝塑复合管按聚乙烯材料不同分为适用于热水的交联聚乙烯塑料复合管和冷水高密度聚乙烯铝塑复合管。铝塑复合管的连接采用夹紧式铜配件连接，主要用于建筑内配水支管。

（3）钢管

钢管有焊接钢管和无缝钢管两种。焊接钢管又分为普通厚度和加厚钢管，还分为非镀锌钢管和镀锌钢管。

常见的建筑给水用钢管是低压流体输送用镀锌焊接钢管。低压流体输送钢管用镀锌焊接钢管。镀锌的目的是防锈、防腐、防止水质恶化、被污染，延长管道的使用寿命。钢管表面采用热浸镀锌，分普通管和加厚管两种。由于镀锌钢管价格低廉、性能优越、耐火性能好等优点，还在消防给水系统尤其是自动喷水灭火系统中使用。镀锌钢管一般采用螺纹连接。

钢管的连接方式分为螺纹连接、焊接连接、法兰连接和沟槽式（卡箍）连接。

1）螺纹连接。螺纹连接即利用配件连接，配件用可锻铸铁制成，抗蚀能力及机械强度均较大，也分镀锌和非镀锌两种，钢制配件较少。

2）焊接连接。焊接的优点是接头紧密，不漏水，施工迅速，不需要配件。缺点是不能拆卸。焊接只能用于非镀锌钢管，因为镀锌钢管焊接时锌层被破坏，反而加速锈蚀。

3）法兰连接。在较大管径（$DN \geqslant 50$mm）的管道上，常将法兰盘焊接或用螺纹连接在管端，再以螺栓连接它。法兰连接一般用在连接闸阀、止回阀、水泵、水表等处，以及需要经常拆卸、检修的管道上。

4）沟槽式（卡箍）连接。用滚槽机或开槽机在管材上开（滚）出沟槽，套上密封圈，再用卡箍固定。沟槽式（卡箍）连接方式不仅用于钢管连接，还可以用于不锈钢管、铸铁管、铝塑复合管、铜管等类型管材的连接。

沟槽式（卡箍）连接适用于下列情况的管道连接。

①消防给水系统中的管道连接。自动喷水灭火系统、消火栓给水系统、水喷雾灭火系统、水幕系统等管网中 $DN \geq 25$mm 的镀锌钢管或镀锌无缝钢管，当不允许破坏镀锌层，也不宜焊接后再次镀锌、再次安装时，应采用沟槽式（卡箍）连接。

②城镇供水、生产给水、污废水排放等系统的钢管、钢塑复合管宜采用沟槽式（卡箍）连接。

沟槽式（卡箍）连接分刚性接头连接和柔性接头连接。刚性接头连接可用于明设或暗设的一般管段（每隔 4～5 根管道的接头处应设一个柔性接头）或不允许纵向（横向或角向）有位移的情况下（图8.1）；柔性接头连接用于埋地管道或允许纵向、横向或角向有位移的情况下（图8.2）。

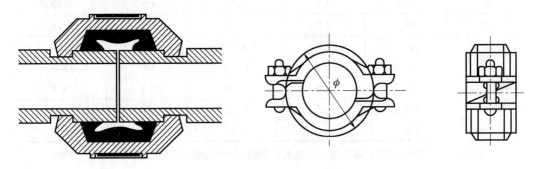

图 8.1　沟槽式（卡箍）刚性接头

图 8.2　沟槽式（卡箍）柔性接头

沟槽式（卡箍）连接的管道可明设、暗设或埋地敷设，但不得将接头直接暗设在墙体、柱体和混凝土楼（地）板内。

给水用焊接钢管的规格型号见表8.1。

（4）不锈钢管

不锈钢管是以铁和碳为基础的铁-碳合金，并加入合金元素，其中主要是铬和镍两种，由特殊焊接工艺加工而成。薄壁不锈钢管安全卫生、适用、耐腐蚀性好、管壁较薄、造价较低，但强度较高、坚固耐用、适用寿命长，已大量应用于建筑管道。

表 8.1 钢管的规格（摘自 GB/T 3091—2015）

公称直径（mm）	公称外径（mm）	普通钢管		加厚钢管	
		公称壁厚（mm）	理论质量（kg/m）	公称壁厚（mm）	理论质量（kg/m）
6	10.2	2.0	0.4	2.5	0.47
8	13.5	2.5	0.68	2.8	0.74
10	17.2	2.5	0.91	2.8	0.99
15	21.3	2.8	1.28	3.5	1.54
20	26.9	2.8	1.66	3.5	2.02
25	33.7	3.2	2.41	4.0	2.93
32	42.4	3.5	3.36	4.0	3.79
40	48.3	3.5	3.87	4.5	4.86
50	60.3	3.8	5.29	4.5	6.19
65	76.1	4.0	7.11	4.5	7.95
80	88.9	4.0	8.38	5.0	10.35
100	114.3	4.0	10.88	5.0	13.48
125	139.7	4.0	13.39	5.5	18.2
150	165.1	4.5	17.82	6.0	23.54
200	219.1	6.0	31.53	7.0	36.61

注：表中的公称口径系近似内径的名义尺寸，不表示外径减去两倍壁厚所得的内径。

（5）铸铁管

给水铸铁管具有耐腐蚀、寿命长的优点，但管壁较厚、质脆、强度较钢管差，多用于 $DN \geq 75\text{mm}$ 的给水管道中，适用于埋地敷设。给水铸铁管采用承插连接，在交通振动大的地段采用青铅连接。

（6）铜管

铜管主要由纯铜、磷脱氧铜制造，称为铜管或者紫铜管。黄铜管由普通黄铜、铅黄铜等黄铜制造。铜管具有高强度、高可塑性、经久耐用、水质卫生，热胀冷缩系数小、抗高温环境等优点，适合输送热水。连接方式有焊接连接、螺纹连接和卡箍连接。

2. 给水附件的分类、规格、特性

（1）配水附件

配水附件和卫生器具（受水器）配套安装，它主要起分配给水流量的作用，还有调节给水流量的作用。

1）旋塞式水嘴

旋塞式水嘴（图 8.3）的主要零件为柱状旋塞，沿径向开有一圆形孔，旋塞限定旋转 90°即可完全关闭，可在短时间内获得较大流量。因水流呈直线流过水嘴，阻力较小，但由于启闭迅速，容易产生水击，一般配水点不宜采用，仅用于浴池、洗衣房、开水间等需要迅速启闭的配水点。

2）混合式冷（热）水水嘴

混合式冷（热）水水嘴有双把手（图8.4、图8.5）和单把手（图8.6）之分。

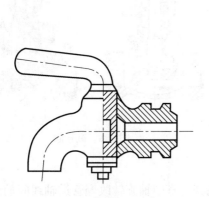

图8.3　旋塞式水嘴

图8.4　双把手洗涤盆混合水嘴

图8.5　双把手洗脸盆混合水嘴

图8.6　单把手洗脸盆混合水嘴

3）电子自动水嘴

电子自动水嘴，其控制能源仅需安装几节干电池，使用时不用接触水嘴，只需将手伸至出水口下方，即可使水流出，既卫生又节水。

（2）控制附件

控制附件是用来调节水压、调节管道水流量大小及切断水流、控制水流方向，有闸阀、截止阀、蝶阀、球阀、止回阀、倒流防止器、浮球阀和安全阀等。

给水管道上使用的阀门，应根据使用要求按下列原则选型：需调节流量、水压时，应采用闸阀；要求水流阻力小的部位（如水泵吸水管上）的阀门，宜采用闸阀；安装空间小的场所，宜采用蝶阀、球阀；水流需双向流动的管段上的阀门，不得使用截止阀。

1）闸阀

闸阀（图8.7）全开时水流呈直线通过，阻力小，但水中有杂质落入阀座后，使闸阀不能关闭到底，因而产生磨损和漏水。

2）截止阀

截止阀（图8.8）关闭后是严密的，但水流阻力较大。

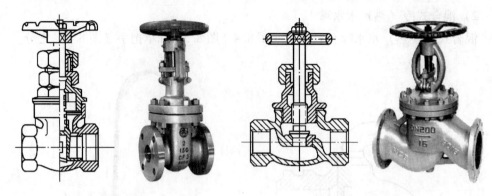

图 8.7　闸阀　　　　　　　　　　　图 8.8　截止阀

3）蝶阀

蝶阀（图 8.9）为盘状圆板启闭件，绕其自身中轴旋转改变管道轴线间的夹角，而控制水流通过的阀门。它具有结构简单、尺寸紧凑、启闭灵活、开启度指示清楚、水流阻力小等优点。

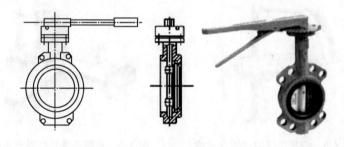

图 8.9　蝶阀

4）球阀

球阀（图 8.10）具有截止阀或闸阀的作用，具有阻力小、密封性能好、机械强度高、耐腐蚀等特点。

图 8.10　球阀

5）止回阀

止回阀用来阻止水流的反向流动，有以下两种类型。

①升降式止回阀，如图 8.11（a）所示：装于水平管道上，水头损失较大，只适用于小管径。

②旋启式止回阀，如图 8.11（b）所示：一般直径较大，水平、垂直管道上均可装置。

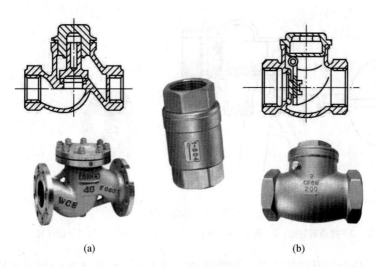

(a)　　　　　　　　　　　　　　(b)

图 8.11　止回阀

6）倒流防止器

倒流防止器是防止倒流污染的专用附件。它由进水止回阀、出水止回阀和自动泄水阀共同连接在一个阀腔上构成。它在正常工作时不会泄水，当止回阀有渗漏时能自动泄水；当进水管失压时，阀腔内的水会自动泄空，形成空气间隙，从而防止倒流污染。

7）安全阀

安全阀是在管网和其他设备所承受的压力超过规定的情况时，为了避免遭受破坏而装设的附件。一般有弹簧式和杠杆式两种。

8）减压阀

减压阀的作用是降低水流压力。在高层建筑中，它可以减少或替代减压水箱，简化给水系统，增加建筑的使用面积，同时可防止水质的二次污染。在消火栓给水系统中，它可以防止消火栓栓口处出现超压现象。

9）自动水位控制阀

给水系统的调节水池（箱），除进水能自动控制切断进水者外，其进水管上应设自动水位控制阀。水位控制阀的公称直径应与进水管管径一致。常见的有浮球阀（结构见图 8.12）、液控浮球阀、活塞式液压水位控制阀、薄膜式液压水位控制阀等。

小结：

①减压阀、疏水阀、倒流防止器、塑料阀可直接套清单项目，而截止阀、闸阀、蝶阀、止回阀、球阀等要按连接方式来套清单项目。

②一般来说，DN40 及以下的阀门采用螺纹连接，DN50 及以上的采用法兰连接。

③螺纹法兰阀和焊接法兰阀区分方法：

当采用螺纹法兰时，阀门称为螺纹法兰阀；当采用焊接法兰时，阀门称为焊接法兰阀。

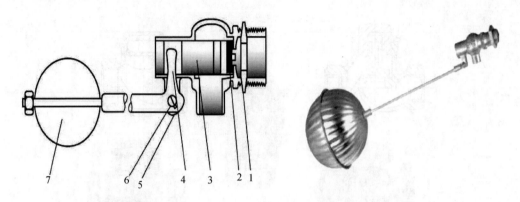

图 8.12　浮球阀结构

1—阀体；2—橡胶密封垫；3—活塞；4—杠杆；5—开口销；6—销子；7—铜浮球

采用螺纹法兰还是焊接法兰，视管道的连接方式。螺纹连接的管道采用螺纹法兰；焊接连接的管道采用焊接法兰。

（3）阀门型号表示方法

阀门型号由七个部分组成，用来表明阀门类别、驱动种类、连接和结构形式、密封面或衬里材料、公称压力及阀体材料。

第一部分为阀门的类型代号，见表 8.2。

表 8.2　阀门的类型代号

阀门类型	代号	阀门类型	代号	阀门类型	代号
闸阀	Z	球阀	Q	疏水阀	S
截止阀	J	旋塞阀	X	安全阀	A
节流阀	L	液面指示器	M	减压阀	Y
隔膜阀	G	止回阀	H		
柱塞阀	U	蝶阀	D		

第二部分为传动方式代号。当阀门为手轮、手柄、扳手等可以直接驱动或自动阀门时省略，表 8.3 为常用阀门传动方式代号。

表 8.3　传动方式代号

传动方式	代号	传动方式	代号	传动方式	代号
蜗轮	3	气动	6	电磁	8
正齿轮	4	液动	7	电动	9
伞齿轮	5				

第三部分为阀门连接形式代号，如表 8.4 所示。

第四部分为阀门结构形式代号，如表 8.5 ~ 表 8.7 所示。

表 8.4　阀门连接形式代号

连接形式	代号	连接形式	代号	连接形式	代号
内螺纹	1	法兰	4	对夹	7
外螺纹	2	焊接	6	卡箍	8

表 8.5　闸阀结构形式代号

结构形式	代号	结构形式	代号
明杆楔式单闸板	1	暗杆楔式单闸板	5
明杆楔式双闸板	2	暗杆楔式双闸板	6
明杆平行式单板	3	暗杆平行式单板	7
明杆平行式双板	4	暗杆平行式双板	8

表 8.6　截止阀结构形式代号

结构形式	代号	结构形式	代号
直通式（铸造）	1	直角式（锻造）	4
直角式（铸造）	2	直流式	5
直通式（锻造）	3	压力计用	9

表 8.7　止回阀结构形式代号

结构形式	代号	结构形式	代号
直通升降式（铸）	1	单瓣旋启式	4
立式升降式	2	多瓣旋启式	5
直通升降式（锻）	3		

第五部分为阀门密封圈材料代号，如表 8.8 所示。

表 8.8　阀门密封圈材料代号

阀座密封面或衬里材料	代号	阀座密封面或衬里材料	代号
铜（黄铜或青铜）	T	皮革	P
橡胶	X	阀体上加工密封圈	W

第六部分为公称压力，直接以公称压力数值表示并用横线与前部分隔开。

第七部分为阀体材料代号，对于灰铸铁阀体，当 $PN \leqslant 1.6MPa$ 和碳钢阀体当 $PN \geqslant 2.5MPa$ 时，如表 8.9 所示。

表 8.9　阀体材料代号

阀体材料	代号	阀体材料	代号
灰铸铁	Z	铜合金（铸铜）	T
可锻铸铁	K	铝合金	L
球墨铸铁	Q	碳钢	G

1) 常用闸阀如表8.10所示。

表 8.10 常用闸阀

阀门名称	型号	阀体材料	公称直径
内螺纹闸阀	Z15T-1	灰铸铁	$DN15 \sim DN40$
内螺纹闸阀	Z15T-1K	可锻铸铁	$DN25 \sim DN50$
法兰式闸阀	Z44W-1	灰铸铁	$DN125 \sim DN250$
法兰式闸阀	Z41T-1	灰铸铁	$DN50 \sim DN100$

2) 常用截止阀如表8.11所示。

表 8.11 常用截止阀

阀门名称	型号	阀体材料	公称直径
内螺纹截止阀	J11T-1.6	灰铸铁	$DN15 \sim DN65$
内螺纹截止阀	J11P-1K	可锻铸铁	$DN25 \sim DN65$
法兰式截止阀	J41T-1.6	灰铸铁	$DN80 \sim DN200$

3) 常用止回阀如表8.12所示。

表 8.12 常用止回阀

阀门名称	型号	阀体材料	公称直径
升降式止回阀	H11T-1.6K	可锻铸铁	$DN15 \sim DN65$
升降式底阀	H42X-0.25	灰铸铁	$DN100 \sim DN200$
旋启式止回阀	H14T-1	灰铸铁	$DN15 \sim DN50$

（4）常用阀门图例（表8.13）

表 8.13 常用阀门图例

名称	图例	名称	图例
隔膜阀		平衡锤安全阀	
温度调节阀		自动排气阀	
压力调节阀		浮球阀	
减压阀		液压式水位控制阀	
蝶阀		止回阀	
电磁阀		消声止回阀	
电动阀		缓闭止回阀	

二、套管的施工工艺

当管道穿越楼板或墙体时，应安装套管。如有防水要求的应安装防水套管，有严格防水要求的应安装柔性防水套管。

1. 普通套管

普通套管安装前，先要预留孔洞。在土建主体施工时就要配合好土建预留孔洞。当土建主体施工完毕后，再进行管道的安装，管道安装时要注意装上套管。

孔洞预留方法：管道的预留孔洞可采用钢制手提式套筒来完成。

孔洞预留工艺注意事项：楼板上预留孔洞，排列整齐、固定牢靠，加筋位置准确；混凝土浇筑前对预留孔洞坐标复核及封堵。

2. 防水套管

防水套管是随土建主体同时施工的。在土建绑扎钢筋时要配合好土建，将防水套管预埋好。

防水套管的用途如下。

（1）刚性防水套管：适用于有一般防水要求的构筑物，如管道穿越有防水要求的屋面、地下室外墙、水池水箱的壁等位置。

（2）柔性防水套管：适用于管道穿过墙壁之处有振动或有严密防水要求的构筑物，如人防墙、水池等要求很高的地方。

注意：混凝土墙内套管预埋，必须固定牢靠，间距均匀，封堵严密。

三、建筑给水工程施工工艺

给水系统安装工艺流程：安装准备→支架制安→预制加工→干管安装→立管安装→支管安装→管道试压→管道冲洗→管道防腐和保温→管道通水。

室内给水管道安装的一般程序：引入管安装→干管安装→立管安装→支管安装。安装的原则：先地下后地上，先大管后小管，先主管后支管。管道安装时若遇到管道交叉，应按照如下原则：小管让大管，支管让主管，给水管让排水管，冷水管让热水管，阀件少的管道让阀件多的管道。

1. 引入管安装

引入管的位置及埋深应满足设计要求。引入管进入建筑有两种情况，一种是从建筑物的浅基础下通过，另一种是穿越承重墙或基础，如图 8.13 所示。

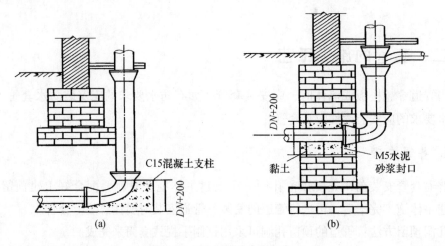

图 8.13　引入管进入建筑物

(a) 从建筑物的浅基础下通过；(b) 穿越承重墙或基础

引入管敷设时，应尽量与建筑物外墙轴线相垂直，这样穿过基础或外墙的管段最短。在穿过建筑物基础时，应预留孔洞或预埋钢套管。预留孔洞的尺寸或钢套管的直径应比引入管直径大 $100 \sim 200mm$，引入管管顶距孔洞顶或套管顶应大于 $100mm$，预留孔与管道间的空隙应用黏土填实，两端用 $1:2$ 水泥砂浆封口。

2. 干管安装

首先应按照设计要求确定管道的位置、标高、管径、坡度等。管道应在预制后、安装前按设计要求做好防腐处理，检查并贯通各预留孔洞，总进水口端头应封闭堵严以备试压用。如进行埋地干管安装，需开挖管沟至设计要求。

把预制完的管道运输到安装部位并按编号依次排开，从进水方向依次安装。按施工图纸的坐标、标高找好管道位置和坡度，以及各预留管口的方向和中心线，将管段接口连接，找平、找直后，将管道固定，管道连接中应随时做好封堵。管道的拐弯和始端处应支承顶牢，防止连接时轴向移动。

3. 立管安装

根据图纸要求或给水配件及卫生器具的种类确定支管的高度，在墙面上画出横线；再用铅垂线坠吊在立管的位置上，在墙上弹出或画出垂直线，并根据立管卡的高度在垂直线上确定出立管卡的位置并画好横线，然后根据所画横线和垂直线的交点打洞固定管卡。立管管卡的安装：当层高小于或等于 4m 时，每层需安装一个，管卡距地面 1.5～1.8m；层高大于 4m 时，每层不少于两个，管卡应均匀安装。成排管道或同一房间的立管卡和阀门等的安装高度应保持一致。

管卡埋好后，再根据干管和支管横管，测出各立管的实际尺寸进行编号记录，在地面统一进行预制和组装，检查和调直后方可进行安装。上立管时，应两人配合，一人在下端托管，另一人在上端上管。

立管明装：安装在腔内的立管应在结构施工中预留管槽。立管安装后吊直找正，校核预留甩口的高度、方向是否正确。确认无误后进行防腐处理并用卡件固定牢固。支管的甩口应明露并设临时丝堵。管道安装完毕应及时进行水压试验，试压合格后进行隐蔽工程检查，通过隐蔽工程验收后应配合土建填堵管槽。

4. 支管安装

安装支管前，先按立管上预留的管口在墙上画出或弹出水平支管安装位置的横线，并在横线上按图纸要求画出各分支线或给水配件的位置中心线，再根据横线中心线测出各支管段的实际尺寸并进行编号记录，根据尺寸进行预制和组装，检查调直后进行安装。

支管明装：将预制好的支管从立管或横干管甩口依次逐段进行安装，有阀门时应将阀门盖卸下再安装，根据管道长度设置临时固定卡，核定不同卫生器具的冷热水预留口高度、位置是否正确，找平找正后固定支管卡，去掉临时固定卡，上好临时丝堵。支管如装有水表，应先装上连接管，试压后在交工前拆下连接管，安装水表。

支管暗装：确定支管高度后画线定位，剔出管槽，将预制好的支管敷在槽内，找平、找正、定位后用勾钉固定。卫生器具的冷热水预留口要设在明处，并设丝堵。

5. 室内给水管道安装的基本技术要求

（1）管道水压试验：试压准备→向管道系统注水→对管道加压→检查管道是否漏水。管道水压试验为工作压力的 1.5 倍，但不得低于 0.6MPa。

（2）管道消毒冲洗：生活给水管道在交付使用前必须消毒，并经有关部门取样检验，符合国家现行《生活饮用水标准》方可使用。

（3）施工方法：给水系统管道通水后，将管道内的水放空，和配水点与配水件连接后，进行管道消毒，按含氯20~30mg/L的浓度向水中加入漂白粉，充满管道浸泡24h，然后放水用饮用水冲洗。

四、建筑排水工程安装材料和常用设备

1. 排水管材的分类、规格、特性

（1）塑料管

目前在建筑内使用的排水塑料管是硬聚氯乙烯管（UPVC管）。其优点是质量轻、不结垢、不腐蚀、光滑、容易切割、安装方便、投资小、节约金属；缺点是强度低、耐温性差、立管噪声大、暴露于阳光下的管道易老化、防火性能差。

UPVC管根据结构形式的不同可分为实壁塑料管、螺旋消声管、芯层发泡管、径向加筋管和双壁波纹管等。

连接方式：粘接、橡胶圈连接、螺纹连接。

（2）铸铁管

排水铸铁管较给水管铸铁管壁薄，不能承受高压，常用于生活污水管、埋地管等。它的优点是强度高、刚性大、噪声低、寿命长、阻燃防火，无二次污染和可再生循环利用等，缺点是自身质量大、质脆、长度小。

连接方式：承插连接、法兰连接。承插连接有刚性接口和柔性接口。承插直管规格见表8.14。承插连接管件如图8.14所示。

表8.14 排水铸铁承插直管规格

管内径（mm）	壁厚（mm）	长度（m）	质量（kg）	管内径（mm）	壁厚（mm）	长度（m）	质量（kg）
50	5	1.5	10.3	125	6	1.5	29.4
75	5	1.5	14.9	150	6	1.5	34.9
100	5	1.5	12.6	200	7	1.5	53.7

1）刚性接口（以石棉水泥、青铅等为填料）排水铸铁管的抗震性能差，不能适应高层建筑各种因素引起的变形，不适用于抗震要求的建筑。

2）柔性接口排水铸铁管又称机制排水铸铁管，按接口方式可分为法兰承插式接口、卡箍式接口，适用于高层建筑和地震区建筑的内部排水。

柔性接口排水铸铁管及管件如图8.15所示。

（3）钢管

钢管主要用于洗脸盆、小便器、浴盆等卫生器具与横支管间的连接短管。

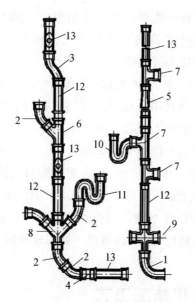

图 8.14 承插连接管件

1—90°弯头；2—45°弯头；3—乙字管；4—双承管；5—大小头；6—斜三通；

7—正三通；8—斜四通；9—正四通；10—P 弯；11—S 弯；12—直管；13—检查口

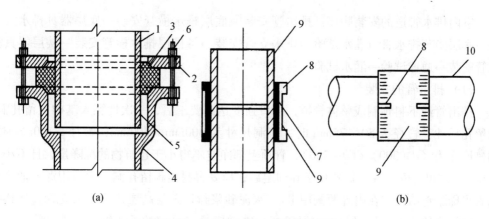

图 8.15 柔性接口排水铸铁管及管件

（a）法兰压盖螺栓连接；（b）不锈钢带卡紧螺栓连接

1—直管、管件直部；2—法兰压盖；3—橡胶密封圈；4—承口端头；5—插口端头；6—定位螺栓；

7—橡胶圈；8—卡紧螺栓；9—不锈钢带；10—排水铸铁管

（4）带轴陶土管

带轴陶土管耐酸碱腐蚀，主要用于排放腐蚀性工业废水，室内生活污水埋地管道也可用陶土管。

2. 排水附件设置的决定

在生活污水管道上可设置检查口或清扫口，当设计无要求时应符合下面的规定：

（1）在立管上应每隔一层设置一个检查口，但在最底层和有卫生器具的最高层必须设置。如为两层建筑，可仅在底层设置立管检查口，如有乙字管，则在该层乙字管的上部设置检查口。检查口中心高度距操作地面一般为1m；检查口的朝向应便于检修。暗装立管，在检查口处应安装检修门。

（2）在连续两个及两个以上大便器或三个及三个以上卫生器具的污水横管上应设置清扫口。当污水管在楼板下悬吊敷设时，可将清扫口设在上一层楼地面上，污水管起点的清扫口与管道相垂直的墙面距离不得小于200mm；也可在污水管起点设置堵头代替清扫口，堵头与墙面距离不得小于400mm。

（3）在转角小于135°的污水横管上，应设置检查口或清扫口。

（4）在污水横管的直线管道上，应按设计要求的距离设置检查口或清扫口。

（5）埋在地下或地板上的排水管道的检查口，应设在检查井内。井底表面标高与检查口的法兰相平，井底表面应有5%的坡度，坡向检查口。

五、建筑排水工程施工工艺

1. 室内排水管道的安装

室内排水管道的安装顺序：排出管安装→底层排水横管安装→底层器具排水管安装→底层隐蔽排水管道灌水试验→排水立管安装→各楼层排水横管安装→楼层器具排水管安装→通球试验→灌水试验。

（1）排出管的安装

排出管经下料预制成整体管道，接口强度达到要求后，一次性穿入基础预留孔洞。预留孔尺寸：管径为50~75mm时，留洞尺寸为300mm×300mm；管径≥100mm时，洞口尺寸为$(d+300)×(d+300)$，管顶上部净空不得小于建筑物的沉降量，且不小于0.15m。排出管安装并经位置校正和固定后，应妥善封填预留孔洞，常采用沥青油麻或沥青玛琋脂封堵，并在内外两侧用1:2水泥砂浆封口。与高层建筑排水立管直接连接的排出管弯管底部应用混凝土支墩承托，支墩应具有足够的承压能力。排出管应埋设于冰冻线下。

（2）底层排水横管的安装

底层排水横管多为直接埋地或悬吊于地下室顶板下或地沟内。安装时应先预制，接口强度达到要求后，与排出管整体连接。为使横管上连接的器具排水管能准确地安装在卫生器具的排水口处，横管上的三通或端部的弯头允许向墙内或墙外偏斜适当的角度。

（3）底层器具排水管的安装

所有器具排水管均应实量下料，在横管已安装并固定好后，接至卫生器具的排水口处，并妥善进行管口封闭，以备安装卫生器具。

（4）底层隐蔽排水管道灌水试验

排出管、底层排水横管和底层器具排水管安装后，即可用砖块或圆木及水泥砂浆封闭各敞露管口，从一层立管检查口处灌水试验并验收后，方可隐蔽或回填。

（5）排水立管的安装

安装立管前，应先在顶层立管预留口吊线，找准立管中心位置，在每层地面上或墙面上安装立管支架。将预制好的管段移至现场，安装时两人配合将立管插入承口中，复核垂直度及检查口朝向，用管卡将立管固定，然后进行接口的连接。立管安装完毕后，应用不低于楼板混凝土强度的细石混凝土将洞口封堵。

（6）各楼层排水横管的安装

确定安装位置，弹画坡度线，安装吊架，再进行横管预制管段与排水立管的连接。详见底层排水横管的安装。

（7）楼层器具排水管的安装

详见楼层器具排水管的安装。

（8）通球试验

立管、干管安装完后，应进行通球试验。立管通球试验时，根据立管管径选择球径，从立管顶端投入小球，并用线系住小球，在干管检查口或室外排水口处观察，发现小球为合格。干管通球试验时，从干管起始端投入塑料小球，并向干管内通水，在用户的第一个检查井处观察，发现小球流出为合格。

（9）灌水试验

先将排出管末端用气囊堵严，从管道最高点灌水，满水 15min 水面下降后，再灌满观察 5min，液面不下降、管道及接口无渗漏为合格，灌水试验合格后，经验收方可隐蔽或回填。

2. 排水管道安装的一般规定

（1）隐蔽或埋地的排水管道在隐蔽前必须进行灌水试验。

（2）生活污水管道的坡度必须符合设计要求。

（3）排水塑料管必须按设计要求及位置装设伸缩节。如设计无要求，伸缩节间距不得大于 4m。高层建筑中明设排水塑料管道应按设计要求设置阻火圈或防火套管。

（4）排水立管及水平干管管道均应做通球试验，通球球径不应小于排水管径的 2/3，通球率必须达到 100%。

（5）在生活污水管道上设置检查口或清扫口。

（6）埋在地下或地板上的排水管道的检查口，应设在检查井内。

（7）金属排水管道上的吊钩或卡箍应固定在承重结构上。固定件间距：横管不大于 2m；立管不大于 3m。楼层高度小于或等于 4m，立管可安装一个固定件。立管底部的弯管处应设支墩或采取固定措施。

（8）排水塑料管支、吊架间距应符合规定。

（9）排水通气管不得与风道或烟道连接，且应符合下面的规定：

1）通气管应高出屋面300mm，但必须大于最大积雪厚度。

2）在通气管出口4m以内有门窗时，通气管应高出门、窗顶600mm或引向无门、窗一侧。

3）在经常有人停留的平屋顶上，通气管应高出屋面2m，并应根据防雷要求设置防雷装置。

4）如屋顶有隔热层，应从隔热层板面算起。

（10）如安装未经消毒处理的医院含菌污水管道，不得与其他排水管道直接连接。

（11）饮食业工艺设备引出的排水管及饮用水水箱的溢流管，不得与污水管道直接连接，并应留出不小于100mm的隔断。

（12）通向室外的排水管，穿过墙壁或基础必须下返时，应采用45°三通和45°弯头连接，并应在垂直管段顶部设置清扫口。

（13）由室内通向室外排水检查井的排水管，井内引入管应高出排出管或两管顶齐平，并有不小于90°的水流转角，如落差大于300mm，可不受角度限制。

（14）室内排水管道安装的允许偏差应符合相关规定。

3. 室内排水管道的敷设

（1）室内排水管道一般应在地下埋设，也可以在楼板上沿墙、柱明设，还可以吊设于楼板下。当建筑或工艺有特殊要求时，排水管道可在管槽、管井、管沟及吊顶内暗设。为便于检修，必须在立管检查口设检修门，管井应每层设检修门与平台。

（2）卫生器具排水管与排水横支管可用90°斜三通连接。横管与横管（或立管）的连接，宜采用45°或90°斜三（四）通，不得采用正三（四）通。排水立管不得不偏移时，宜采用乙字弯或两个45°弯头。立管与排出管连接，宜采用两个45°弯头或弯曲直径不小于4倍管径的90°弯头。排出管与室外排水管道连接时，前者管顶标高应大于后者，连接处的水流转角不小于90°，若有大于0.3m的落差，可不受角度限制。

（3）最低排水横支管直接连接在排水横干管（或排出管）上时，应符合规定。排水横管应尽量做直线连接，少拐弯。排水立管应设在靠近杂物最多、最脏及排水量最大的排水点处。排出管宜以最短距离通至建筑物外部。

（4）排水管道敷设还应保证生产及使用安全。

4. 排水管道安装的基本技术要求

（1）隐蔽或埋地的排水管道在隐蔽前必须做灌水试验。

检验方法：满水15min水面下降后，再灌满观察5min，液面不降，管道及接口无渗漏为合格。

（2）生活污水塑料管道的坡度必须符合设计或规范（表8.15）的规定。

表 8.15 生活污水塑料管道的坡度

项次	管径（mm）	标准坡度（‰）	最小坡度（‰）
1	50	25	12
2	75	15	8
3	110	12	6
4	125	10	5
5	160	7	4

（3）排水塑料管必须按设计要求及位置装设伸缩节。如设计无要求，伸缩节间距不得大于 4m。

（4）高层建筑中明设排水塑料管道应按设计要求设置阻火圈或防火套管。

1）明敷管道的立管管径大于 110mm 的，在楼板贯穿部位应设阻火圈。

2）明敷管道的横支管相连的贯穿墙体部位应设阻火圈。

3）横管穿越防火分隔墙时，管道穿越墙体两侧均应设置阻火圈。

4）排水管通气管穿越上人屋面或火灾时作为疏散人员的屋面，在屋面板低部设置阻火圈。

注：阻火圈主要由金属外壳和热膨胀芯材组成。火灾发生时，阻火圈内芯材受热后急剧膨胀，并向内挤压塑料管壁，在短时间内封堵住洞口，起到阻止火势蔓延的作用。

防火套管由耐火材料和阻燃剂制成的，套在硬塑料排水管外壁可阻止火势沿管道贯穿部位蔓延的短管。

（5）排水通气管不得与风道或烟道连接，且应符合下列规定：

1）通气管应高出屋面 300mm 且必须大于最大积雪厚度。

2）在通气管出口 4m 以内有门、窗时，通气管应高出门、窗顶 600mm 或引向无门、窗的一侧。

3）在经常有人停留的平屋顶上，通气管应高出屋面 2m，并应根据防雷要求设置防雷装置。

六、设备和附件的安装

1. 水泵的安装

水泵是给水系统中的主要增压设备。

（1）适用建筑给水系统的水泵类型

在建筑给水系统中，一般采用离心泵。图 8.16 为离心泵构造示意图。

为节省占地面积，可采用结构紧凑、安装管理方便的立式离心泵或管道泵；当采用设水泵、水箱的给水方式时，通常是水泵直接向水箱送水，水泵的出水量与扬程几乎不变，可选用恒速离心泵。

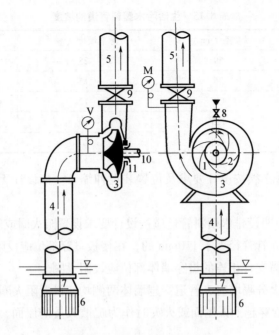

图 8.16　离心泵构造示意图

1—叶轮；2—叶片；3—泵壳；4—吸水管；5—压水管；6—拦污栅；7—底阀；8—灌水斗；

9—阀门；10—泵轴；11—填料函；M—压力表；V—真空计

（2）水泵的选择

选择水泵除满足设计要求外，还应考虑节约能源，使水泵在大部分时间保持高效运行。要达到这个目的，正确确定其流量、扬程至关重要。

（3）水泵的设置

水泵机组一般设置在泵房内，泵房应远离需要安静、要求防震、防噪声的房间，并有良好的通风、采光、防冻和排水的条件；泵房中水泵的布置要便于起吊设备的操作，其间距要保证检修时能拆卸、放置泵体和电机，并能进行维修操作。

每台水泵一般应设独立的吸水管，如必须设置成几台水泵共用吸水管，吸水管应管顶平接；水泵装置宜设计成自动控制运行方式，间歇抽水的水泵应尽可能设计成自灌式（特别是消防泵）。自灌式水泵吸水管上应装设阀门。在不可能时才设计成吸上式，吸上式的水泵均应设置饮水装置；每台水泵的出水管上应装设阀门、止回阀和压力表，并宜有防水击措施（但水泵直接从室外管网吸水时，还应绕水泵装设有阀门和止回阀的旁通管）。

为减小水泵运行时振动产生的噪声，应尽量选用低噪声水泵，也可以在水泵基座下安装弹簧减振器或橡胶隔振器，在吸水管、出水管上装设可挠曲橡胶接头，采用弹性吊（托）架，以及其他新型的隔振技术措施等，当有条件和必需时，建筑上还可以采取隔振和吸声措施。

（4）水泵的安装工艺流程

水泵安装应按基础验收→水泵就位及找平→加油盘车→试运行的顺序进行。

1）基础验收

按泵的尺寸做好混凝土基础，同时预埋好地脚螺栓。安装水泵前，按照设计图纸复核基础是否合格，并将基础表面清理干净，地脚螺栓孔打毛，清洗干净。

2）水泵就位及找平

在安装前应对泵和电机进行检查，各部分应完好无缺，泵内无杂物。将机组放在基础上，在底板和基础之间放成对楔垫，通过调整楔垫，以水平尺将泵找正、找平。调整好后，拧紧地脚螺栓。

3）加油盘车

安装完毕后检查泵上的油杯和往孔里注油，盘动联轴器，检查有无擦碰现象，应使其转动轻松均匀，使水泵电动机转动灵活。

4）试运行

开车前应将泵内灌满需运输的液体（如泵是在吸上的情况）并关闭出口阀门；接通电源，检查泵的转向是否正确；缓慢开启出口阀门，调整到所需的性能点，机组试运转 5～10min，如无异常现象可投入运行。

泵的吸入、排出管路应有支架，不能用泵来支撑；扬程高的泵在出口管路上还应该安装逆止阀，以防止突然停机的水锤破坏；必须保证泵的安装高度符合泵的汽蚀余量，并考虑管路损失及介质温度，介质温度过高时，应对机封采取冷却措施。

2. 水箱的安装

按不同用途，水箱可分为高位水箱、减压水箱、冲洗水箱及断流水箱等类型。其形状多为矩形和圆形，制作材料有钢板、钢筋混凝土、玻璃钢和不锈钢等。这里主要介绍在给水系统中使用较广的起到保证水压和储存、调节水量的高位水箱。

（1）水箱的配管与附件

水箱的配管与附件示意图如图8.17所示。

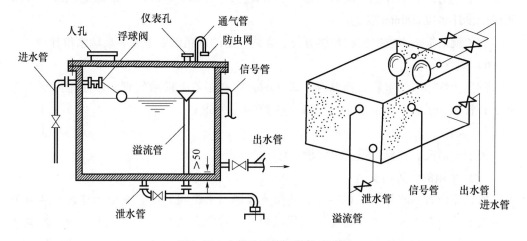

图 8.17　水箱的配管与附件示意图

1）进水管

进水管一般由水箱侧壁接入，也可以从顶部接入。进水管的管径可按水泵出水量或管网设计秒流量计算确定。

当水箱直接利用室外管网压力进水时，进水管出口应装设液压水位控制设备或浮球阀，进水管上还应装设检修用的阀门，当管径大于等于50mm时控制阀（浮球阀）不少于两个。从侧壁进入的进水管，其中心距箱顶应有150~200mm的距离。

2）出水管

出水管可从侧壁或底部接出，出水管内底或关口应高出水箱内底150mm；出水管管径应按设计秒流量计算；出水管宜单独设置；为便于检修和减小阻力，出水管上应安装阻力较小的旋启式止回阀。

3）溢流管

水箱溢流管口应高于设计最高水位50mm，管径应比进水管大1~2号，但在水箱底1m以下管段可用大小头缩成等于进水管管径。溢流管上不得装设阀门。溢流管不得与排水系统直接连接，与排水管应有空气阻断措施，还应有防止尘土、昆虫、蚊蝇等进入的措施，如设置水封等。

4）泄水管

水箱泄水管应自底部接出，管上应装设阀门，起出口可与溢流管相接，但不得与排水系统直接相连，其管径大于等于50mm。

5）水位信号装置

水位信号装置是反映水位控制阀失灵报警的装置。可在溢流管管口齐平处设信号管，一般自水箱侧壁接出，常用管径为15mm，其出口接至经常有人值班的房间内的洗涤盆上，其上不得安装阀门。

若水箱液压水位与水泵连锁，则应在水箱侧壁或顶盖上安装液位继电器或信号器，并应保持一定的安全容积；最高电控水位应低于溢流水位100mm；最低电控水位应高于最低设计水位200mm以上。

为了就地指示水位，应在观察方便、光线充足的水箱侧壁上安装玻璃水位计。

6）通气管

供生活饮用水的水箱，当储存量较大时，宜在箱盖上设通气管，以使箱内空气流通。其管径一般大于等于50mm，管口应朝下并设网罩。

7）人孔

为便于清洗、检修，箱盖上应设人孔。

（2）水箱的布置与安装

水箱宜设置在水箱间，以防冻、防阳光暴晒。水箱间的位置应结合建筑、结构条件和便于管道布置来考虑，能使管线尽量短，同时应有良好的通风、采光和防蚊蝇条件，室内最低气温不得低于5℃；水箱间的净高不得低于2.20m，并能满足布置要求。水箱间的承重结构应为非燃烧材料。

水箱适用于民用和一般工业建筑中，是生产及生活冷水、热水、管道直饮水、消防给水、中水等系统的调节储水设备。

水箱施工、安装要点如下：

1）水箱顶应设置在便于维护、光线和通风良好且不结冻的地方，水箱应加盖密封，并应设保护其不受污染的防护措施。

2）水箱顶至建筑结构最低点的净距，不得小于 0.8m。水箱外壁至墙面的距离应根据其形状和检修要求确定。水箱壁外侧与建筑结构墙面或与其他水池（箱）壁的净距，在未安装有管道的一侧，应有不小于 0.7m 的检修通道。在安装有管道的侧面，不宜小于 1.0m 的距离，管道外壁与建筑本体墙面之间的通道宽度，不宜小于 0.6m。当有管道敷设时，水箱底距地板面净高不宜小于 0.8m。

3）不同水箱的安装还应遵守不同生产企业的具体操作说明书进行操作。

4）热水箱应考虑保热保温；冷水箱应考虑防结露措施；当在冬季不采暖的水箱间内设置水箱时，应采用防冻的保温措施。

5）水箱的防腐蚀涂料要满足卫生指标的要求，其适用涂料有环氧涂料、瓷釉等。

6）水箱支撑结构的选择应与建筑和结构设计相协调。

3. 水表的安装

（1）水表简介

水表是用来计量和控制用户用水量的一种累计式仪表。

1）流速式水表

建筑给水系统中广泛采用的是流速式水表。这种水表是根据管径一定时，水流通过水表的流速与流量成正比的原理来测量的。它主要由外壳、翼轮和传动指示机构等部分组成。计数器为字轮直读的形式。

流速式水表按翼轮构造不同分为旋翼式和螺翼式。旋翼式的翼轮转轴与水流方向垂直，如图 8.18（a）所示。它的阻力较大，多为小口径水表，宜用于测量小的流量。螺翼式的翼轮转轴与水流方向平行，如图 8.18（b）所示。它的阻力较小，多为大口径水表，宜用于测量较大的流量。

2）电控自动流量计（TM 卡智能水表）

随着科学技术的发展以及改变用水管理体制与提高节约用水意识，传统的"先用水后收费"用水体制和人工进户抄表、结算水费的复杂方式，已不适应现代管理方式与生活方式。因此，电磁流量计、远程计量仪等自动水表应运而生。TM 卡智能水表就是其中之一。

TM 卡智能水表内部置有微电脑测控系统，通过传感器检测水量，用 TM 卡传递水量数据，主要用来计量（定量）经自来水管道供给用户的饮用冷水，适于家庭使用。

这种水表的特点和优越性：将传统的先用水、后结算交费的用水方式改变为先预付水费、后限额用水的方式，使供水部分可提前收回资金、减少拖欠水费的损失；减轻供水部门工作人员的劳动强度；减少计量纠纷，还能提示人们节约用水，保护和利用好水资源；提高自动化程度，提高工作效率。

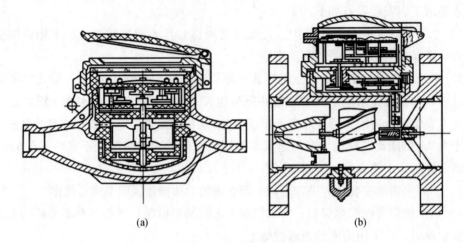

(a)　　　　　　　　　　　　(b)

图 8.18　流速式水表

（a）旋翼式水表；（b）螺翼式水表

（2）水表的安装

水表的正确安装是保证水表计量准确的必要保障。水表安装应符合现行国家标准，须考虑安全性、方便性和正确可靠性。

1）普通水表安装

①水表应安装在便于检修，不受暴晒、污染、冻结的地方。当环境温度有可能低于0℃时，应对水表采取保温防冻措施。安装水表的位置，还应避免腐蚀气体的侵蚀。工业用水表如装在锅炉附近，表后应加装止回阀，以防止热水倒回，损坏水表零件。

②水表前后和旁通管上均装设检修阀门，以便断水拆装水表。水表与表后阀门间应装设泄水装置。为减少水头损失并保证表前管内水流的直线流动，表前检修阀门宜采用闸阀。住宅中的分户水表，其表后检修阀及专用泄水装置可不设。安装螺翼式水表时，表前与阀门应有 8～10 倍水表直径的直线管段，其他水表的前后应有不小于300mm 的直线管段。

③安装时，应除去管道的麻丝、矿石等杂物，以防止滤水网堵塞，否则会使示值误差增大，并影响供水。

④水表的安装须符合其工作方式要求，应使安装方位、度盘朝向符合水表的使用要求。大部分水表都有安装方向要求。度盘或铭牌上的 H 代表水平安装，V 代表垂直安装，若无这两个符号，则表示可以在任意方向安装。水表的流向应与管道内水的流向保持一致。部分水表（如容积式水表等）可以在任意方向安装。

⑤水表安装应让其表壳上的箭头方向与管道内的流向保持一致，并与管道同轴安装。

⑥水平安装的水表的度盘一般朝上而不得倾斜。水表在垂直或倾斜安装时，叶轮

轴与管道中心线必须保持平行。

⑦水表的下游应有高出水表的部位（如水龙头）或保持一定的压力，以使水表始终在充满的管道条件下运行。

2）IC卡水表安装

IC卡水表安装包括量长度、清水表、装水表等。

七、建筑常用卫生器具安装

卫生器具是室内排水系统的重要组成部分，是用来满足日常生活中各种卫生要求、收集和排除生活及生活中产生的污、废水的设备。卫生器具按其作用可分为以下几类。

（1）便溺用卫生器具：用来收集、排除粪便污水，如大便器、小便器等。

（2）盥洗、沐浴用卫生器具：如洗脸盆、盥洗槽、浴盆、沐浴器、净身盆等。

（3）洗涤用卫生器具：如洗涤盆、污水盆等。

（4）其他类卫生器具：如医疗、科学研究实验室等特殊需要的卫生器具。

1. 大便器

常见的大便器有坐式大便器和蹲式大便器。

（1）坐式大便器。坐式大便器分为低水箱坐式大便器和高水箱坐式大便器。坐式大便器本身带有存水弯，多用于住宅、宾馆等建筑物内。

（2）蹲式大便器。蹲式大便器分为低水箱蹲式大便器和高水箱蹲式大便器。蹲式大便器本身不带水封，需要另外安装铸铁或陶瓷存水弯。为了安装存水弯，大便器一般都安装在地面以上的平台。蹲式大便器多设于公共卫生间、医院、家庭等一般建筑物内。

2. 大便槽

大便槽因卫生条件差、冲洗耗水量大，目前多用于建筑标准不高的公共建筑或公共厕所。大便槽一般采用自动水箱定时冲洗，冲洗管下端与槽底有30°~45°夹角，以增强冲洗力。排出管径及存水弯一般采用150mm。

3. 小便器

常见的小便器有挂式小便器和立式小便器。小便器按照如下顺序安装：小便斗安装→排水管安装→冲洗管安装。

（1）立式小便器。立式小便器一般靠墙竖立在地面上。

（2）挂式小便器。挂式小便器一般悬挂在墙上。

4. 小便槽

小便槽为用瓷砖沿墙砌筑的浅槽，它建造简单、占地小、成本低、可供多人使用，广泛用于工业企业、公共建筑、集体宿舍的男厕所中。

5. 洗脸盆

洗脸盆一般安装在卫生间或浴室供洗脸、洗手用。洗脸盆按形状分为长方形、三角形、椭圆形等；按材料分为陶瓷制品、不锈钢制品等；按安装方式分为墙架式、立柱式和角式等。

6. 盥洗槽

盥洗槽一般安装在工厂、学校集体宿舍。

7. 浴盆

浴盆的种类及样式很多，常见的有长方形和正方形两种，多用于住宅、宾馆、医院等卫生间内及公共浴室内。浴盆上配有冷热水管或混合龙头，其混合水经混合开关后流入浴盆，浴盆底有 0.02 的坡度，坡向排水口。有的浴盆还配有固定式或软管式活动淋浴喷头。

8. 淋浴器

淋浴器具有占地面积小、设备费用低、清洁卫生的优点，因此，广泛用于集体宿舍、体育场馆、公共浴室内。淋浴器有现场组装和成品安装两种。淋浴喷头下缘距地面高度为 2.0 ~ 2.2m，相邻淋浴喷头间距为 900 ~ 1000mm，地面应有 0.005 ~ 0.01 的坡度坡向排水口。

9. 净身盆

净身盆是专供洗涤下身的设备，一般安装在医院、疗养院、养老院、高级住宅、宾馆卫生间内。

10. 洗涤盆

洗涤盆一般安装在厨房或公共食堂内，供洗涤碗碟、蔬菜等用。洗涤盆按安装形式分为墙架式、柱腿式，又有单格、双格之分。洗涤盆可设置冷热水龙头或混合水龙头，排水口在盆底的一端，口上有十字栏栅，备有橡胶塞头。

11. 污水盆

污水盆一般安装在厕所或盥洗室内，供打扫卫生及洗涤拖布和倒污水用。污水盆分为架空式和落地式，通常用水磨石或水泥砂浆抹面的钢筋混凝土制作。

12. 化验盆

化验盆一般安装在工厂、科研机关、学校化验室中。常用陶瓷材质，盆内已有水封，排水管上不需要装存水弯，也不需要盆架，用木螺栓固定在化验台上，其内口配有橡胶洒头。

13. 排水栓、存水弯和地漏

（1）排水栓是卫生器具排水口与存水弯间的连接件，多装于洗脸盆、浴盆、污水盆上，有铝制、铜制和尼龙制品等。其规格有 $DN40$ 和 $DN50$ 两种。

（2）存水弯是在卫生器具内部或器具排水管段上设置的一种内有水封的配件。存水弯中会存有一定深度的水，可以将下水道下面的空气隔绝，防止臭气进入室内。存水弯分 S 形存水弯（一般用于底层）和 P 形存水弯（用于楼间层），如图 8.19 所示。

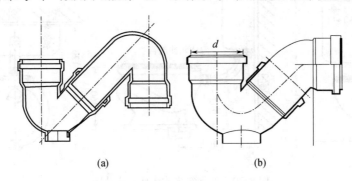

图 8.19　存水弯
（a）S 形存水弯；（b）P 形存水弯

（3）地漏是连接排水管道系统与室内地面的重要接口。厕所、盥洗室、卫生间及其他房间需要从地面排水时，应设置地漏。地漏应设置在易溅水的器具附近及地面的最低处。地漏的主要功能包括防臭气、防堵塞、防虫、防病毒、防返水和防干涸等。地漏的顶面标高应低于地面 5～10mm，地面应有不小于 1% 的坡度坡向地漏。

八、卫生器具施工工艺

1. 卫生器具安装的基本要求

卫生器具安装的基本技术要求：安装应位置明确，牢固，端正美观，严密不渗漏，便于拆卸，器具与支架或管子配件与器具的接合处应软接合，安装后应防污染和防堵塞。概括起来是平、稳、牢、准、不漏、使用方便、性能良好。

（1）平：卫生器具的上边缘要平，同一房间内成排布置的器具标高应一致。

（2）稳：卫生器具安装好后应无摇动现象。

（3）牢：安装应牢固、可靠，防止使用一段时间后产生松动。

（4）准：卫生器具的坐标位置、标高要准确。

（5）不漏：卫生器具上的给、排水管口连接处必须保证严密、无渗漏。

（6）使用方便：卫生器具的安装应根据不同使用对象（如住宅、学校、幼儿园、医院等）合理安排；阀门手柄的位置朝向合理。

（7）性能良好：阀门、水龙头开关灵活，各种感应装置应灵敏、可靠。

2. 卫生器具安装方法

（1）大便器

1）低水箱坐式大便器安装图如图 8.20 所示。

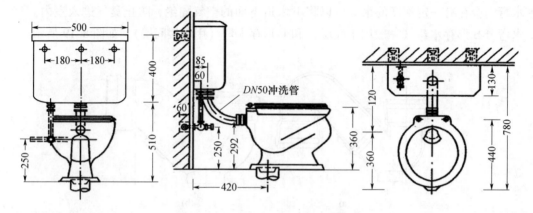

图 8.20　低水箱坐式大便器安装图

安装顺序：大便器安装→水箱安装→进水管安装→冲洗管安装。

安装方法：将抬起的坐便器排出管口对准排水管甩头的中心放平、找正。在坐便器底座上两侧栓孔的位置，抬走坐便器后画上"＋"字中心线。中心剔出孔洞 $\phi 20mm \times 60mm$ 后，将 $\phi 10mm$ 螺栓栽入孔洞或者嵌入 $40mm \times 40mm$ 的木砖（用木螺栓垫铅垫稳固坐便器），找正后用水泥将螺栓灌稳，再进行一次坐便器试安，使螺栓穿过底座孔眼，再抬开坐便器。将坐便器的排出管口和排水管甩头承口的周围抹匀油灰，使坐便器底座的孔眼穿过螺栓后落稳、放平、找正。在螺栓上套好胶垫，将螺母拧至合适的松紧度即可。

2）高水箱蹲式大便器安装图（一台阶）如图 8.21 所示。

安装顺序：大便器安装→存水弯安装→高水箱安装→进水管安装→冲洗管安装。

安装方法：清理安装蹲便器处的地面，在底层安装大便器时首先把土层夯实找平。在安装处画出蹲便器的"＋"字中心线和蹲便器排出口的"＋"字中心位置。将蹲便器试安装在水封存水弯管上，用红砖在蹲便器的四周临时垫好，然后核对蹲便器的安装位置、标高，符合质量要求后，用水泥砂浆砌好蹲便器四周经过润湿的红砖，在蹲便器下和水封存水弯管周围添加白灰膏拌制的炉渣。

核对蹲便器的位置与标高，确认无误后取下蹲便器，用油灰腻子做成首尾相连的圆圈，放入水封存水弯管内或排水短管的承口内，再重新把蹲便器安在存水弯管上，稳正找平，将蹲便器的排出口均匀压入存水弯管的承口内，再将挤出承口的腻子抹光刮平。

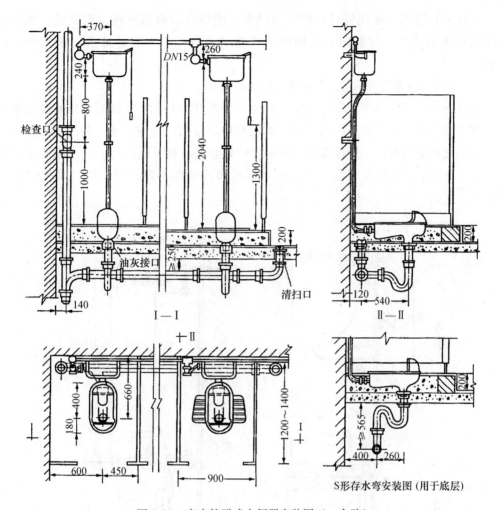

图 8.21 高水箱蹲式大便器安装图（一台阶）

（2）大便槽

大便槽安装：首先在墙上打洞，放置角钢平正后用水泥砂浆填灌并抹平表面。然后安装水箱，并根据水箱位置安装进水管、冲洗管和大便槽排水管，水箱进水口中心及沟槽中心在一条直线上。

（3）小便器

1）挂式小便器安装示意图如图 8.22（a）所示。

安装方法如下。

①安装小便斗：确定小便器两耳孔在墙上的位置，打洞并预埋木砖，将小便斗的中心对准墙上中心线，用木螺钉配铝垫片穿越耳孔将小便器紧固在木砖上，小便斗上沿口距离地面 600mm。

②安装排水管：将存水弯下端插入预留的排水管口内，上端与排水口相连接，找正后用螺母加垫并拧紧，最后将存水弯下端与排水管间隙处用油灰填塞密封，用压盖压紧。

③安装冲洗管：冲洗管可以明装或暗装。明装时，用截止阀、镀锌短管和小便器进水口压盖连接；暗装时，采用铜角式阀门，铜管和小便器进水口锁母和压盖连接。

2）立式小便器安装示意图如图8.22（b）所示。

安装方法：立式小便器安装方法和挂式小便器基本相同。安装时将排水栓加垫后固定在出水口上，在其底部凹槽中嵌入水泥和白灰膏的混合灰，排水栓凸出部分抹油灰，将小便器垂直就位，使排水栓和排水管口接合好，找平后固定。给水横管中心距离地坪1130mm，最后为暗装。若小便器与墙面或地面不贴合时，用白水泥嵌平并抹光。

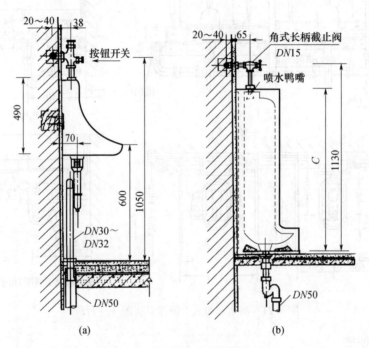

图8.22　小便器安装示意图
（a）挂式小便器；（b）立式小便器

（4）小便槽

安装方法：小便槽主体结构由土建部分砌筑，多孔冲洗管距地面1.1m高度处，多孔冲洗管管径≥15mm，管壁上开有2mm小孔，孔间距为10～12mm，安装时使喷淋孔的出水方向与墙面成45°角，用钩钉或管卡固定。

（5）洗脸盆

墙架式洗脸盆安装示意图如图8.23所示。

安装方法：待装饰面施工完毕后，核对支架安装尺寸，把支架用木螺栓和铅板垫牢固地安装在墙上。将外观完好无缺的洗脸盆安放在支架上，在洗脸盆与墙接触的背面抹上油灰，然后将洗脸盆吊正、找平、固定。支架若带有顶进螺栓或卡具，应及时把洗脸盆顶紧、卡住，严防松动。将配件和洗脸盆连接起来。在排水栓、冷热水嘴与洗脸盆接合处垫以厚度为 3mm 的橡胶垫圈，采用软加力方法紧固，松紧度应合适。安装冷热水嘴时，按照冷水出口在右，热水出口在左，热水管道在上，冷水管道在下的原则进行。

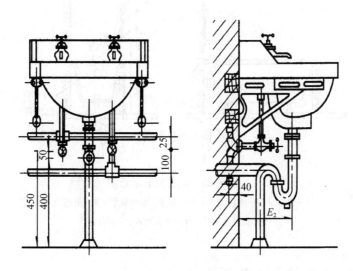

图 8.23　墙架式洗脸盆安装示意图

（6）盥洗槽

盥洗槽安装示意图如图 8.24 所示。

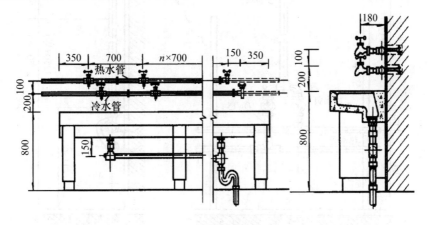

图 8.24　盥洗槽安装示意图

（7）浴盆

浴盆安装示意图如图 8.25 所示。

安装方法：砖墩支座达到强度后，用水泥砂浆铺在支座上，将浴盆对准墙上中心线（或标记）就位，放稳后调正、找平。将浴盆配件中的弯头与抹匀铅油、缠好麻丝的横短管相连接，再将横短管另一端插入浴盆三通内，拧紧锁母。三通的下口插入竖直短管，连接好接口。将竖管的下端插入排水管的预留甩头内。在排水栓圆盘下加进胶垫，抹匀铅油，插进浴盆的排水孔眼，在孔外也加胶垫，在丝扣上抹匀铅油、缠好麻丝，用扳手卡住排水口上的十字筋与弯头拧紧连接好。将溢水立管上的锁母缠紧油盘根绳（或麻辫），插入三通的上口，对准浴盆溢水孔，拧紧锁母。

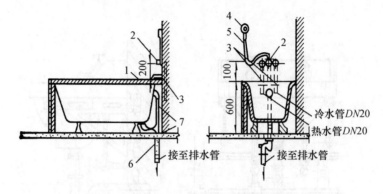

图 8.25　浴盆安装示意图

1—浴盆；2—浴盆龙头；3—不锈钢编织软管；4—淋浴喷头；
5—喷头连接管；6—排水短管；7—组合件

（8）淋浴器

淋浴器安装示意图如图 8.26 所示。

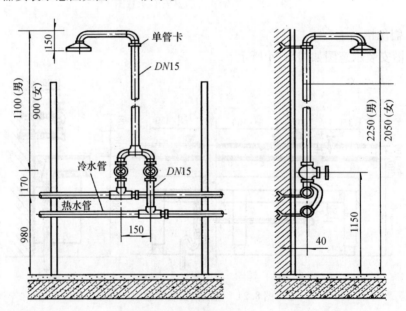

图 8.26　淋浴器安装示意图

安装方法：首先在墙上确定管子中心线和阀门水平中心线的位置，根据设计要求下料并进行安装。安装时，先将淋浴器冷、热水水平直管及配件用丝扣连接好，在热水管上安装短管和阀门，在冷水管上配半圆弯绕过热水横管后安装阀门，再往上安装内管箍、活接头、弯头、三通等。在三通以上安装混合管和喷头，混合管上端用管卡固定。

（9）净身盆

安装方法：安装混水阀，冷、热水阀，喷嘴，排水栓及手提拉杆等净身盆配件。配件安装好后，接通临时水进行试验，无渗漏后方可进行安装。按净身盆下水口距后墙尺寸不小于380mm确定安装位置，并在地面画出盆底和地面接触的轮廓线。在地上打眼并预埋螺栓或膨胀螺栓，在安装范围内的地面上垫白灰膏，将压盖套在排水铜管上，放置净身盆，找平、找正后在螺栓上加垫并拧紧螺母，然后安装净身盆的冷热水管及水嘴。

（10）洗涤盆

洗涤盆安装示意图如图8.27所示。

安装方法：洗涤盆托架用40mm×5mm的扁钢制作，用预埋螺栓或木螺钉固定。洗涤盆置于盆架上，其上沿口距地面800mm，安装平正后用白水泥嵌塞盆与墙壁间的缝隙。安装排水栓、存水弯。确保排水栓中心与排水管中心对正，接口间隙打麻、捻灰并抹平。洗涤盆上只装设冷水嘴时，应位于中心位置；若装设冷、热水嘴，冷水嘴偏下，热水嘴偏上。

（11）污水盆

安装方法：架空式污水盆需用砖砌筑支墩，污水盆放置在支墩上，盆口沿上的安装高度为800mm，水嘴的安装高度为距离地面1000mm。架空式污水盆安装如图8.28（a）所示。污水盆给排水管道和水嘴的安装方法同洗脸盆。

落地式污水盆直接置于地面上，盆高500mm，水嘴的安装高度为距离地面800mm，如图8.28（b）所示。

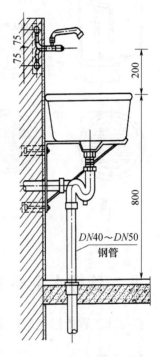

图8.27　洗涤盆安装示意图

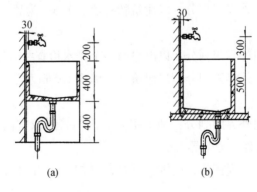

（a）　　　　　　　　　　（b）

图8.28　污水盆安装示意图

（a）架空式污水盆；（b）落地式污水盆

（12）化验盆

安装方法：化验盆支架采用φ12mm的圆钢焊制或采用DN15mm的钢管制作。盆上沿口的安装高度为距离地面 800mm。化验盆安装时不需另设存水弯，排水管直接连接在排水栓上。化验盆上可装设单联、双联或三联鹅颈水嘴。装设两只水嘴时，间距为 220mm。安装水嘴时应使用自制扳手或扳手拧紧，不能使用管钳。

（13）地漏

地漏安装示意图如图 8.29 所示。

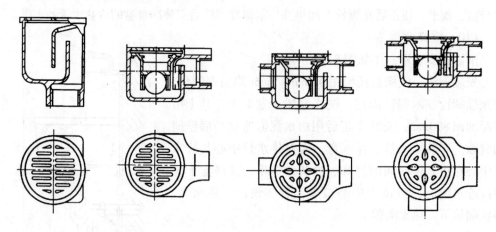

图 8.29　地漏安装示意图

九、给排水主要分部分项工程量计算

给排水工程依据《通用安装工程工程量计算规范》（GB 50856—2013）进行计量。

1. 说明

（1）给水管道室内外界限划分：以建筑物外墙皮 1.5m 为界，入口处设阀门者以阀门为界。

（2）排水管道室内外界限划分：以出户第一个排水检查井为界。

（3）采暖管道室内外界限划分：以建筑物外墙皮 1.5m 为界，入口处设阀门者以阀门为界。

（4）燃气管道室内外界限划分：地下引入室内的管道以室内第一个阀门为界，地上引入室内的管道以墙外三通为界。

（5）管道热处理、无损探伤，应按该《规范》附录 H 工业管道工程相关项目编码列项。

（6）医疗气体管道及附件，应按该《规范》附录 H 工业管道工程相关项目编码列项。

（7）管道、设备及支架除锈、刷油、保温除注明者外，应按该《规范》附录 M 刷油、防腐蚀、绝热工程相关项目编码列项。

（8）凿槽（沟）、打洞项目，应按该《规范》附录 D 电气设备安装工程相关项目编码列项。

2. 给排水工程管道工程量计算规则

（1）该部分包括镀锌钢管、钢管、不锈钢管、铜管、铸铁管、塑料管、复合管、直埋式预制保温管、承插陶瓷缸瓦管、承插水泥管、室外管道碰头共 11 个分项工程。

（2）各类管道安装区分室内外、材质、连接形式、规格，按设计图示管道中心线长度计算，不扣除阀门、管件、附件（包括器具组成）及附属构筑物所占长度。

3. 室内给排水管道与卫生器具连接的计算分界

（1）给水管道工程量计算至卫生器具（含附件）前与管道系统连接的第一个连接件（角阀、三通、弯头、管箍等）止。

（2）排水管道工程量自卫生器具出口处的地面或墙面算起；与地漏连接的排水管道自地面算起，不扣除地漏所占长度。

（3）燃气管道与已有管道碰头项目，除钢管带介质碰头、塑料管带介质碰头以支管管径外，其他项目均按设计图示主管管径，以"处"计算。

（4）空调水管道方形补偿器管道所占长度计入管道安装工程量。方形补偿器制作安装应按 GB 50856—2013 "管道附件"相应定额子目执行。

4. 在本部分进行工程量计算时需注意的问题

（1）管道安装部位指管道安装在室内、室外。

（2）输送介质包括水、排水、中水、雨水、热媒体、燃气、空调水。

（3）铸铁管安装适用于承插铸铁管、球墨铸铁管、柔性抗震铸铁管等。直埋保温管包括直埋保温管件安装及接口保温。排水管道安装包括立管检查口、透气帽。

（4）管道安装工作内容包括警示带敷设。管道室外埋设时，项目特征应按设计要求描述是否采用警示带。

塑料管安装工作内容包括安装阻火圈。项目特征应描述对阻火圈设置的设计要求。

（5）室外管道碰头：适用于新建或扩建工程热源、水源、气源管道与原（旧）有管道碰头；室外管道碰头包括挖工作坑、土方回填或暖气沟局部拆除及修复；带介质管道碰头包括开关闸、临时放水管线敷设等费用；热源管道碰头每处包括供、回水两个接口；碰头形式指带介质碰头、不带介质碰头。

室外管道碰头工程数量按设计图示以处计算，计量单位为"处"。

（6）压力试验按设计要求描述试验方法，如水压试验、气压试验、泄漏性试验、闭水试验、通球试验、真空试验等。

（7）吹、洗按设计要求描述吹扫、冲洗方法，如水冲洗、消毒冲洗、空气吹扫等。

5. 管道安装清单列项与算量

清单列项与算量规则见表 8.16。

表 8.16 清单列项与算量规则

项目编码	项目名称	计量单位	计算规则
031001001	镀锌钢管	根	按设计图示管道中心线（不扣除阀门、管件及各种组件所占长度）以"m"计算
031001005	铸铁管	m	
031001006	塑料管	m	
031001007	复合管	m	

注意：①塑料管安装适用于 UPVC、PVC、PP-C、PP-R、PE、PB 管等管材；②复合管安装适用于钢塑复合管、铝塑复合管、钢骨架复合管等。

6. 卫生间管道工程量计算

根据定额计算规则，卫生洁具管道工程量计算范围：冷、热水管道应算至与洗脸盆、洗手盆、洗涤盆、坐便器连接的角阀处。

从安装定额消耗量中可知，洗脸盆的安装已包含水嘴、角阀、存水弯、排水短管等，管道工程量的计算就不能再计算此部分的工程量。

7. 室外给排水管道工程量计算

室外给排水管按照市政管道工程量计算规则（表 8.17）计算。

表 8.17 室外给排水管工程量计算规则

检查井规格（mm）	扣除长度（mm）	检查井类型	扣除长度（mm）
φ700	0.4	各种矩形井	1.0
φ1000	0.7	各种交汇井	1.20
φ1250	0.95	各种扇形井	1.0
φ1500	1.20	圆形跌水井	1.60
φ2000	1.7	矩形跌水井	1.70
φ2500	2.20	阶梯式跌水井	按实扣

8. 排水管道清单计价注意事项

（1）排水管道以施工图所示管道中心线长度"m"计算，不扣除管件所占长度。

（2）室内塑料排水管道安装定额包括管卡、托架、吊架、透气帽制作与安装以及接头零件的安装。

（3）排水管道的安装包括灌水试验、通球试验或通水试验。

（4）设置于管道井、管廊内的管道，其定额人工乘以系数 1.3。

（5）使用说明：污水排水管的主材单价一般执行组合价。

　　组合价 = 管材单价 × 管材消耗量 + Σ（管件单价 × 管件消耗量）

9. 管道清单计价、管道安装套用定额的注意事项

（1）必须分清是室内管道还是室外管道，套用《重庆市通用安装工程计价定额》。

（2）安装工程定额给排水工程中的给水管道工作内容包括水压试验、消毒冲洗，若不包括水压试验、消毒冲洗，如果发生要另计。

（3）安装工程定额给排水工程中的排水管道工作内容包括闭水试验、通球试验，若不包括水压闭水试验、通球试验，如果发生要另计。

十、支架及其他

1. 计算规则

（1）管道支架制作安装按设计图示实际质量以"kg"计算；设备支架制作安装按设计图示实际单件质量以"kg"计算。

（2）成品管卡、阻火圈安装、成品防火套管安装，区分工作介质、管道直径，按设计图示不同规格数量以"个"计算。

（3）管道保护管制作与安装，分为钢制和塑料两种材质，区分不同规格，按设计图示管道中心线长度计算。

（4）管道水压试验、消毒冲洗按设计图示管道长度计算。

（5）一般穿墙套管、柔性、刚性套管，区分工作介质、管道的公称直径，按设计图示数量以"个"计算。

（6）成品表箱安装，区分箱体半周长，按设计图示数量以"个"计算。

（7）氮气置换安装，区分管径，按设计图示长度计算。

（8）警示带、示踪线安装，按设计图示长度计算。

（9）地面警示标志桩安装，按设计图示数量以"个"计算。

2. 支架的计算

该分部工程包括管道支吊架、设备支吊架、套管共3个分项工程。

管道支架、设备支架两个清单项目计量单位分别是"kg"和"套"。现场制作支架以"kg"计量，按设计图示质量计算；成品支架以"套"计量，按设计图示数量计算。

套管的计量按设计图示数量以"个"计算。

3. 管道支架清单列项、算量与计价

（1）常用管道支架介绍

1）当塑料排水支管在楼板底安装时可用管卡固定。

2）当塑料排水主管在架空层敷设时需要用角钢支架固定。

3）当金属管道沿梁底敷设时，一般采用角钢吊架。

4）当多条金属管道并排沿梁底敷设时，一般采用槽钢支架固定。

5）当金属管道沿墙壁垂直敷设时常采用角钢支架。

6）当管道沿地板水平敷设时常采用水平托架。

（2）管道支架清单项目

管道支架清单项目如表8.18所示。

表8.18　管道支架清单项目

项目编码	项目名称	计量单位	计算规则
031002001001	管道支架	kg	按设计图示尺寸以质量计算
0312001003001	支架刷红丹漆两遍	kg	与管道支架工程量相同

注意：①现场加工的支架含制作和安装费用，如果是成品支架安装则不计制作费。②管道支架除锈、刷油需要另列项计算。③管道支架清单算量。塑料管采用塑料管卡固定，一般不需计算；当管道较大，须采用型钢支架来固定时，需要计算其工程量，型钢支架按质量以"kg"来计算，计算方法为型钢支架质量＝型钢长度×型钢理论质量。

4. 在本部分进行工程计量时应注意的问题

（1）单件支架质量100kg以上的管道支吊架执行设备支吊架制作安装。

（2）成品支吊架安装执行相应管道支吊架或设备支吊架项目，不再计取制作费，支吊架本身价值含在综合单价中。

5. 套管工程量计算

（1）套管清单列项

1）清单项目的设置

清单项目的设置如表8.19所示。

表8.19　清单项目的设置

项目编码	项目名称	计量单位	计算规则
031002003001	套管	个	按设计图数量计算

注意：套管制作安装适用于穿基础、墙、楼板等部位的防水套管、填料套管、无填料套管及防火套管等，应分别列项。

2）清单项目的特征描述

①名称、类型：一般穿墙及过楼板套管、刚性防水套管、柔性防水套管。

②材质：钢制或者塑料。

③规格：管径。

④填料材质：指管道和套管之间需要填充的材料，如刚性防水套管的填充料为石棉绒和油麻。

（2）计算规则

1）柔性和刚性防水套管制作、安装，按所穿越的管道直径以"个"计算。

2）一般过楼板、过墙钢套管和塑料套管制作、安装，按设计要求（设计无具体规定的，按比穿越管道大一级或二级的管径）以"个"为计量单位。

3）管道穿过楼板或墙体时，要安装套管。当有防水要求时，安装防水套管；当没有防水要求时，安装普通套管。

4）套管的工作内容包括制作和安装两道工序。

一般管道支架清单项目的设置如表8.20所示。

表8.20 一般管道支架清单项目的设置

项目编码	项目名称	计量单位	规则
031002001002	管道支架制作安装采用40×4角钢	kg	按图示金属结构的质量以100kg计算
031201003002	支架刷红丹漆两遍	kg	按图示支架表面积计算

十一、管道附件

管道附件包括螺纹阀门、螺纹法兰阀门、焊接法兰阀门、带短管甲乙阀门、塑料阀门、减压器、疏水器、除污器（过滤器）、补偿器、软接头、法兰、水表、倒流防止器、热量表、塑料排水管消声器、浮标液面计、浮标水位标尺共17个分项工程。

1. 计算规则

（1）各种阀门、补偿器、软接头、普通水表、IC卡水表、水锤消除器、塑料排水管消声器安装，区分不同连接方式、公称直径，按设计图示数量以"个"计算。

（2）减压器、疏水器、水表、倒流防止器、热量表成组安装，区分不同组成结构、连接方式、公称直径，按设计图示数量以"组"计算。减压器安装，按高压侧的直径以"个"计算。

（3）卡紧式软管区分不同管径，按设计图示数量以"根"计算。

（4）法兰均区分不同公称直径，按设计图示数量以"副"计算。承插盘法兰短管区分不同连接方式、公称直径，按设计图示数量以"副"计算。

（5）浮标液面计、浮标水位标尺区分不同的型号，按设计图示数量以"组"计算。

（6）在进行本部分清单项目计量时，计算规则均需按设计图示数量，分别以"组""个""套"或"块"计算；值得注意的是，法兰有"副""片"之分，分别适用于成对安装或单片安装的情况。

2. 本部分进行工程计量时需要注意的问题

（1）法兰阀门安装包括法兰连接，不得另计。阀门安装如仅为一侧法兰连接，应在项目特征中描述。

（2）焊接法兰阀门，项目特征应对压力等级、焊接方法进行描述。塑料阀门连接形式需注明热熔连接、粘接、热风焊接等方式。

（3）减压器规格按高压侧管道规格描述。

（4）减压器、疏水器、水表等项目包括组成与安装工作内容，项目特征应根据设计要求描述附件配置情况，或描述根据××图集或××施工做法。

（5）水表安装项目，用于室外井内安装时以"个"计算；用于室内安装时，以"组"计算，综合单价中也包括表前阀。

3. 阀门清单列项

阀门清单编码设置参考工程量计算规范。

（1）阀门清单项目特征描述

描述清楚类型（是截止阀还是蝶阀）、规格（指公称直径）、材质（如果阀门是灰铸铁，可以省略不描述，如果材质为铜质，一定要描述清楚）。

（2）阀门的工程量计算

安装消耗量定额的阀门工程量计算：各种阀门安装均以"个"为计量单位。

阀门清单工程量计算规则：按设计图示数量计算，见表8.21。

表8.21 清单项目的设置

项目编码	项目名称	计量单位	计算规则
031003001001	不锈钢截止阀	个	按设计图示数量以"个"计算

十二、卫生器具

1. 计算规则

（1）各种卫生器具安装，按设计图示数量以"组"或"套"计算。

（2）大便槽、小便槽自动冲洗水箱安装，区分容积按设计图示数量以"套"计算。大、小便槽自动冲洗水箱制作不分规格，按实际质量以"kg"计算。

（3）小便槽冲洗管制作与安装，按设计图示长度计算，不扣除管件所占的长度。

（4）湿蒸房依据使用人数，按设计图示数量以"座"计算。

（5）隔油器安装，区分安装方式、进水管径，按设计图示数量以"套"计算。

2. 卫生器具清单列项

卫生器具清单项目的设置参考工程量计算规范，见表8.22。

表8.22　卫生器具清单项目的设置

项目编码	项目名称	计量单位	计算规则
031004003001	陶瓷盥洗槽	组	1
031004006001	蹲便器	组	1
031004014001	地漏	个	1
031004014001	地面清扫口	个	1

十三、给排水主要分部分项工程量实例计算

工程概况：本工程为7层某学校宿舍楼，每层楼层高均为3.3m。给排水如图8.30～图8.35所示。

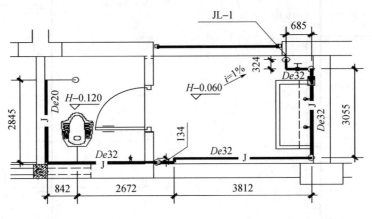

图8.30　卫生间给水平面图

工程的施工说明：

（1）本工程管道采用PP-R给水管，热熔连接，排水管道采用PVC-U硬聚氯乙烯管，零件粘接。

（2）入户管穿基础位置设置刚性防水钢套管，管道穿楼板设置一般填料套管。

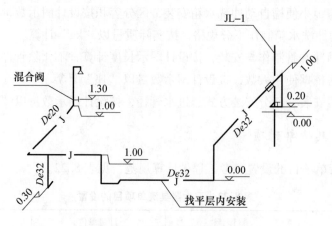

图 8.31　卫生间给水系统图

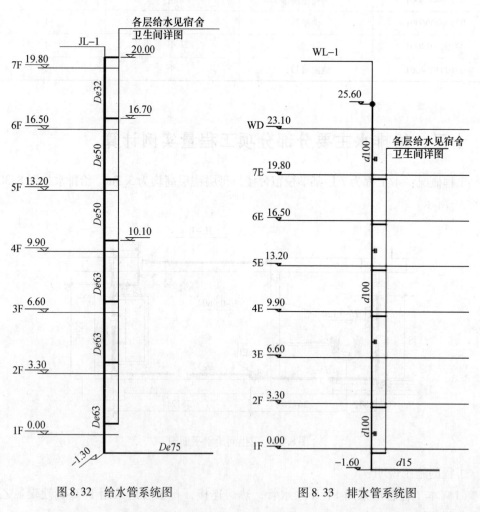

图 8.32　给水管系统图　　　　图 8.33　排水管系统图

（3）排水管道穿越楼板均设 UPVC 止水环。给水管道、排水管道穿越屋面楼板均设刚性防水套管。

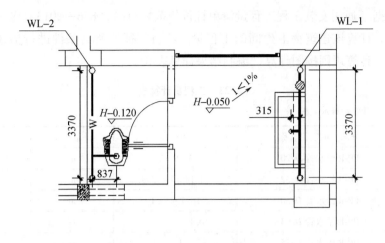

图 8.34 卫生间排水平面图

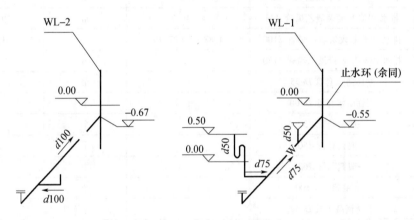

图 8.35 卫生间排水系统图

（4）管道穿钢筋混凝土墙、楼板、梁时，应根据图中所标注管道标高、位置配合土建工序预留或预埋套管；管道穿地下室外墙时，应预埋刚性防水套管。排水管道出户的第一个排水检查井距建筑外墙 1.5m。

（5）阀门采用不锈钢截止阀，工作压力为 1.0MPa。清扫口表面与地面平齐。全部给水配件均采用节水型产品。

（6）给水管道安装完毕应做水压试验、水冲洗及消毒冲洗，要求以不小于 1.5m/s 的流速进行冲洗，排水管道安装完毕应做闭水试验，干、立管做通球试验。

（7）卫生器具：蹲式陶瓷大便器，自闭冲洗阀；陶瓷洗手盆；地面设置铸铁地漏，地漏均为防臭地漏。大便器排水末端设置地面扫出口。卫生器具均为节水型生活用水器具。卫生洁具给水及排水五金配件应采用与卫生洁具配套的节水型。

（8）图中标高以"m"计，其余以"mm"计。

根据《建设工程工程量清单计价规范》（GB 50500—2013）和《通用安装工程工程量计算规范》（GB 50856—2013）的规定，编制该工程的分部分项工程量清单。

解 根据《通用安装工程工程量清单计价规范》（GB 50856—2013）及工程的施工说明及图纸，计算该建筑物卫生间的工程量。项目特征按所给条件进行描述，工程数量依据工程量计算规则按图计算，编制结果详见表 8.23。

表 8.23 工程量计算表

工程名称：某建筑给排水工程

序号	分部分项工程名称	计算式	计量单位	工程数量
1	PP-R 给水管 $De20$	3.69×7	m	25.83
2	PP-R 给水管 $De32$	$14.18 \times 7 + 3.3$	m	102.56
3	PP-R 给水管 $De50$	$16.7 - 10.1$	m	6.60
4	PP-R 给水管 $De63$	$10.1 - (-1.3)$	m	11.40
5	PP-R 给水管 $De75$	1.5	m	1.50
6	排水 PVC-U 硬聚氯乙烯管 $d50$	1.10×7	m	7.70
7	排水 PVC-U 硬聚氯乙烯管 $d75$	4.24×7	m	29.68
8	排水 PVC-U 硬聚氯乙烯管 $d100$	$4.88 \times 7 + 27.40$	m	61.56
9	排水 PVC-U 硬聚氯乙烯管 $d150$	1.5	m	1.50
10	刚性防水套管 $De75$	1	个	1
11	刚性防水套管 $D100$	1	个	1
12	一般钢套管 $d32$	1	个	1
13	一般钢套管 $d50$	2	个	2
14	一般钢套管 $d63$	3	个	3
15	一般钢套管 $d100$	1	个	7
16	不锈钢截止阀 $De32$	1	个	7
17	陶瓷盥洗槽	1	组	7
18	蹲便器	1	组	7
19	地漏 $d50$	1	个	7
20	地面清扫口 $d75$	1	个	7
21	地面清扫口 $d100$	1	个	7

工程量计算过程（以上图中的管道工程量进行举例计算）：

（1）给水管道：

$De20$：支管 3.687［水平长度］［蹲便器至淋浴器］$= 3.69$（m）

共计 $3.69 \times 7 = 25.83$（m）［共 7 层］

$De32$：支管 10.682［水平长度之和］［JL-1 立管处至蹲便器］$+ (1.00 - 0.20) \times (1.00 - 0.00) + (1.00 - 0.00)$［竖直长度］［给水立管］$+ (1.00 - 0.3)$［竖直长度］［连接蹲便器竖直管道］$= 14.18$（m）

立管 $(20.00 - 16.70)$［JL-01 给水立管］$= 3.3$（m）

共计 14.18×7［共 7 层］$+ 3.3 = 102.56$（m）

$De50$：立管$(16.70-10.1)$［竖直长度］［JL-01 给水立管］$=6.60$（m）

$De63$：立管$[10.10-(-1.30)]$［竖直长度］［JL-01 给水立管］$=11.40$（m）

$De75$：引入管1.5［水平长度］［外墙皮$1.5m$处］$=1.50$（m）

（2）排水管道：

$d50$：支管$[0.00-(-0.55)]+[0.00-(-0.55)]$［竖直长度］［地漏、盥洗槽的排水短支管］$=1.10$(m)

共计1.10×7［共7层］$=7.70$（m）

$d75$：支管3.685［水平长度之和］［WL-1 至清扫口及排水栓处］$+[0.00-(-0.55)]$［竖直长度］［清扫口的排水短支管］$=4.24$（m）

共计$4.24\times7=29.68$(m)［共7层］

$d100$：支管4.207［水平长度之和］［WL-2 至清扫口及蹲便器］$+[0.00-(-0.67)]$［竖直长度］［蹲便器的排水短支管］$=4.88$（m）

立管$[25.6-(-1.80)]$［WL-1 污水主立管］$=27.40$（m）

共计$4.88\times7+27.40=61.56$（m）

注：WL-2 主立管未列图，未计入本次工程量。

$d150$：1.5［水平长度］［外墙皮$1.5m$处］$=1.50$（m）

将表8.23工程量填入工程量计算清单，如表8.24所示。

表8.24　分部分项工程量计算清单

工程名称：某建筑给排水工程

序号	项目编码	项目名称	项目特征描述	计量单位	工程量
1	031001001001	PP-R 给水管 $De20$	1. 安装部位：室内 2. 介质：给水 3. 规格：$De20$ 4. 连接形式：热熔连接 5. 压力试验及吹、洗设计要求：水压试验、水冲洗	m	25.83
2	031001001002	PP-R 给水管 $De32$	1. 安装部位：室内 2. 介质：给水 3. 规格：$De32$ 4. 连接形式：热熔连接 5. 压力试验及吹、洗设计要求：水压试验、水冲洗	m	17.48
3	031001001003	PP-R 给水管 $De50$	1. 安装部位：室内 2. 介质：给水 3. 规格：$De50$ 4. 连接形式：热熔连接 5. 压力试验及吹、洗设计要求：水压试验、水冲洗	m	6.60

续表

序号	项目编码	项目名称	项目特征描述	计量单位	工程量
4	031001001004	PP-R 给水管 De63	1. 安装部位：室内 2. 介质：给水 3. 规格：De63 4. 连接形式：热熔连接 5. 压力试验及吹、洗设计要求：水压试验、水冲洗	m	11.40
5	031001001005	PP-R 给水管 De75	1. 安装部位：室内 2. 介质：给水 3. 规格：De75 4. 连接形式：热熔连接 5. 压力试验及吹、洗设计要求：水压试验、水冲洗	m	1.50
6	031001005001	排水 PVC-U 硬聚氯乙烯管 d50	1. 安装部位：室内 2. 介质：排水 3. 规格：PVC-U 硬聚氯乙烯管、d50 4. 连接形式：粘接 5. 吹、洗设计要求：闭水试验、通球试验	m	1.10
7	031001005002	排水 PVC-U 硬聚氯乙烯管 d75	1. 安装部位：室内 2. 介质：排水 3. 规格：PVC-U 硬聚氯乙烯管、d75 4. 连接形式：粘接 5. 吹、洗设计要求：闭水试验、通球试验	m	3.69
8	031001005003	排水 PVC-U 硬聚氯乙烯管 d100	1. 安装部位：室内 2. 介质：排水 3. 规格：PVC-U 硬聚氯乙烯管、d100 4. 连接形式：粘接 5. 吹、洗设计要求：闭水试验、通球试验	m	32.28
9	031001005004	排水 PVC-U 硬聚氯乙烯管 d150	1. 安装部位：室内 2. 介质：排水 3. 规格：PVC-U 硬聚氯乙烯管、d150 4. 连接形式：粘接 5. 吹、洗设计要求：闭水试验、通球试验	m	1.50

续表

序号	项目编码	项目名称	项目特征描述	计量单位	工程量
10	031002003001	刚性防水套管 $d75$	1. 名称、类型：刚性防水套管、成品 2. 材质：带翼环钢管 3. 规格：$d75$ 4. 填料材质：水泥、填充绒	个	1
11	031002003002	刚性防水套管 $d100$	1. 名称、类型：刚性防水套管、成品 2. 材质：带翼环钢管 3. 规格：$d100$ 4. 填料材质：水泥、填充绒	个	1
12	031002003004	一般钢套管 $d32$	1. 名称、类型：一般钢套管、成品 2. 材质：钢管 3. 规格：$d32$ 4. 填料材质：油麻、密封油	个	1
13	031002003005	一般钢套管 $d50$	1. 名称、类型：一般钢套管、成品 2. 材质：钢管 3. 规格：$d50$ 4. 填料材质：油麻、密封油	个	2
14	031002003006	一般钢套管 $d63$	1. 名称、类型：一般钢套管、成品 2. 材质：钢管 3. 规格：$d63$ 4. 填料材质：油麻、密封油	个	3
15	031002003007	一般钢套管 $d100$	1. 名称、类型：一般钢套管、成品 2. 材质：钢管 3. 规格：$d100$ 4. 填料材质：油麻、密封油	个	7
16	031003001001	不锈钢截止阀 $De32$	1. 类型：截止阀 2. 材质：不锈钢 3. 规格、压力等级：$De32$、1.6MPa	个	7
17	031004003001	陶瓷盥洗槽	1. 材质：陶瓷 2. 规格、类型：台上式 3. 附件名称：排水栓、S形存水弯	组	7
18	031004006001	蹲式大便器	1. 材质：陶瓷 2. 规格、类型：蹲式大便器 3. 组装形式：脚踏阀	组	7
19	031004014001	地漏	1. 材质：不锈钢 2. 型号、规格：$d50$ 3. 安装方式：独立安装	个	7

序号	项目编码	项目名称	项目特征描述	计量单位	工程量
20	031004014002	地面清扫口	1. 材质：PVC-U 塑料 2. 型号、规格：d75 3. 安装方式：独立安装	个	7
21	031004014003	地面清扫口	1. 材质：PVC-U 塑料 2. 型号、规格：d100 3. 安装方式：独立安装	个	7

以 PP-R 塑料给水管 De20 为例，分部分项工程清单综合单价分析表如表 8.25 所示。

表 8.25　综合单价分析表

项目编码	030404017001	项目名称	PP-R 给水管 De20				计量单位	m	工程量		3.69

					清单综合单价组成明细						
定额编号	定额项目名称	单位	数量	单价（元）				合价（元）			
				人工费	材料费	施工机具使用费	管理费和利润	人工费	材料费	施工机具使用费	管理费和利润
CK0479	室内 PP-R 塑料给水管 De20	10m	0.1	82.9	10.3	0.1	44	8.29	1.03	0.01	4.4
人工单价				小计				8.29	1.03	0.01	4.4
70、90、120 元/工日				未计价材料费（元）				1.84			
清单项目综合单价（元）								15.8			

	主要材料名称、规格		单位	数量	单价（元）	合价（元）	暂估单价（元）	暂估合价（元）
材料费明细	室内 PP-R 塑料给水管 De20		m	1.016	1.81	1.84		
	其他材料费（元）					1.03		
	材料费小计（元）					2.87		

第二节　建筑电气工程计量

一、建筑电气工程简介

1. 建筑电气工程基础知识

（1）照明供配电系统组成

照明供配电系统是指由电源（变压器或室外供电网络）引向室内照明灯具的配电

线路，如图 8.36 所示。

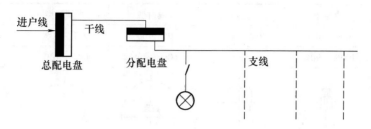

图 8.36 照明供配电系统组成

（2）照明的基本知识

照明按用途可分为正常照明、应急照明、值班照明、警卫照明、障碍照明、景观照明。

1）正常照明：在正常情况下使用的室内外照明。所有居住房间和工作、运输、人行车道以及室内外庭院和场地等，都应设置正常照明。

2）应急照明：因正常照明的电源失效而启动的照明。它包括备用照明、安全照明和疏散照明。所有应急照明必须采用能瞬时可靠点燃的照明光源，一般采用白炽灯和卤钨灯。

①备用照明：用于确保正常活动继续进行的照明。在由于工作中断或误操作容易引起爆炸、火灾和人身伤亡或造成严重政治后果和经济损失的场所，如医院的手术室和急救室、商场、体育馆、剧院等，以及变配电室、消防控制中心等，都应设置备用照明。

②安全照明：用于确保处于潜在危险之中的人员安全的照明。如使用圆形锯：处理热金属作业和手术室等处应装设安全照明。

③疏散照明：用于确保疏散通道被有效辨认和使用的照明。对于一旦正常照明熄灭或发生火灾，将引起混乱的人员密集的场所，如宾馆、影剧院、展览馆、大型百货商场、体育馆、高层建筑的疏散通道等，均应设置疏散照明。

3）值班照明：非工作时间为值班所设置的照明。值班照明宜利用正常照明中能单独控制的一部分或利用应急照明的一部分或全部。

4）警卫照明：为改善对人员、财产、建筑物、材料设备的保卫和警戒而采用的照明。如用于警戒以及配合闭路电视监控而配备的照明。

5）障碍照明：在建筑物上装设的作为障碍标志的照明，称为障碍照明。例如为保障航空飞行安全，在高大建筑物和构筑物上安装的障碍标志灯，障碍标志灯的电源应按主体建筑中最高负荷等级要求供电。

6）景观照明：用于室内外特定建筑物、景观而设置的带艺术装饰性的照明，包括装饰建筑外观照明、喷泉水下照明、用彩灯勾画建筑物的轮廓、室内景观投光以及广告照明等。

（3）照明灯具的分类及特性

1）国际照明学会按光通量在上下半球空间分配比例的分类（表 8.26）

表 8.26　灯具按光通量在上下半球空间分配比例的分类

类型	直接型	半直接型	漫射型	半间接型	间接型
上半球光通量	0%～10%	10%～40%	40%～60%	60%～90%	90%～100%
下半球光通量	100%～90%	90%～60%	60%～40%	40%～10%	10%～0%
配光曲线代表形状					
特点	①光线集中在下半部，工作面上可得到高照度。②光线利用率高，适用于高大厂房的一般照明	①下半部光线仍占优势，空间也得到适当照度。②眩光比直接型小	①空间各方向光强基本一致，可达到无眩光。②适用于需要创造环境气氛的场所	①向下光线只有一小部分，增加了反射光的作用，可使光线柔和。②光线利用率较低，一般不太采用	①光线向上射，顶棚变成二次发光体，光线柔和、均匀。②光线利用率低，故很少采用

2）按灯具结构分类

①开启式灯具，光源与外界环境直接相通。

②保护式灯具具有闭合的透光罩，但内外仍能自然通气，如半圆罩顶棚灯和乳白玻璃球形灯等。

③密封式灯具透光罩将灯具内外隔绝，如防水防尘灯具。

④防爆式灯具在任何条件下，不会因灯具引起爆炸的危险，如图 8.37 所示。

此外，常用的白炽灯具还有如图 8.38 所示的深照型灯、配照型灯和广照型灯等，属于直射型灯具，这些都是工厂中常用的照明灯具。

图 8.37　防爆灯

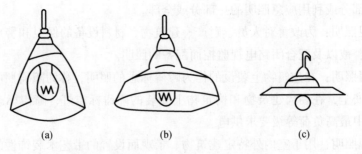

图 8.38　常用照明灯具

（a）深照型灯；（b）配照型灯；（c）广照型灯

3）按灯具用途分类

①功能为主的灯具指那些为了符合高效率和低眩光的要求而采用的灯具，如商店

用荧光灯、路灯、室外用投光灯和陈列用聚光灯等。

②装饰为主的灯具装饰用灯具一般由装饰性零部件围绕光源组合而成，其形式从简单的普通吊灯到豪华的大型枝形吊灯。

4）按灯具安装方式分类

灯具按安装方式可分为自在器线吊式、固定线吊式、防水线吊式、人字线吊式、杆吊式、链吊式、座灯头式、吸顶式、壁式和嵌入式等。

（4）常用照明电光源

照明用的电光源按发光原理可分为两大类：热辐射光源和气体放电光源。常用的热辐射光源有白炽灯、卤钨灯；气体放电光源有荧光灯、荧光高压汞灯、金属卤化物灯、高压钠灯、管形氙灯等。下面主要介绍白炽灯、卤钨灯、荧光灯和荧光高压汞灯。

1）白炽灯

白炽灯主要由灯头、灯丝、玻璃泡组成。它的结构简单，价格低廉，使用方便，启动迅速，而且显色性好，因此得到广泛使用。但它的发光效率低，使用寿命也较短。

2）卤钨灯

卤钨灯是在白炽灯基础上改进而成的。卤钨灯由灯丝（钨丝）和耐高温的石英灯管组成，光源的使用寿命较白炽灯长。

卤钨灯具有体积小、寿命长、发光效率高等优点，但使用了石英玻璃管，故价格较贵。卤钨灯功率一般较大，主要用于大面积照明场所或投光灯。在使用时应水平安装，最大倾斜角不大于4°，否则将会破坏卤钨循环，严重影响使用寿命；卤钨灯耐震性也较差，不得装在易震场所。工作时的管温约为600℃，故不得与易燃物接近，且不允许用人工冷却措施（如电扇吹、水淋等），以保证正常的卤钨循环。

3）荧光灯

荧光灯俗称日光灯，是目前广泛使用的一种电光源。荧光灯电路由灯管、镇流器、启辉器三个主要部件组成，其接线如图8.39所示。

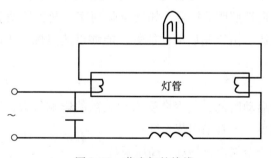

图 8.39　荧光灯的接线

荧光灯的发光效率比白炽灯高得多。在使用寿命方面，荧光灯也优于白炽灯。但是荧光灯的显色性稍差（其中日光色荧光灯的显色性较好），特别是它的频闪效应，容易使人眼产生错觉，人眼会将一些旋转的物体误为不动的物体，因此它在有旋转机械的车间很少采用，如要采用，则一定要消除频闪效应。

照明用荧光灯有几种光色：日光、冷白光、暖白光。目前应用最广泛的是日光色荧光灯。

4）荧光高压汞灯

荧光高压汞灯又叫高压水银灯，它是靠高压汞蒸气放电而发光的。这里所谈的"高压"是指工作状态下灯管内气体压力为 1～5 个大气压，以区别于一般低压荧光灯（普通荧光灯只有 6～10 毫米汞柱的压力，1 个大气压＝76 毫米汞柱）。

5）发光二极管（LED 灯）

LED 是电致发光的固体半导体高亮度点光源，可辐射各种色光和白光、0～100% 光输出（电子调光）。具有寿命长、耐冲击和防振动、无紫外和红外辐射、低电压下工作安全等特点。LED 的缺点：单个 LED 功率低，为了获得大功率，需要多个并联使用，并且单个大功率 LED 价格很贵；显色指数低，在 LED 照射下显示的颜色没有白炽灯真实。

此外，还有以下几种：①金属卤化物灯适用于较繁华的街道及要求照度高、显色性好的大面积照明场所；②高压钠灯，适用于室外需要高照度的场所（如道路、桥梁、体育场馆、大型车间）；③管形氙灯（长弧氙灯），显色性好，功率大，光效高，俗称"人造小太阳"，适用于广场、机场、海港等照明。

（5）光源与灯具的选择

1）光源的选择

光源的种类应根据对照明的要求、使用场所的环境条件和光源的特点合理选用。

由于光源种类在很大程度上决定了照明灯具的形式、布置及照明配电线路，因此，在选择光源种类时，关于光源的技术经济比较，实际上应包括整个照明装置的比较。

①白炽灯

光源的安装功率由照度计算的结果来决定。白炽灯的优点是体积小，容易借助于灯具得到准确的光通量分布，显色性比较好，费用较低，因此在许多场所得到广泛应用。要求显色性、方向性照明的场合，如展览陈列室、橱窗照明和远距离投光照明等常采用白炽灯作为光源。由于其启动性能好，能够迅速点燃，所以事故照明一般也采用白炽灯。

②荧光灯

荧光灯有一定的启动时间，其寿命受启动次数的影响很大，所以在开关比较频繁和使用时间较短的场所，不宜采用荧光灯。

③荧光高压汞灯、金属卤化物灯、高压汞灯

荧光高压汞灯、金属卤化物灯、高压汞灯等高强度放电灯的功率大，发光效率高，寿命长，光色也较好，在经常使用照明的高大厅堂及露天场所，特别是维护比较困难的体育馆和其他体育竞赛场所等，可以广泛采用。为了改善这类放电灯的光色，在室内场所常采用混光照明方式，例如荧光灯、高压汞灯与白炽灯混光，或荧光高压汞灯与高压钠灯混光等。

④高压钠灯

高压钠灯的发光效率很高，但光色应带有明显的黄色色调，故目前以用于露天场所为主。随着生产技术的改进，使光色得到改善，用于室内也会逐渐增多。

⑤发光二极管（LED灯）

它主要用于：交流电源、开关、插座、保险管座指示灯，LED广告招牌灯，LED单色或者彩色显示屏，LED路灯、汽车信号灯和LED电动车照明灯等。

2）灯具的选择

灯具的选择与使用环境、配光特性有关。在选用灯具时，一般要考虑以下几个因素。

①光源：选用的灯具必须与光源的种类和功率完全适用。

②环境条件：灯具要适应环境条件的要求，以保证安全耐用和有较高的照明效率。

③光分布：要按照对光分布的要求来选择灯具，以达到合理利用光通量和减少电能消耗的目的。

④限制眩光：由于眩光作用与灯具的光强、亮度有关，当悬挂高度一定时，则可根据限制眩光的要求选用合适的灯具形式。

⑤经济性：按照经济性原则选择灯具，主要考虑照明装置的基建费用和年运行维修费用。

⑥艺术效果：因为灯具还具有装饰空间和美化环境的作用，所以应注意在可能条件下的美观，强调照明艺术效果。

（6）照明节能方法

1）采用高效光源

不应采用普通照明白炽灯；优先使用细管荧光灯和紧凑型荧光灯；逐步减少高压汞灯的使用，特别是不应随意使用自镇流高压汞灯；积极推广高效、长寿命的LED灯。

2）采用高效率节能灯具

在满足眩光限制要求下，应选择直接型灯具，室内灯具效率≥70%，室外灯具效率≥55%；根据使用场所不同，选择控光合理的灯具；选用光通量维持率好的灯具；采取光利用系数高的灯具。

3）优选气体放电灯启动设备

电子镇流器与电感镇流器相比较，具有启动电压低、噪声小、温升低、质量轻、无频闪等优点，节电大于10%。其本身功耗也比电感镇流器降低50%～75%，综合电输入功率降低18%～23%，节电效益显著。

4）照明方式合理

应选用合适的照明方式。照度要求较高的场所采用混合照明，少用一般照明，适当采用分区一般照明方式。

5）灯具控制方案先进

可采取分区控制灯光和适当增加照明开关点；选择合适的节电开关和管理措施；公共场所照明、室外照明，可采用集中控制遥控管理或自动控光装置。

2. 建筑电气工程常用设备、安装材料

（1）电线、电缆

配电线路中使用的导线主要有电线与电缆。为便于选择使用，这里简介电线、电缆的种类、基本特征与型号。

1）常用绝缘导线的型号、规格、特性及应用方法

按绝缘材料的不同，电线可分为聚氯乙烯绝缘线、橡皮绝缘线。

①聚氯乙烯绝缘线（通称塑料绝缘线）

这类电线绝缘性能良好，制造工艺简便，价格便宜，大量生产，应用广泛。其缺点是对气温适应性能较差，低温时易变硬发脆，高温或阳光下绝缘老化较快，不宜在室外敷设。

主要型号有 BLV、BV、BVR、BLVV、BVV。上述型号中有字母"L"的为铝芯线，无此字母为铜芯线。字母为"V"表示塑料绝缘护套，只有 1 个字母 V 的为单层，有两个字母 V 的为双层。

②橡皮绝缘线

这类电线弯曲性能较好，对气温适应性较广，有棉纱编织和玻璃丝编织两种。后一种可用于室外架空线或进户线，棉纱编织有延燃易霉的缺点。

主要型号有 BLX、BX（棉纱编织），以及 BBLX、BBX（玻璃丝编织）。

③（氯丁）橡皮绝缘线

这类电线具有前两类电线的优点，且耐油性能好，不易霉，不延燃，适应气温性能好，老化较慢，适宜作为室外架空线或进户线用，缺点是绝缘层机械强度比橡皮线低。

主要型号有 BLXF、BXF。

2）电力电缆的型号、规格、特性及应用方法

电缆的结构包括导电芯、绝缘层、铅包或铝包和保护层几个部分。从导电芯来看，有铜芯和铝芯电缆；按芯数又可分为单芯、双芯、三芯及四芯等。

①油浸纸绝缘电力电缆

该电缆有铅包和铝包两种护套，其特点是耐热性能强，耐电压强度高，介质损耗低，使用寿命长。但弯曲性较差，绝缘层内有油介质，不能在过低温度和两端高度差过大的情况下敷设。铅包护套质软，韧性好，化学性能稳定，但价格较贵；铝包护套轻，成本低，但加工较难。

主要型号有 ZQ、ZLQ（铅包）和 ZL、ZLL（铝包）。

②聚氯乙烯、绝缘聚氯乙烯护套电力电缆（全塑料电缆）

电缆的绝缘性能、弯曲性、抗腐蚀性能均较好，且护套轻，耐油、耐酸、碱腐蚀，不延燃，接头制作简便，价格便宜。缺点是绝缘电阻率较油浸纸低，介质损耗大，某些场合如含有三氯乙烯等化学物质的情况下不适用。

3）电线导管的分类、规格、特性及应用方法

①金属管

a. 厚壁钢管（水煤气管）

水煤气钢管用作电线、电缆的保护管，可以暗配于一些潮湿场所或直埋于地下，也可以沿建筑物、墙壁或支吊架敷设。

b. 薄壁钢管（电线管）

电线管多用于敷设在干燥场所的电线、电缆的保护管，可明敷或暗敷。

c. 金属波纹管

金属波纹管也叫金属软管或蛇皮管，主要用于设备上的配线，如冷水机组、水泵等。

d. 普利卡金属套管

普利卡金属套管是电线、电缆保护套管的更新换代产品，其种类很多，但其基本结构类似，都是由镀锌钢带卷绕成螺纹状，属于可挠性金属套管。它具有搬运方便、施工容易等特点。可用于各种场合的明、暗敷设和现浇混凝土内的暗敷设。

LZ-3 型为单层可挠性电线保护管，外层为镀锌钢带（FeZn），里层为电工纸（P），主要用于室内装修和电气设备及低压室内配线。其构造如图 8.40 所示。

图 8.40　LZ-3 型普利卡金属套管

LZ-4 型（图 8.41）为双层金属可挠性保护管，属于基本型，外层为镀锌钢带（FeZn）；中间层为冷轧钢带（Fe），里层为电工纸（P）。金属层与电工纸重叠卷绕呈螺旋状，再与卷材方向相反地施行螺纹状折褶，构成可挠性。

图 8.41　LZ-4 型普利卡金属套管

②塑料管

a. PVC 塑料管

PVC 硬质塑料管适用于民用建筑或室内有酸、碱腐蚀性介质的场所。环境温度在 40℃以上的高温场所不应使用。在经常发生机械冲击、碰撞、摩擦等易受机械损伤的场所也不应使用。PVC 塑料管配管工程中，应使用与管材相配套的各种难燃材料制成的附件。

b. 半硬塑料管

半硬塑料管多用于一般居住和办公建筑等干燥场所的电气照明工程中，暗敷布线。

半硬塑料管可分为难燃平滑塑料管和难燃聚氯乙烯波纹管（简称塑料波纹管）两种。

（2）管材支持材料

1）U形管卡

U形管卡用圆钢煨制而成，安装时与钢管壁接触，两端用螺母紧固在支架上，如图8.42所示。

2）鞍形管卡

鞍形管卡用钢板或用扁钢制成，与钢管壁接触，两端用木螺钉、胀管直接固定在墙上，如图8.43所示。

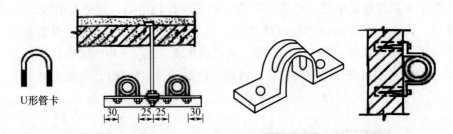

图8.42　U形管卡　　　　　　　　图8.43　鞍形管卡

3）塑料管卡

用木螺钉、胀管将塑料管卡直接固定在墙上，然后用力把塑料电线管压入塑料管卡中，如图8.44所示。

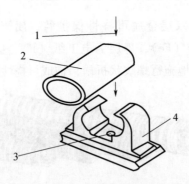

图8.44　塑料电线管压入塑料管卡

1—方向向下压；2—塑料电线管；3—安装固定孔；4—开口管卡

（3）固结材料

常用的固结材料除一般常见的圆钉、扁头钉、自攻螺钉、铝铆钉及各种螺钉外，还有直接固结于硬质基体上所采用的水泥钢钉、射钉、塑料胀管和膨胀螺栓。

1）水泥钢钉

水泥钢钉是一种直接打入混凝土、砖墙等的手工固结材料。操作时最好先将钢钉钉入被固定件内，再往混凝土、砖墙等上钉。

2）射钉

射钉是采用优质钢材，经过加工处理后制成的新型固结材料，具有很高的强度和良好的韧性。利用射钉固结，便于现场及高空作业，施工快速、简便，劳动强度低，操作安全可靠。射钉分为普通射钉、螺纹射钉和尾部带孔射钉，如图 8.45 所示。射钉弹、射钉和射钉枪必须配套使用。

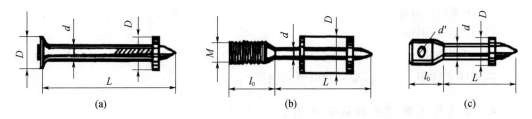

图 8.45　射钉构造示意图

（a）普通射钉（平头射钉）；（b）螺纹射钉；（c）尾部带孔射钉

3）膨胀螺栓

膨胀螺栓由底部呈锥形的螺栓、能膨胀的套管、平垫圈、弹簧垫片及螺母组成。

4）塑料胀管

塑料胀管系以聚乙烯、聚丙烯为原料制成，如图 8.46 所示。

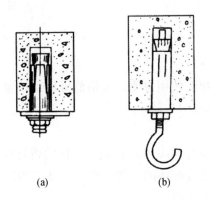

图 8.46　塑料胀管

（a）塑料胀管外形图；（b）塑料胀管安装示意图

（4）绝缘材料

电工常用的绝缘材料按其化学性质不同，可分为无机绝缘材料、有机绝缘材料和混合绝缘材料。

3. 开关及插座

（1）开关的分类及特性

房屋建筑工程中常用的照明开关有拉线开关；翘板开关暗装；翘板开关明装；单

控开关；双控开关。

（2）插座的分类及特性

房屋建筑工程中常用的插座如下。

1）单相普通插座

五孔插座：一般为 10A，用于小型家用电器。三孔插座：一般为 16A，用于热水器、空调等大功率的电器。

2）单相电热插座。

3）单相空调插座。

4）三相插座

三相四孔插座，用于需要三相电源的电器。

4. 建筑电气照明工程施工工艺

（1）电气设备安装施工工艺

下面主要介绍常用低压设备的安装施工工艺：

1）低压电器及其作用

凡对电能的产生、输送、分配和使用起控制、调节、检测、转换及保护作用的电气设备，统称为电器。工作在交流 1000V 以下、直流 1200V 以下的电器称为低压电器。

2）熔断器和刀开关

①熔断器

a. 熔断器的用途

熔断器是一种结构简单、使用方便、价格低廉的保护电器，用于供电线路及电气设备的短路和严重过载保护。

b. 熔断器的结构

熔断器主要由熔体（俗称保险丝）和安装熔体的熔管或熔座两部分组成。熔体是熔断器的核心部件；熔管是装熔体的外壳。熔管及熔管内的填充材料可防止熔体熔断时金属液滴飞溅并兼有灭弧作用。

c. 熔断器的符号

熔断器的图形符号和文字符号如图 8.47 所示。

FU

图 8.47　熔断器的图形符号和文字符号

d. 熔断器的类型

熔断器分为瓷插式熔断器、螺旋式熔断器、无填料封闭管式熔断器、有填料封闭管式熔断器、有填料快速式熔断器。

e. 熔断器的主要技术参数

熔断器的主要技术参数有额定电压、熔体额定电流、熔断器额定电流。

部分常用熔断器的主要技术参数见表 8.27、表 8.28。

表 8.27　RL6 系列熔断器的主要技术参数

型号	额定电压（V）	额定电流（A）	
		熔断器	熔体
RRL6-25	交流 500	25	2，4，6，10，16，20，25
RRL6-63		63	35，50，63
RRL6-100		100	80，100
RRL6-200		200	125，160，200

表 8.28　RT12 系列熔断器的主要技术参数

型号	额定电压（V）	额定电流（A）	
		熔断器	熔体
RT12-20	交流 415	20	2，4，6，10，16，20
RT12-32		32	20，25，32
RT12-63		63	32，40，50，63
RT12-100		100	63，80，100

f. 熔断器的选择

应根据线路要求、使用场合和安装条件选择熔断器。其电压应不小于实际电路的工作电压，电流应不小于所装熔体的额定电流。

②刀开关

a. 刀开关的用途

刀开关又称闸刀开关，主要在配电设备中用来将电路与电源隔离，故又称为电源隔离开关。刀开关也可作为不频繁地接通与分断电路之用，还可对小容量电动机直接进行控制。

b. 刀开关的符号

刀开关的图形符号和文字符号如图 8.48 所示。

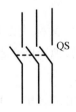

图 8.48　刀开关的图形符号和文字符号

c. 刀开关的型号

大容量刀开关的型号一般由七部分组成，其含义如图 8.49 所示。

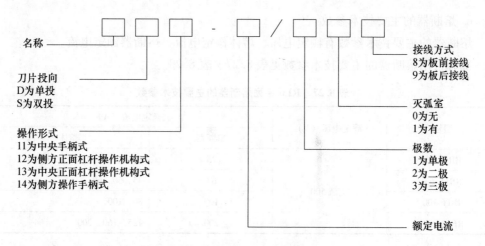

图 8.49　大容量刀开关的型号

其他刀开关的型号一般由五部分组成，其含义如图 8.50 所示。

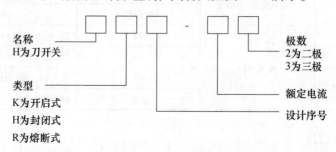

图 8.50　其他刀开关的型号

d. 刀开关的类型

大容量刀开关。适用于低压成套配电装置中，作为隔离开关或作为不频繁地通断一定容量的交流、直流电路用。常用产品有 HD11、HS11、HD12、HS12、HD13、HS13、HD14 系列。

开启式负荷开关。开启式负荷开关的常用产品有 HK1、HK2 系列。一般作为电灯、电阻和电热等回路的控制开关用，也可作为小型异步电动机的手动不频繁操作的直接启动及分断用。

封闭式负荷开关。封闭式负荷开关又称铁壳开关，常用产品有 HH3、HH4 系列。可以作电器隔离，也可以供手动不频繁地通断负载的照明、电热及交流异步电动机的直接启动电路。

熔断器式刀开关。适用于低压配电网络中，不频繁地通断电路以及对电气设备及线路起短路和过载保护。常用产品有 HR3、HR5、HR15 系列。

e. 刀开关的主要技术参数

部分常用刀开关的主要技术参数见表 8.29 和表 8.30。

表 8.29 HD、HS 系列刀开关的主要技术参数

编号	型号及结构形式	极数	额定电流（A）
1	HD11 中央手柄式	1、2、3	100，200，400
2	HD（S）11 中央手柄式		100，200，400，600，1000
3	HD（S）12 侧方正面杠杆操作机构式（装有灭弧室）	2、3	100，200，400，600，1000
4	HD（S）12 侧方正面杠杆操作机构式（无灭弧室）		100，200，400，600，1000
5	HD（S）13 中央正面杠杆操作机构式（装有灭弧室）		100，200，400，600，1000
6	HD（S）13 中央正面杠杆操作机构式（无灭弧室）		100，200，400，600，1000

表 8.30 HH3、HH4 系列刀开关的主要技术参数

型号		极数	额定电压（V）	熔体额定电流（A）
HH3	100 型	2、3、3 + 中性座	250 或 500	10，15，20，30，60，100
	200 型			100，200
HH4		2、3、3 + 中性座	250 或 500	15，30，60

f. 刀开关的选择

应根据线路要求、使用场合和安装条件选择刀开关。电压应不小于线路的额定电压。电流应大于所控制的各支路负载额定电流之和；对电动机负载，额定电流的选取应按其启动电流确定。

一般按下式确定：

$$I_R > I_D$$

式中 I_R——刀开关额定电流；

I_D——电动机额定电流。

3）低压断路器

①低压断路器的用途

低压断路器又称为自动空气开关，可用来分配电能、不频繁地直接启动电动机，并具有短路、过载与欠压保护功能。其功能相当于刀开关、熔断器、热继电器及欠电压继电器的组合。

②低压断路器的结构

如图 8.51 所示是 DZ5-20 型低压断路器的结构图。低压断路器一般由感测元件、执行元件和传递元件组成。

a. 感测元件

感测元件主要有电磁脱扣器、热脱扣器和欠压脱扣器，能检测出运行电压、电流的异常状态并进行保护。

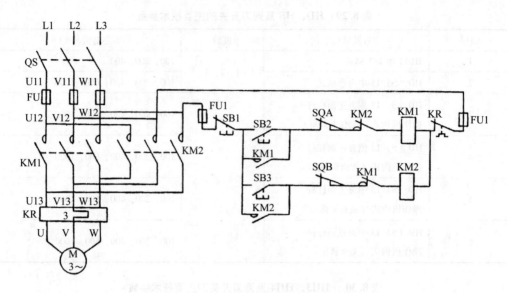

图 8.51　DZ5-20 型低压断路器的结构图

b. 执行元件

执行元件主要有触头和灭弧系统，能带负荷接通与断开电路。

c. 传递元件

传递元件由操作机构和自由脱扣机构组成，用于操作低压断路器接通和断开电路的动作。

③低压断路器的符号

低压断路器的图形符号和文字符号如图 8.52 所示。

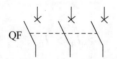

图 8.52　低压断路器的图形符号和文字符号

④低压断路器的种类

低压断路器按用途分为配电用断路器、保护电动机用断路器、保护照明线路及起触电保护作用的断路器；按结构形式分为框架式和塑料外壳式两种。

a. 框架式

框架式又称万能式，适用于大容量配电装置。

b. 塑料外壳式

塑料外壳式又称装置式，适用于照明、动力配电装置中，有时也用作不频繁地直接启动电动机。

⑤低压断路器的型号

常用的低压断路器型号有框架式断路器有 DW15、ME、AE、AH 等系列；塑料外壳式断路器有 DZ20、DZ47、C45N、3VE、TO、TG、TH、H 等系列。

低压断路器的型号一般由九部分组成，其含义如图 8.53 所示。

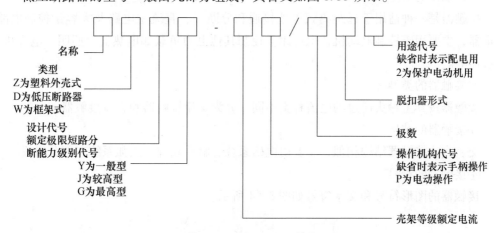

图 8.53　低压断路器的型号含义

⑥低压断路器的主要技术参数

DZ20 系列塑料外壳式断路器的主要技术参数如表 8.31 所示。

表 8.31　DZ20 系列塑料外壳式断路器的主要技术参数

型号	额定电压（V）	壳架等级额定电流（A）	断路器额定电流（A）	瞬时脱扣器电流整定值（A）
DZ20Y-00				
DZ20J-100		100	16，20，32，40，50，63，80，100	配电 $10I_N$ 保护电动机用 $12I_N$
DZ20G-100				
DZ20Y-200				
DZ20J-200	~380-220	200	100，125，160，180，200	配电用 $5I_N$，$10I_N$ 保护电动机用 $8I_N$，$12I_N$
DZ20G-200				
DZ20Y-400				
DZ20J-400		400	200，250，315，350，400	配电用 $5I_N$，$10I_N$ 保护电动机用 $12I_N$
DZ20G-400				
DZ20Y-630		630	500，630	配电用 $5I_N$，$10I_N$
DZ20J-630				
DZ20Y-1250		1250	630，700，800，1000，1250	配电用 $4I_N$，$7I_N$

注：I_N 为断路器额定电流。

⑦低压断路器的选择

根据被控电路的要求确定断路器的结构形式和脱扣器形式。电压应不小于被控电路正常工作电压。电流应不小于被控电路正常工作电流，也应不小于断路器额定电流。一般根据已选择脱扣器额定电流查阅相应型号的产品或技术数据，找到对应的壳架等级额定电流。应与其所控制的电动机或其他负载的额定电流一致。

4）接触器

①接触器的用途

接触器是一种适用于远距离频繁地接通和分断交、直流主电路及大容量控制电路的电器，主要用于控制电动机，也可用于控制其他电力负载如电热器、照明、电焊机、电容器等。

②接触器的类型

接触器按其主触头通过的电流种类不同，分为交流接触器和直流接触器。

③接触器的结构

交、直流接触器结构相似，主要由电磁系统、触头系统、灭弧系统三部分组成。

④接触器的符号

接触器的图形符号和文字符号如图 8.54 所示。

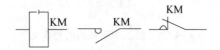

图 8.54　接触器的图形符号和文字符号

⑤接触器的型号

交流接触器常用型号有 CJ20、CJ32、B、3TB 等系列；直流接触器有 CZ0、CZ18、CZ21、CZ22 等系列。

⑥接触器的主要技术参数

CJ20 交流接触器是全国统一设计的新型接触器，其主要技术参数如表 8.32 所示。

表 8.32　CJ20 交流接触器的主要技术参数

型号	吸引线圈额定电压（V）	额压电压（V）	额定电流（A）	可控制电动机最大功率（kW）
CJ20—10			10	4/2.2
CJ20—16			16	7.5/4.5
CJ20—25			25	11/5.5
CJ20—40			40	22/11
CJ20—63	36、127 220、380	380/220	63	30/18
CJ20—100			100	50/28
CJ20—160			160	85/48
CJ20—250			250	132/80
CJ20—400			400	220/115

⑦接触器的选择

a. 类型的选择：根据接触器所控制的负载性质来选择接触器的类型。控制交流负载选用交流接触器，控制直流负载选用直流接触器。

b. 额定电压的选择：应不小于负载电路的电压。

c. 额定电流的选择：额定电流应不小于负载电路的电流。

d. 吸引线圈的额定电压选择：吸引线圈的额定电压应与控制电路一致。

e. 接触器的触头数量及种类选择：接触器的触头数量及种类应满足主电路和控制电路的需要。

5）继电器

继电器种类很多最常用的是热继电器。

①热继电器的用途

用于电动机的长期过载及断相保护。

②热继电器的结构

如图 8.55 所示为热继电器的结构原理。热继电器主要由热元件、双金属片、触头三部分组成。

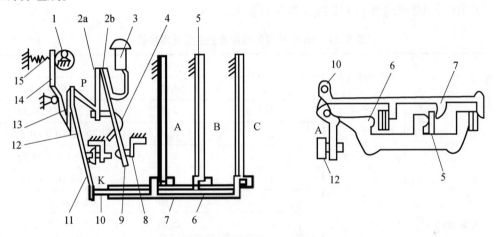

图 8.55　热继电器的结构原理图

1—电流调节凸轮；2—片簧（2a，2b）；3—手动复位按钮；4—弓簧片；5—主金属片；
6—外导板；7—内导板；8—常闭静触点；9—动触点；10—杠杆；11—常开静触点（复位调节螺钉）；
12—补偿双金属片；13—推杆；14—连杆；15—压簧

热继电器的复位方式有自动复位和手动复位两种，可通过调整调节螺钉 14 来选择，一般采用手动复位方式。

③热继电器的符号

热继电器的图形符号和文字符号如图 8.56 所示。

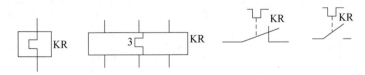

图 8.56　热继电器的图形符号和文字符号

④热继电器的型号

热继电器的型号含义如图 8.57 所示。

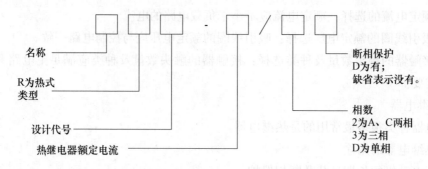

图 8.57 热继电器的型号含义

JR2、JR0、JR16、JR20、T 系列是目前广泛应用的热继电器。

⑤热继电器的主要技术参数

JR16 系列热继电器的主要技术参数如表 8.33 所示。

表 8.33 JR16 系列热继电器的主要技术参数

型号	额定电流（A）	热元件规格		
		编号	额定电流（A）	调节范围（A）
JR16-20/3 JR16-20/3D	20	1	0.35	0.25 ~ 0.3 ~ 0.35
		2	0.50	0.32 ~ 0.4 ~ 0.5
		3	0.72	0.45 ~ 0.6 ~ 0.72
		4	1.10	0.68 ~ 0.9 ~ 1.1
		5	1.60	1.0 ~ 1.3 ~ 1.6
		6	2.40	1.5 ~ 2.0 ~ 2.4
		7	3.50	2.2 ~ 2.8 ~ 3.5
		8	5.00	3.2 ~ 4.0 ~ 5.0
		9	7.20	4.5 ~ 6.0 ~ 7.2
		10	11.00	6.8 ~ 9.0 ~ 11.0
		11	16.00	10 ~ 13 ~ 16
		12	22.00	14 ~ 18 ~ 22
JR16-60/3 JR16-60/3D	60	13	22.00	14 ~ 18 ~ 22
		14	32.00	20 ~ 26 ~ 32
		15	45.00	28 ~ 36 ~ 45
		16	63.00	40 ~ 50 ~ 63
JR16-150/3 JR16-150/3D	150	17	63.00	40 ~ 50 ~ 63
		18	85.00	53 ~ 70 ~ 85
		19	120.00	75 ~ 100 ~ 120
		20	160.00	100 ~ 130 ~ 160

⑥热继电器的选择

a. 根据所要求的保护特性曲线、相数、带断相保护与否以及安装条件，初选型号。

b. 热元件额定电流（计算公式如下）一般应略大于电动机额定电流。

$$I_R = (1.1 \sim 1.25)I_D$$

式中　I_R——热元件额定电流；

　　　I_D——电动机额定电流。

c. 在热继电器的产品样本或有关手册的技术数据中，查出可装配该热元件的热继电器的额定电流。

d. 热继电器整定电流一般调整到与电动机额定电流相等。也可根据实际负载与工艺流程的要求，上下波动5%。

（2）配电箱施工工艺

低压配电箱根据用途不同分为动力配电箱和照明配电箱两种；根据安装方式分为悬挂式、嵌入式和落地式三种；根据材质分为铁制、木制和塑料制，其中铁制配电箱使用较为广泛。

配电箱是将断路器、刀开关、熔断器、电度表等设备、仪表集中设置在一个箱体内的成套电气设备。

安装配电箱之前，需要随土建结构预留好暗装配电箱的安装位置；预埋铁架或螺栓时，墙体结构应弹出施工水平线；安装配电箱盘面时，抹灰、喷浆及油漆应全部完成。

以嵌入式配电箱为例，具体施工步骤：①安装前需预留方洞和方槽，槽内有线管；②在墙面钻四个孔，打入膨胀螺栓；③把配电箱挂上墙，拧紧螺栓；④将线与断路器连接；⑤将接地圆钢焊接固定在箱壁上；⑥做绝缘测试。

箱体安装完毕，箱内空开，配线导线、配线扎带等已经准备完毕，并且符合设计图纸、配电箱安装要求。

进行配电箱内部配线的施工工序：①箱体内导轨安装（导轨安装要水平，并与盖板空开操作孔相匹配）；②箱体内空开安装；③空开零线配线（零线颜色要采用蓝色）；④空开相线配线（A相线为黄色、B相线为绿色、C相线为红色。空开配线，照明及插座回路一般采用2.5mm² 导线，每根导线串联空开数量不得大于3个。空调回路一般采用2.5mm² 或4mm² 导线，一根导线配一个空开）；⑤导线绑扎。

安装施工过程中，一定要注意相关规范的要求。

配电箱安装高度如无设计要求，一般暗装配电箱底边距地面为1.5m，明装配电箱底边距地不小于1.8m。

1）照明配电箱的安装要求

①配电箱应安装在安全、干燥、易操作的场所。配电箱的底口距地面一般为1.5m。同一建筑物内，同类盘的高度应一致，允许偏差为10mm。

②安装配电箱（盘）所需的木砖及铁件等均应预埋。挂式配电箱（盘）应采用金

属膨胀螺栓固定。

③铁制配电箱（盘）均需先刷一遍防锈漆，再刷灰油漆两道。预埋的各种铁件均应刷防锈漆，并做好明显可靠的接地。金属面板应装设绝缘保护套。

④配电箱（盘）带有器具的铁制盘面和装有器具的门及电器的金属外壳均应有明显可靠的 PE 保护地线，但 PE 保护地线不允许利用箱体或盒体串接。

⑤盘面引出及引进的导线应留有适当余度，以便于检修。垂直装设的刀闸及熔断器等电器上端接电源，下端接负荷。横装者左侧（面对盘面）接电源，右侧接负荷。

⑥TN-C 低压配电系统中的中性线应在箱体或盘面上，引入接地干线处做好重复接地。

⑦照明配电箱（板）内，应分别设置中性线和保护地线（PE 线）汇流排，中性线和保护地线应在汇流排上连接，不得铰接，并应有编号。当 PE 线所用材质与相线相同时应按热稳定要求选择截面，截面面积不应小于表 8.34 中的最小截面面积。

表 8.34　护导体的截面面积

相线的截面面积 S（mm^2）	相应保护导体的最小截面面积 S_p（mm^2）
$S \leqslant 16$	S
$16 < S \leqslant 35$	16
$35 < S \leqslant 400$	$S/2$
$400 < S \leqslant 800$	200
$S > 800$	$S/4$

注：S 指柜（屏、台、箱、盘）电源进线相线截面面积，且两者（S、S_p）材质相同。

⑧配电箱（盘）上电具、仪表应牢固、平正、整洁、间距均匀、铜端子无松动、启闭灵活，零部件齐全。

⑨箱（盘）内配线整齐，无铰接现象。导线连接紧密，不伤芯线，不断股。同一端子上导线连接不多于两根，防松垫圈等零件齐全；箱（盘）内开关动作灵活可靠，带有漏电保护的回路，漏电保护装置动作电流不大于 30mA，动作时间不大于 0.1s。

2）配电箱（盘）的固定

①固定明装配电箱（盘）时，先将盒内杂物清理干净，然后将导线理顺，分清支路和相序，按支路绑扎成束。找准位置后，将导线端头引至箱内或盘上，逐个剥削导线端头，再逐个压接在器具上，同时将 PE 保护地线压在明显的地方，并将箱（盘）调整平直后进行固定。调整无误后试送电，并将卡片框内的卡片填写好部位、编上号。

②在木结构或轻钢龙骨护板墙上固定配电箱（盘）时，应采用加固措施。如配管在护板墙内暗敷设，并有暗接线盒时，要求盒口应与墙面平齐，在木制护板墙处应做防火处理，可涂防火漆或加防火材料衬里进行防护。

③暗装配电箱的固定应根据预留孔洞尺寸先将箱体找好标高及水平尺寸，并将箱体固定好，然后用水泥砂浆填实周边并抹平齐，待水泥砂浆凝固后再安装盘面和贴脸。安装盘面要求平整，周边间隙均匀对称，箱门平正，不歪斜，螺钉垂直受力均匀。

（3）照明器具与控制装置安装施工工艺

1）普通灯具的安装要求

灯具的固定应符合下列规定：

①灯具质量大于3kg时，固定在螺栓或预埋吊钩上。

②软线吊灯，灯具质量在0.5kg及以下时，采用软电线自身吊装；大于0.5kg的灯具采用吊链，且软线编叉在吊链内，使电线不受力。

③灯具固定牢固可靠，不使用木楔。每个灯具固定用螺钉或螺栓不少于2个；当绝缘台直径在75mm及以下时，采用1个螺钉或螺栓固定。

④花灯吊钩圆钢直径不应小于灯具挂销直径，且不应小于6mm。大型花灯的固定及悬吊装置，应按灯具质量的2倍做过载试验。

⑤当钢管做灯杆时，钢管内径不应小于10mm，钢管厚度不小于1.5mm。

固定灯具带电部件的绝缘材料以及提供防触电保护的绝缘材料，应耐燃烧和防明火。

⑥当设计无要求时，灯具的安装高度和使用电压等级应符合下列规定。

a. 一般敞开式灯具，灯具对地面距离不小于下列数值（采用安全电压时除外）：室外为2.5m（室外土壤上安装）；厂房为2.5m；室内为2.5m；软吊线带升降器的灯具在吊线展开后为0.8m。

b. 危险性较大及特别危险场所，当灯具距地面高度小于2.4m时，使用额定电压为36V及以下照明灯具或有专用保护措施。

c. 当灯具距地面高度小于2.4m时，灯具的可接近裸露导线必须接地（PE）或接零（PEN）可靠，应有专用接地螺栓且有标识。

d. 引入每个灯具的导线线芯最小截面面积应符合表8.35的规定。

表8.35　线芯最小截面面积

mm²

灯具安装的场所及用途		线芯最小截面面积		
		铜芯软线	铜线	铝线
灯头线	民用建筑室内	0.5	0.5	2.5
	工业建筑室内	0.5	1.0	2.5
	室外	1.0	1.0	2.5

2）开关、插座的安装要求

①开关、插座的安装

a. 开关安装位置应便于操作，开关边缘距门框边缘的距离为0.15~0.2m，开关距地面高度1.3m，拉线开关距地面高度2~3m，层高小于3m时，拉线开关距顶板不小于100mm，拉线出口垂直向下。并列安装及同一室内开关安装高度应一致，且控制有序。并列安装的拉线开关的相邻间距不小于20mm。

b. 开关接通和断开电源的位置应一致，面板上有指示灯的，指示灯应在上面，跷板上有红色标记的应朝上安装，开关不允许横装。扳把开关接线时，把电源相线接到静触点接线柱上，动触点接线柱接灯具导线。双联开关有三个接线柱，其中两个分别与两个静触点连通，另一个与动触点接通。双控开关的共用极（动触点）与电源的 L 线连接，另一个开关的共用桩与灯座的一个接线柱连接，灯座另一个接线柱应与电源的 N 线相连接。两个开关的静触点接线柱，用两根导线分别进行连接。

c. 对于照明开关，同一建筑物、构筑物的开关采用同一系列的产品，开关通断位置一致、操作灵活、接触可靠；相线经开关控制；民用住宅无软线引至床边的床头开关。

d. 暗装的插座面板紧贴墙面，四周无缝隙，安装牢固，表面光滑整洁、无碎裂、划伤，装饰帽齐全。

e. 地面插座与地面齐平或紧贴地面，盖板固定牢固，密封良好。

f. 相同型号并列安装及同一室内开关安装高度一致，且控制有序，不错位。并列安装的接线开关的相邻间距不小于 20mm。

g. 暗装的开关面板应紧贴墙面，四周无缝隙，安装牢固，表面光滑整洁、无碎裂、划伤，装饰帽齐全。

②插座接线应符合的规定

a. 当交流、直流或不同电压等级的插座安装在同一场所时，应有明显的区别，且必须选择不同结构、不同规格和不能互换的插座；配套的插头应按交流、直流或不同电压等级区别使用。

b. 单相两孔插座，面对插座的右孔或上孔与相线连接，左孔或下孔与零线连接；单相三孔插座，面对插座的右孔与相线连接，左孔与零线连接；单孔、三相四孔及三相五孔插座的接地（PE）或接零（PEN）线接在上孔。插座的接地端子不与零线端子连接。同一场所的三相插座，接地的相序一致。

插座插孔排列顺序如图 8.58 所示。

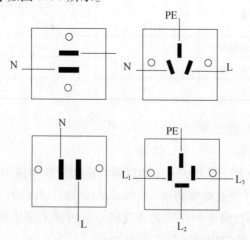

图 8.58　插座插孔排列顺序

c. 接地（PE）或接零（PEN）线在插座间不串联连接。

d. 当接插有触电危险家用电器的电源时，采用能断开电源的带开关插座，开关断开相线。

e. 在潮湿场所采用密封型并带保护地线触头的保护型插座，安装高度不低于 1.5m。

开关、插座安装前先将盒内杂物清理干净，正确连接好导线即可安装就位，面板需紧贴墙面，平整、不歪斜，成排安装的同型号开关插座应整齐美观，高度差不应大于 1mm，同一室内高度差不应大于 5mm，开关边缘距门框的距离宜为 15～20cm，开关距地面 1.3m；插座除卫生间距地面 1.5m 外，其余均距地面 0.3m。

通电并对开关、插座、灯具进行试验，开关的通断设置应一致且操作灵活，接触可靠；插座左零、右火、上保护应无错接、漏接；温控器的季节转换开关及三连开关应设置正确且一致；灯具开启工作正常。

（4）室内配电线路敷设施工工艺

1）电缆线路的敷设

电缆可分为电力电缆、控制电缆和电话电缆。

电力电缆的基本结构由导电线芯、绝缘层和保护层三部分组成，电力电缆的导电芯金属材料一般为铜和铝。

型号中前两个字母表示性能，ZR 为阻燃，NH 为耐火；第三个字母为电缆种类，K 表示控制电缆，H 表示电话电缆，电力电缆通常不表示；接着 YJ 表示绝缘层为交联聚乙烯，V 表示绝缘层为聚氯乙烯；V22 表示内护层为聚氯乙烯，22 表示外护层。

电力电缆的安装工艺主要有如下四种。

①当采用直埋于地的敷设方式时，必须采用铠装电缆，需要满足施工规范中的基本要求，开挖底面宽至少为 400mm，顶面宽为 600mm，深度为 900mm 的梯形断面电缆沟。具体施工步骤：复测画线—挖掘沟槽及接头坑—采用人工或机械方法布放电缆—安装保护装置—回土夯实—设立标志。

②当采用电缆穿管的敷设方式时的工艺流程：准备工作—电缆穿管敷设—水平和垂直敷设—挂标志牌。

具体在管中敷设电缆时，将电缆盘放在电缆入孔井口的外边，先用安装有电缆牵引头并涂有电缆润滑油的钢丝绳与电缆一端连接，钢丝绳的另一端穿过电缆管道，拖拉电缆力量要均匀，检查电缆牵引过程中有无卡阻现象，如张力过大，应查明原因，问题解决后，继续牵引电缆。

电力电缆应单独穿入一根管孔内，同一管孔内可穿入 3 根控制电缆。

③当采用沿电缆沟敷设方式时的工艺流程：电缆检查—电缆沟施工—电缆保护管加工敷设—电缆支架配置安装—电缆敷设—管口密封处理，挂标志牌—盖盖板。

④当采用沿桥架敷设方式时，工艺流程如下。

第一步进行桥架施工：弹线定位—预埋铁或膨胀螺栓—支吊架安装—桥架安装—

保护地线安装。

第二步进行桥架内电缆敷设施工：电缆绝缘测试和耐压试验—桥架内电缆敷设—挂标志牌。

需要注意的是，电缆沿桥架敷设时，应单层敷设，排列整齐，不得有交叉；不同等级电压的电缆应分层敷设，高压电缆应敷设在上层；电缆穿过楼板时，应装套管，敷设完后应将套管用防火材料封堵严密。

敷设电缆常用方式有直接埋地敷设（图8.59）；电缆沟（户内）敷设（图8.60）；沿墙、梁、支架等架空敷设（图8.61）和穿管敷设。

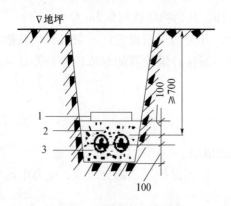

图8.59 电缆直接埋地敷设
1—保护板（砖）；2—砂；3—电缆

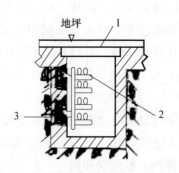

图8.60 电缆沟（户内）敷设
1—盖板；2—电缆支架；3—预埋铁件

在如下情况下，电缆应穿钢管保护：从电缆沟引出到电杆或墙外地面的电缆，并距地面2m高以下及埋入地下小于0.25m深度的一段；电缆引入及引出建筑物、构筑物，穿过楼板主要墙壁处。当电缆与道路、铁路交叉时，钢管内径应不小于电缆外径的1.5倍。

低压电缆由配电室（房）引出后，一般沿电缆隧道、电缆沟、金属托架或金属托盘进入电缆竖井，然后沿支架垂直上升敷设。因此配电室应尽量布置在电缆竖井附近，尽量减小电缆的敷设长度。

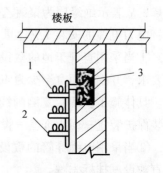

图8.61 电缆沿墙敷设
1—电缆；2—电缆支架；3—预埋铁件

2）照明线路的敷设

室内照明线路的敷设，通常采用明敷设（E）和暗敷设（C）两种方式。

①明敷设

明敷设配电线路有瓷（塑料）夹配线、瓷瓶配线、槽板配线、卡钉配线、管配线。

a. 瓷（塑料）夹配线

将导线放在瓷夹中，瓷夹用木螺钉固定在木橛子上或用黏合剂固定在顶棚或墙上。这种敷设方式，施工方便，安装费用低，易于维护，但不美观，易受机械损伤。敷设时，导线应平直，无松弛现象。当导线截面面积为6～10mm² 时，瓷夹的间距不应超过 800mm。

瓷（塑料）夹配线宜用于正常环境的屋内场所和挑檐下的屋外场所。

b. 瓷瓶配线

将导线绑扎在瓷瓶上。瓷瓶的固定方式与瓷夹的固定方式大致相同。当导线截面面积为 $1\sim4mm^2$ 时，瓷瓶的最大允许间距为 2000mm；当导线截面面积为 $6\sim10mm^2$ 时，瓷瓶的间距不应超过 2500mm。

瓷瓶配线适用于潮湿、多尘场所，如食堂、泵房以及木屋架房屋等场所。

c. 槽板配线

将导线放在底板的槽中，底板沿线路走向用铁钉或螺钉固定在建筑物的墙上，上面加上盖板。敷设时，其走向应尽量沿墙角或边缘。槽板配线时，导线不外露，保证安全、整齐美观。槽板配线。适用于一般的办公与住宅建筑物中。

d. 卡钉配线

铝皮卡子或塑料卡钉配线是用卡子将导线固定在墙上或顶棚上，这种敷设方式安装简便，但受外力时易弯曲、脱落。

穿管明配线是将钢管或塑料管固定在建筑物的表面或支架上，导线穿在管中。这种敷设方式常用于工厂车间或实验室。

②暗敷设

暗敷设配电线路有焊接钢管、电线管、硬塑料管、半硬塑料管配线等。穿管暗敷设是将钢管或塑料管随土建工程的进度预先埋设在墙、楼板的地板内，然后把导线穿入管中。穿管暗配线表面看不到导线，不影响屋内墙面的整洁美观。可以防止导线受有害气体的腐蚀和机械损伤，使用年限长，安装费用较高。目前，新建房屋大多数采用这种方式配线。

穿管配线时，管内导线的总截面（包括外护层）不应超过管子截面的 40%。绝缘导线允许穿管根数及相应的最小管径应满足相关规定。例如，4 根截面的面积为 $2.5mm^2$ 的橡皮绝缘导线穿钢管敷设时，最小管径不小于 25mm。

钢管有电线管和水、煤气管两种。一般可使用电线管，但是在有爆炸危险的场所内或标准较高的建筑物中，应采用水、煤气钢管。

管内的导线不得有接头，若需接头（如分支），应设接线盒，在接线盒内接头。为便于穿线，当管路过长或弯多时，也应适当地加装接线盒或加大管径。两个拉线端之间的距离应符合下列规定：

a. 无弯管路时，不超过 30m。

b. 两个拉线之间有一个转弯时，不超过 20m。

c. 两个拉线之间有两个转弯时，不超过 15m。

d. 两个拉线之间有三个转弯时，不超过 8m。

需要注意以下几点：

a. 穿金属管或金属线槽的交流线路，应使所有的相线和 N 线在同一外壳内。

b. 不同回路的线路不应穿于同一根管路内，但符合下列情况时可穿在同一根管路内；标称电压为 50V 以下的回路；同一照明灯具的几个回路；同类照明的几个回路，但管内绝缘导线总数不应多于 8 根；在同一个管道里有几个回路时，所有绝缘导线都应采用与最高标称电压绝缘相同的绝缘。

3) 插座和开关的安装

插座分单相与三相（三孔），形式分明装和暗装，若不加说明，明装式一律距地面 1.8m，暗装式一律距地面 0.3m。开关分扳把开关和拉线开关。扳把开关分单联和多联，若不加说明，安装高度一律距地 1.4m。拉线开关分普通式、防水式，安装高度距地 3m 或距顶 0.3m。

4) 布线方式的选择

布线原则可概括为每灯两线、开关断火、单线表示、三相平衡，即接向每盏灯为一根火线，一根地线；开关接在火线上；每相（支线）线路上所接灯具和插座的功率或数目，应基本相等且不得超过 20 个，不论实际上每趟线路中有几根导线，在照明平面图上和系统图上均画成一根线。

单线图表示法如图 8.62 所示。

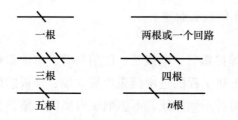

图 8.62 单线图表示法

5) 线路敷设的位置

线路可沿墙记以 Q，埋地记以 D，埋入屋的顶棚记以 P，沿梁记以 YL 等。

6) 线路综合表示

通常采用如下形式表示：

导线型号根数×截面面积/套管材料和直径、线路敷设位置和方式

如 BLX-3×6+1×2.5/G20、QA，表示三根 6mm² 和一根 2.5mm² 铝芯橡皮线，穿在直径为 20mm 的钢管内，埋入墙内敷设。

导线敷设方式和导线敷设部位标注符号如表 8.36 所示。

表 8.36 导线敷设方式和导线敷设部位标注符号

导线敷设方式标注符号			导线敷设部位标注符号		
序号	名称	代号	序号	名称	代号
1	导线或电缆穿焊接钢管敷设	SC	1	沿钢索敷设	SR
2	穿电线管敷设	TC	2	沿屋架或跨屋架敷设	BE
3	穿硬聚氯乙烯管敷设	PC	3	沿柱或跨柱敷设	CLE

导线敷设方式标注符号			导线敷设部位标注符号		
序号	名称	代号	序号	名称	代号
4	穿阻燃半硬聚氯乙烯管敷设	FPC	4	沿墙面敷设（明敷）	WE
5	用绝缘子（瓷瓶或瓷柱）敷设	K	5	沿顶棚面或顶板面敷设	CE
6	用塑料线槽敷设	PR	6	在能进人的吊顶内	ACE
7	用钢线槽敷设	SR	7	暗敷设在梁内	BC
8	用电缆桥架敷设	CT	8	暗敷设在柱内	CLC
9	用瓷夹板敷设	PL	9	暗敷设在墙内	WC
10	用塑料夹敷设	PCL	10	暗敷设在地面或地板内	FC
11	穿蛇皮管敷设	CP	11	暗敷设在屋面或顶板内	CC
12	穿阻燃塑料管敷设	PVC	12	暗敷设在不能进人的吊顶内	ACC

按新符号线路的综合表示如 BBLX-4 ×16-SC40-WC，则表示铝芯橡皮绝缘线 4 根，每根截面面积为 16mm^2，导线穿钢管敷设，钢管内径为 40mm，暗敷设在墙内。

灯具安装方式的标注符号和光源的种类代号如表 8.37 所示。

表 8.37 灯具安装方式的标注符号和光源的种类代号

灯具安装方式的标注符号			光源的种类代号		
序号	名称	代号	序号	名称	代号
1	线吊式（自在器线吊式）	CP	1	氖灯	Ne
2	固定线吊式	CP1	2	氙灯	Xe
3	防水线吊式	CP2	3	钠灯	Na
4	吊线器式	CP3	4	汞灯	Hg
5	链吊式	Ch	5	碘钨灯	I
6	管吊式	P	6	白炽灯	I N
7	壁装式	W	7	荧光灯	FL
8	吸顶式或直附式	S	8	电发光灯	EL
9	嵌入式（嵌入不可进入的顶棚）	R	9	弧光灯	ARC
10	顶棚内安装（嵌入可进入顶棚）	CR	10	红外线灯	I R
11	墙壁内安装	WR	11	紫外线灯	UV
12	台上安装	T	12	发光二极管	LED
13	支架上安装	SP			
14	柱上安装	CL			
15	座装	HM			

（5）防雷与接地施工工艺

1）避雷针的安装

根据设计图纸确定避雷针的安装位置，然后同土建配合浇筑避雷针基础，同时预埋避雷针安装底板。待土建结构工作基本结束后，引下线接地网安装完后，可进行避雷针安装。将符合设计要求的避雷针焊上一块肋板，然后竖起点焊于预留钢材上，用线坠检查避雷针垂直后将肋板点焊牢固，但不能通长焊接，否则肋板会变形，避雷针会倾斜。再将另外两个肋板分别点焊固定，最后对称施焊，将避雷针固定牢靠，焊接接地线，用水泥砂浆将肋板和底座一起隐蔽。

2）明装避雷带（网）的安装

当不上人屋面预留避雷带（网）的支撑件有困难时，可采用预制混凝土支墩作为避雷带（网）的支架，支架点间距均匀，且直线段部分不宜大于 3m，转弯处不宜大于 500mm。

女儿墙、屋脊上安装避雷带（网）支架时，应尽量预留预埋安装件或孔洞。预埋件大小为 60mm×60mm×6mm 钢板，标高低于女儿墙顶标高 20mm。

避雷带（网）为圆钢时，采用圆钢支架；避雷带（网）为扁钢时，采用 25mm×4mm 扁钢支架，支架高度一般为 150mm。支架调正、校平后，可进行避雷带（网）安装，避雷带安装前应校直，将校直后的避雷带（网）逐段焊接或用螺栓固定于支架上。避雷带（网）之间的连接采用焊接，焊接处应打磨光滑无凸起高度，经处理后应刷樟丹防锈漆和银粉防腐。

3）暗装避雷带（网）的安装

暗装避雷带（网）是利用建筑物内的钢筋作为避雷网。女儿墙压顶为现浇混凝土时，可利用压顶内的通长筋作为接闪器，引下线可采用直径不小于 10mm 的圆钢，引下线与接闪器应焊接连接。高层建筑 30m 以上部分向上每三层在结构圈梁内敷设一道避雷带，并与引下线焊接形成水平避雷带，以防止侧击雷。

4）引下线的安装

①暗敷设圆钢、扁钢引下线

引下线的连接采用焊接。当引下线敷设于混凝土内时，可不做防腐处理。敷设在抹灰层内的引下线应分段固定。

②明敷设引下线

明敷设引下线应先预埋支持卡子。支持卡子应凸出外墙装饰面 15mm 以上，露出长度应一致，将圆钢或扁钢固定在支持卡子上。施工由上而下，完成一段，引下线就随着施工一段，直至断接卡处。将断接卡安装好并与接地装置连接。

③柱内主钢筋引下线敷设

用柱内主钢筋作为引下线，当钢筋直径在 16mm 以上时，一般选 45° 对角的主钢筋作为一组引下线；当钢筋直径为 10～16mm 时，应用四根钢筋焊接或绑扎作为一组引下线。将所有引下线钢筋位置标示在隐蔽记录中，当柱内钢筋扎完并校正后，将引下线与接地网连接。引下线由下而上施工，根据设计图要求标高施工接地测试点、接地连接板。接地连接板或接地测试点一般选用 100mm×100mm×10mm 的钢板并用 ϕ12mm 圆钢与引下线焊接。

二、电气设备工程量概述

1. 电缆安装工程量计算规则

（1）直埋电缆沟槽挖填根据电缆敷设路径，按设计要求计算沟槽开挖工程量。当设计无具体规定时，按照表8.38的规定计算。沟槽开挖长度按照电缆敷设路径长度计算。

表8.38　相关规定

项目	电缆根数	
	1～2	每增一根
每米沟槽挖方量（m³）	0.45	0.153

1）两根以内的电缆沟，系按上口宽度600mm、下口宽度400mm、深度900mm计算的常规土方量（深度按规范的最低标准）。

2）每增加一根电缆，其宽度增加170mm。

3）以上土方量系按埋深从自然地坪起算，如涉及埋深超过900mm，多挖的土方量应另行计算。

4）挖淤泥、流砂，按照表8.38的数量乘以系数1.5。

（2）电缆沟揭、盖、移动盖板根据施工组织设计，以揭一次与盖一次或者移出一次与移回一次为计算基础，按照实际揭与盖或移出与移回的次数乘以其长度计算。

（3）电缆保护管敷设根据电缆敷设路径，应区别不同敷设方式、敷设位置、管材材质、规格，按照设计图示长度计算。计算电缆保护管长度时，设计无规定者按照以下规定增加保护管长度：

1）横穿马路时，按照路基宽度两端各增加2m。

2）保护管需要出地面时，弯头管口距地面增加2m。

3）穿过建（构）筑物外墙时，从基础外缘起增加1m。

4）穿过沟（隧道）时，从沟（隧道）壁外缘起增加1m。

（4）电缆保护管地下敷设，其土石方量施工有设计图纸的，按施工图纸计算；无施工图纸的，沟深按照0.9m计算，沟宽按最外边的保护管边缘每边各增加0.3m工作面计算。

（5）电缆敷设根据电缆敷设环境与规格，按照设计图示长度计算。

1）竖井通道内敷设电缆长度按照电缆敷设在竖井通道的垂直高度计算。

2）预制分支电缆敷设长度按照敷设主电缆长度计算。

3）计算电缆敷设长度时，应考虑因波形弯度、弛度、电缆绕梁（柱）所增加的长度，以及电缆与设备连接、电缆接头等必要的预留长度。预留长度按照设计规定计算，设计无规定时按照表8.39的规定计算。

表 8.39　电缆敷设预留长度及附加长度

序号	项目	预留长度（附加）	说明
1	电缆敷设弛度、波形弯度、交叉	2.5%，按电缆全长计算	
2	电缆进入建筑物	2.0m	规范规定最小值
3	电缆进入沟内或吊架时引上（下）预留	1.5m	规范规定最小值
4	变电所进线、出线	1.5m	规范规定最小值
5	电力电缆终端头	1.5m	检修余量最小值
6	电缆中间接头盒	两端各留 2.0m	检修余量最小值
7	电缆进控制、保护屏及模拟盘等	宽 + 高	按盘面尺寸
8	高压开关柜及低压配电盘、箱	2.0m	盘下进出线
9	电缆至电动机	0.5m	从电动机接线盒起算
10	厂用变压器	3.0m	从地坪起算
11	电缆绕过梁柱等增加长度	按实计算	按被绕物的断面情况计算增加长度
12	电梯电缆与电缆架固定点	每处 0.5m	规范最小值

注：1. 电缆附加及预留的长度是电缆敷设长度的组成部分，应计入电缆长度工程量之内。

2. 表中"电缆敷设的附加长度"不适用于矿物绝缘电缆预留长度，矿物绝缘电缆预留长度按厂家定制长度和规格参数执行。

（6）电缆头制作与安装，根据电压等级、电缆头形式及电缆截面，按设计图示单根电缆接头数量及以"个"计算。

1）电力电缆与控制电缆均按照一根电缆有两个终端头计算。

2）电力电缆中间头按照设计规定计算；设计未规定的以单根长度 400m 为标准，每增加 400m 计算一个中间头，增加长度小于 400m 时计算一个中间头。

（7）电缆防火设施安装根据防火设施的类型及材料，按照设计用量分别以不同计量单位计算工程量。

2. 电缆安装工程量计算

（1）电力电缆、控制电缆按名称，型号，规格、材质、敷设方式、部位、电压等级、地形，按设计图示尺寸以长度"m"计量（含预留长度及附加长度）。

（2）电缆保护管、电缆槽盒、铺砂、盖保护板（砖）以名称、型号、规格、材质等，按设计图示尺寸以长度"m"计算。

（3）按名称、材质、方式、部位，防火墙洞按设计图示数量以"处"计算；防火隔墙按设计图示尺寸以面积"m²"计算；防火涂料按设计图示尺寸以质量"kg"计算。

（4）电缆分支箱按名称、型号、规格，以基础形式、材质、规格，按设计图示数量以"台"计算。

说明：电缆穿刺线夹按电缆头编码列项；电缆井、电缆排管、顶管应按《市政工程工程量计算规范》（GB 50857—2013）相关项目编码列项。

电力电缆头制作安装套用定额时的注意事项如下：

1）定额中，电缆头制作安装定额均按四芯考虑的，五芯电力电缆头制作安装定额要乘以系数 1.3。

2）定额中，电缆头制作安装定额均按铜芯电缆考虑的，如果是铝芯电缆头，要乘以系数 0.7。

3）电力电缆头制作安装，按电缆的单芯最大截面面积套用定额。

4）聚氯乙烯（或聚乙烯）塑料电缆的电缆头一般采用干包式或热缩式制作。

3. 配管、配线工程量计算规则

（1）配管、线槽、桥架区分名称、材质、规格、配置形式、接地要求，钢索材质、规格，按设计图示尺寸长度以"m"计算。

（2）配线区分名称、配线形式、型号、规格、材质、配线部位、配线线制，钢索材质和规格，按设计图示尺寸单线长度以"m"计算（含预留长度）。

（3）接线箱、接线盒区分名称、材质、规格、安装形式，按设计图示数量以"个"计算。

说明：

1）配管、线槽安装不扣除管路中间的接线箱（盒）、灯头盒、开关盒所占长度。

2）配管名称指电线管、钢管、防爆管、塑料管、软管、波纹管等。

3）配管配置形式指明、暗配，吊顶内，钢结构支架，钢索配管，埋地敷设，水下敷设，砌筑沟内敷设等。

4）配线名称指管内穿线、瓷夹板配线、塑料夹板配线、绝缘子配线、槽板配线、塑料护套配线、线槽配线、车间带形母线等。

5）配线形式指照明线路，动力线路，木结构，顶棚内，砖、混凝土结构，沿支架、钢索、屋架、梁、柱、墙，以及跨屋架、梁、柱。

6）配线保护管遇到下列情况之一时，应增设管路接线盒和拉线盒：①导管每大于 40m，无弯曲；②导管长度每大于 30m，有 1 个弯曲；③导管长度每大于 20m，有 2 个弯曲；④导管长度每大于 10m，有 3 个弯曲。

7）垂直敷设的电线保护管，遇到下列情况之一时，应增设固定导线用的拉线盒：①管内导线截面为 50mm^2 及以下，长度每超过 30m；②管内导线截面为 70~95mm^2，长度每超过 20m；③管内导线截面为 120~240mm^2，长度每超过 18m。

8）配管安装中不包括凿槽、剖沟，应按相关项目编码列项。

导线进配电箱预留长度如表 8.40 所示。

4. 配线工程量计算

先算管再算线，计算公式如下：

$$管长 = 水平长 + 垂直长$$

表8.40　导线进配电箱预留长度

序号	项目	每一根线预留长度	说明
1	各种开关箱、柜	宽＋高	盘面尺寸
2	单独安装（无箱、盘）的铁壳开关、闸刀开关、启动器线槽进出线盒等	0.3m	从管口计算
3	由地面管子出口引至动力接线箱	1.0m	从安装对象中心起
4	电源与管内导线连接（管内穿线与软、硬母线接点）	1.5m	从管口计算
5	出户线	1.5m	从管口计算

线长 = 管长 × 导线根数 + 预留长（进箱 + 进盒）

　　= 管长 × 导线根数 + 箱半周长 × 进箱导线根数 + 进灯头盒预留长 + 进开关插座预留长

导线进配电箱预留长度如表8.40所示，各种开关箱、柜每一根预留长度为盘面尺寸"宽＋高"。

灯具、开关、插座、按钮等的预留线按照重庆市2018定额已分别综合在相应项目内，不另行计算。

5. 控制设备及低压电器计算规则

（1）控制屏，继电、信号屏，模拟屏，低压开关柜（屏），弱电控制返回屏，硅整流柜，可控硅柜，低压电容器柜，自动调节励磁屏，励磁灭磁屏，蓄电池屏（柜），直流馈电屏，事故照明切换屏，控制台，控制箱，配电箱，插座箱，按名称、型号、规格、种类，基础型钢形式、规格，接线端子材质、规格，端子板外部接线材质、规格，小母线材质、规格，屏边规格、安装方式等，按设计图示数量以"台"计算。

（2）箱式配电室按名称，型号，规格，种类，基础型钢形式、规格，基础规格，浇筑材质，按设计图示数量以"套"计算。

（3）控制开关、低压熔断器、限位开关按设计图示数量以"个"计算；控制器、接触器、磁力启动器、Y-△自耦减压启动器、电磁铁（电磁制动器）、快速自动开关、油浸频敏变阻器、端子箱、风扇按设计图示数量以"台"计算。电阻器按设计图示数量以"箱"计算。

（4）分流器、小电器、照明开关、插座、其他电器按名称、型号、规格、种类、容量（A）等，按设计图示数量以"个（套、台）"计算。

6. 工程量清单列项

根据《通用安装工程工程量计算规范》（GB 50856—2013）附录所示，列出以下配电箱清单列项。

1）落地式配电箱清单列项

落地式配电箱的安装一般需要制作安装角钢支架，因此配电箱清单列项见表8.41。

表 8.41　落地式配电箱清单列项

项目编码	项目名称	计量单位	工作内容
030404004	落地式配电箱安装	台	大型照明开关箱或动力控制柜一般采用落地式
030413001	角钢支架制作安装	kg	落地式安装配电箱需要制作安装支架作为支撑，一般采用角钢支架
031201003	金属结构刷红丹漆两遍	kg	角钢支架一般需要刷两遍红丹漆防腐

2）挂墙或嵌入式配电箱清单列项

小型照明配电箱一般采用挂墙或嵌入式安装，配电箱清单列项见表 8.42。

表 8.42　小型照明配电箱清单列项

项目编码	项目名称	计量单位	工作内容
030404017	配电箱 AL-1-1，嵌入式安装	台	—

7. 照明器具工程量计算规则

（1）普通灯具安装，根据灯具的种类、规格，按设计图示数量以"套"计算。

（2）吊式艺术装饰灯具安装，根据装饰灯具示意图所示，区别不同装饰物以及灯体直径和灯体垂吊长度，按设计图示数量以"套"计算。

（3）吸顶式艺术装饰灯具安装，根据装饰灯具示意图所示，区别不同装饰物、吸盘几何形状、灯体直径、灯体周长和灯体垂吊长度，按设计图示数量以"套"计算。

（4）荧光艺术装饰灯具安装，根据装饰灯具示意图所示，区别不同安装形式和计量单位计算。

1）组合荧光灯带安装，根据灯管数量，按设计图示长度计算。

2）内藏组合式荧光灯安装，根据灯具组合形式，按设计图示长度计算。

3）发光棚荧光灯安装，按设计图示发光棚数量以"m^2"计算。灯具主材根据实际安装数量加损耗量以"套"另行计算。

4）立体广告灯箱、顶棚荧光灯光带安装，按设计图示长度计算。

（5）几何形状组合艺术灯具安装，根据装饰灯具示意图集所示，区别不同安装形式及灯具形式，按设计图示数量以"套"计算。

（6）标志、诱导装饰灯具安装，根据装饰灯具示意图集所示，区别不同安装形式，按设计图示数量以"套"计算。

（7）水下艺术装饰灯具安装，根据装饰灯具示意图集所示，区别不同安装形式，按设计图示数量以"套"计算。

（8）点光源艺术装饰灯具安装，根据装饰灯具示意图集所示，区别不同安装形式、不同灯具直径，按设计图示数量以"套"计算。

（9）草坪灯具安装，根据装饰灯具示意图集所示，区别不同安装形式，按设计图示数量以"套"计算。

（10）歌舞厅灯具安装，根据装饰灯具示意图集所示，区别不同安装形式，按设计图示数量以"套""m"或"台"计算。

（11）荧光灯具安装，根据灯具的安装形式、灯具种类、灯管数量，按设计图示数量以"套"计算。

（12）嵌入式地灯安装，根据灯具安装形式，按设计图示数量以"套"计算。

（13）工厂灯及防水防尘灯安装，根据灯具安装形式，按设计图示数量以"套"计算。

（14）工厂其他灯具安装，根据灯具类型、安装形式、安装高度，按设计图示数量以"套"或"个"计算。

（15）医院灯具安装，根据灯具类型，按设计图示数量以"套"计算。

（16）霓虹灯管安装，根据灯管直径，按设计图示长度计算。

（17）霓虹灯变压器、控制器、继电器安装，根据用途与容量及变化回路，按设计图示数量以"台"计算。

（18）小区路灯安装，根据灯杆形式、臂长、灯数，按设计图示数量以"套"计算。

（19）楼宇亮化灯安装，根据光源特点与安装形式，按设计图示数量以"套"或"m"计算。

（20）艺术喷泉照明系统程序控制柜、程序控制箱、音乐喷泉控制设备、喷泉特技效果控制设备安装，根据安装位置方式及规格，按设计图示数量以"台"计算。

（21）艺术喷泉照明系统喷泉防水配件安装，根据玻璃钢电缆槽规格，按设计图示长度计算。

（22）艺术喷泉照明系统喷泉水下管灯安装，根据灯管直径，按设计图示长度计算。

（23）艺术喷泉照明系统喷泉水上辅助照明安装，根据灯具功能，按设计图示数量以"套"计算。

8. 照明器具清单列项与算量

房屋建筑工程中常用的照明灯具清单列项见表8.43。

表8.43 照明灯具清单列项

项目编码	项目名称	计量单位	工作内容
030412001	普通灯具	套	1. 本体安装
030412003	高度标志（障碍）灯	套	2. 底盒安装
030412004	装饰灯	套	3. 接线
030412005	荧光灯	套	

清单列项注意事项如下：

（1）普通灯具包括圆球吸顶灯、半圆球吸顶灯、方形吸顶灯、软线吊灯、座头灯、吊链灯。

（2）装饰灯包括吊式艺术装饰灯、吸顶式艺术装饰灯、荧光艺术装饰灯、几何形组合艺术装饰灯、标志灯、诱导装饰灯、水下艺术装饰灯、点光源艺术灯、歌舞厅灯具、草坪灯具等。

9. 开关、插座清单列项与算量

房屋建筑工程中常用的开关、插座清单列项见表8.44。

表8.44　开关、插座清单列项

项目编码	项目名称	计量单位	工作内容
030404019	控制开关	套	1. 本体安装
030404031	小电器	套	2. 接线
030404034	照明开关	套	1. 本体安装
			2. 底盒安装
030404035	插座	套	3. 接线

常用的开关、插座清单计价注意事项如下：

（1）开关、按钮安装：应区别开关、按钮安装形式、种类，开关极数及单控与双控。

（2）插座安装：应区别电源相数、额定电流、插座安装形式、插座孔个数。

三、电气主要分部分项工程量实例计算

1. 工程概况

（1）建筑概况。本建筑共3层，每层高3.3m，分为3个活动室。

（2）供电电源。建筑采用220V单相电源、TN-C接地方式的单相三线系统供电。相关施工图如图8.63～图8.65所示。

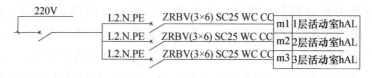

7BL2

图8.63　某建筑物活动室配电箱系统图

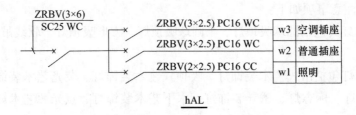

图 8.64 某建筑物配电箱系统图

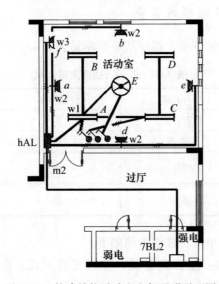

图 8.65 某建筑物活动室电气照明平面图

2. 施工说明

(1) 在二层强电井内设置一个配电箱 7BL2 (规格为 600mm × 400mm × 200mm),安装高度为 1.8m,配电箱有 3 路输出线 (m1、m2、m3),其中,m2 为二层活动室供电,导线及敷设方式为 ZRBV (3×6) SC25 WC CC 阻燃铜芯塑料绝缘线,3 根,截面面积为 6mm²,穿钢管敷设,管径为 25mm,沿墙、顶板暗敷。

(2) 活动室用电。在室内安装一个配电箱 hAL (规格为 600mm × 400mm × 200mm),其安装高度为 1.8m,分别采用 3 路供电,其中 w1 供房间照明,w2 供普通插座,w3 供空调插座。

(3) 除图面另有注释外,房间内所有照明、插座连线均选用 BV-500 型电线穿 PVC16 型管,敷设在现浇混凝土楼板内;竖直方向为暗敷设在墙体内。照明、插座的截面面积一律为 2.5mm²,每一回路单独穿一根管,穿管管径为 16mm。

(4) 除图面另有注释外,所有开关距地 1.3m 安装,普通插座距地 0.3m 安装,空调插座距地 1.8m 安装。

试根据《建设工程工程量清单计价规范》(GB 50500—2013) 和《通用安装工程工程量计算规范》(GB 50856—2013) 的规定,编制该工程的分部分项工程量清单(仅计算图纸所示二层）。

解　从电气照明平面图及电气施工说明中可知：该工程第二层楼强电井设一个配电箱（7BL2）和活动室设一个配电箱（hAL），均为嵌入式安装。楼层配电箱到户内配电箱为 6mm² 铜芯塑料绝缘线穿钢管沿墙暗敷。活动室配电箱引出 3 条支路，各支路为 2.5mm² 铜芯塑料绝缘线穿 PVC 管暗敷，其中照明回路沿墙和楼顶板暗敷，插座回路沿墙和楼地板暗敷。各种套管在土建施工时已经预埋设。

本工程可划分分项工程项目为暗装照明配电箱、敷设钢管（暗敷）、敷设 PVC 管（暗敷）、管内穿线、安装接线盒、安装双管成套荧光灯、安装板式开关（暗装）、安装单相三孔插座。

项目名称：某建筑电气照明工程（根据工程实际在计算规范项目名称下另定详细名称）。

项目特征：根据《通用安装工程工程量计算规范》（GB 50856—2013）附录要求填写。

项目编码：根据《通用安装工程工程量计算规范》（GB 50856—2013）附录要求填写前九位，后三位根据分项工程的不同项目特征从 001 开始顺序编写。

计量单位：根据《通用安装工程工程量计算规范》（GB 50856—2013）附录要求填写。

工程数量：依据工程量计算规则，按图计算。

工程量计算过程如下。

（1）照明配电箱的安装：第二层图中共 2 台。

（2）钢管的敷设（暗敷）：仅计算图中 m2 回路。

由配电箱 7BL2 至 hAL：其敷设钢管 SC25 的长度为 $(3.3 - 1.8 - 0.4)$［竖直长度］［层高 – 安装高度 – 配电箱高度］+ 10.76［水平长度］［平面图中按比例量取］+ $(3.3 - 1.8 - 0.4)$［竖直长度］［层高 – 安装高度 – 配电箱高度］= 12.96（m）。

（3）PVC 管的敷设（暗敷）：w1 回路为照明回路，根据系统图配管配线情况 ZR-BV（2×2.5）PC16 CC，平面图中无标注根数为 2 根，有标注根数以标注为准，计算配管长度如下。

1）穿 2 根导线的配管：

$(3.3 - 1.8 - 0.4)$［竖直长度］［层高 – 安装高度 – 配电箱高度］（hAL 箱至楼板顶）+ 1.82［水平长度］（hAL 箱至活动室所连第一套双管荧光灯 – 图中代号 A）+ 2.60［水平长度］（双管荧光灯 A 向北所连双管荧光灯 B）+ 3.35［水平长度］（双管荧光灯 A 向东所连双管荧光灯 C）+ 2.60［水平长度］（双管荧光灯 C 向北所连双管荧光灯 D）+ 2.12［水平长度］（双管荧光灯 A 至吸顶灯 E）+ 2.95［水平长度］（吸顶灯 E 至单联单控暗装开关）+ $(3.3 - 1.3)$［竖直长度］［层高 – 开关安装高度］= 18.54（m）

2）穿 3 根导线的配管：

1.12［水平长度］（双管荧光灯 A 至双联单控暗装开关）+ $(3.3 - 1.3)$［竖直长度］

［层高－开关安装高度］+ 2.95［水平长度］（双管荧光灯 C 至双联单控暗装开关）+（3.3－1.3）［竖直长度］［层高－开关安装高度］= 8.07（m）

w2 回路为插座回路，根据系统图配管配线情况 ZRBV（3×2.5）PC16 CC，计算配管长度如下：

1.8［竖直长度－向下配管］［hAL 配电箱安装高度］+2.53［水平长度］（hAL 箱至插座 a）+0.3×2［竖直长度］（地面到插座 a）+5.45［水平长度］（插座 a 至插座 b）+0.3［竖直长度］（地面到插座 b）+3.37［水平长度］（hAL 箱至插座 d）+0.3×2［竖直长度］（地面到插座 d）+5.71［水平长度］（插座 d 至插座 e）+0.3［竖直长度］（地面到插座 e）=20.66（m）

对于 w3 回路，有：

1.8［竖直长度－向下配管］［hAL 配电箱安装高度］+4.15［水平长度］（hAL 箱至插座 f）+1.8［竖直长度］（地面到插座 f）=7.75（m）

（4）管内穿线。

1）钢管内穿 6mm² 铜芯塑料绝缘线，所需长度为

｛(0.6＋0.4)［7BL2 箱内预留长度］+ 12.96［SC25 配管长度］+ (0.6＋0.4)［hAL 箱内预留长度］｝×3［根数］= 44.88（m）

2）PVC 内穿 2.5mm² 铜芯塑料绝缘线，所需长度计算如下：

w1 回路为照明回路，部分为 2 根线（包括 hAL 箱出线至顶板段），部分为 3 根线，所需长度为

｛(0.6＋0.4)［hAL 箱内预留长度］+ 18.54［穿 2 根导线的 PVC 配管长度］｝×2 + 8.07［穿 3 根导线的 PVC 配管长度］×3 = 63.29（m）

w2 回路为普通插座回路，都为 3 根线，所需长度为

｛(0.6＋0.4)［hAL 箱内预留长度］+ 20.66［穿 3 根导线的 PVC 插座配管长度］｝× 3 = 64.98（m）

w3 回路为空调插座回路，都为 3 根线，所需长度为

｛(0.6＋0.4)［hAL 箱内预留长度］+ 7.75［穿 3 根导线的 PVC 插座配管长度］｝× 3 = 26.25（m）

（5）接线盒的安装。

w1 回路：5（灯头盒－4 套双管荧光灯,1 套吸顶灯）+3（开关盒）= 8（个）

w2 回路：4 个（插座盒）。

w3 回路：1 个（插座盒）。

（6）双管成套荧光灯的安装：共 4 只。

（7）吸顶灯的安装：共 1 只。

（8）板式开关的安装（暗装）：双联单控暗装开关共 2 只；单联单控暗装开关 1 只。

（9）单相三孔插座的安装：普通插座 4 只，空调插座 1 只，共 5 只。

工程量计算表见表 8.45。

表8.45 工程量计算表

工程名称：某建筑电气照明工程　　　　　　　　　　　　　　　　　　　　第1页 共1页

序号	分部分项工程名称	计算式	计量单位	工程数量	部位
1	照明配电箱安装	2	台	2	过厅、房间
2	SC25 敷设	$(3.3-1.8-0.4)+10.76+(3.3-1.8-0.4)$	m	12.96	沿墙、顶棚暗敷
3	PC16 敷设	$(3.3-1.8-0.4)+1.82+2.60+3.35+2.60+2.12+2.95+(3.3-1.3)+1.12+(3.3-1.3)+2.95+(3.3-1.3)+1.8+2.53+0.3\times2+5.45+0.3+3.37+0.3\times2+5.71+0.3+1.8+4.15+1.8$	m	55.02	沿墙、顶棚、地板暗敷
4	管内穿线（6mm²）	$(0.6+0.4+12.96+0.6+0.4)\times3$	m	44.88	
5	管内穿线（2.5mm²）	$(0.6+0.4+18.54)\times2+8.07\times3+(0.6+0.4+20.66)\times3+(0.6+0.4+7.75)\times3$	m	154.52	房间
6	接线盒安装	$8+4+1$	个	13	房间
7	双管荧光灯安装	4	个	4	房间
8	吸顶节能灯安装	1	个	1	房间
9	普通插座安装	4	个	4	房间
10	空调插座安装	1	个	1	房间
11	板式开关安装	$2+1$	个	3	房间

将表8.45的工程量计算结果填入工程量清单，见表8.46。

表8.46 工程量清单表

工程名称：某建筑电气照明工程

序号	项目编码	项目名称	项目特征描述	计量单位	工程量
1	030404017001	照明配电箱安装	1. 安装高度：1.8m 2. 型号：600mm×400mm×200mm	台	2
2	030411001001	焊接钢管敷设	1. 名称：电线管 2. 材质：镀锌 3. 规格：DN25 4. 配置形式：沿墙、顶板暗敷	m	12.96
3	030411001002	PVC 管敷设	1. 名称：电线管 2. 材质：PVC 3. 规格：φ20 4. 配置形式：暗配	m	55.02
4	030411004001	管内穿线（6mm²）	1. 名称：管内穿线 2. 配线形式：照明线路、动力线路 3. 材质：聚氯乙烯铜线	m	44.88

序号	项目编码	项目名称	项目特征描述	计量单位	工程量
5	030411004002	管内穿线（2.5mm²）	1. 名称：管内穿线 2. 配线形式：照明线路、动力线路 3. 材质：聚氯乙烯铜线	m	154.52
6	030411006001	接线盒	本体安装	个	13
7	030412005001	双管荧光灯	1. 名称：双管成套荧光灯 2. 安装方式：吸顶式	套	4
8	030412002001	吸顶节能灯	1. 名称：节能灯 2. 型号、规格：11W、$\cos\phi\geq0.9$ 3. 安装方式：吸顶	套	1
9	030404035001	普通插座	1. 名称：单相插座 2. 材质：塑料 3. 安装方式：距地 0.3m 安装接线	个	4
10	030404035002	空调插座	1. 名称：单相插座 2. 材质：塑料 3. 安装方式：距地 1.8m 安装接线	个	1
11	030404034001	板式开关	1. 名称：双控单联开关 2. 安装方式：距地 1.3m 沿墙暗敷	个	2
12	030404034002	板式开关	1. 名称：单控单联开关 2. 安装方式：距地 1.3m 沿墙暗敷	个	1

分部分项工程综合单价分析表示例见表 8.47。

表 8.47 综合单价分析表示例

项目编码	030404017001	项目名称	照明配电箱安装	计量单位	套	工程量	2

清单综合单价组成明细

定额编号	定额项目名称	单位	数量	单价（元）				合价（元）			
				人工费	材料费	施工机具使用费	管理费和利润	人工费	材料费	施工机具使用费	管理费和利润
CK0479	成套配电箱安装悬挂嵌入式（半周长 1m）	台	1	111.5	19.5	—	592.5	111.5	19.5	—	592.5
人工单价			小计					8.29	1.03	0.01	4.4
70、90、120 元/工日			未计价材料费（元）					—			
清单项目综合单价（元）								636.8			

材料费明细	主要材料名称、规格	单位	数量	单价	合价	暂估单价	暂估合价
	—	—	—	—	—		
	其他材料费（元）				19.5		
	材料费小计（元）				19.5		

第九章　工　程　计　价

第一节　工程量清单计价

工程量清单计价是一种主要由市场定价的计价模式，是由建设产品的买方和卖方在建设市场上根据供求状况、信息状况进行竞价，从而最终能够签订工程合同价格的方法。

一、工程量清单计价的基本原理

以招标人提供的工程量清单为平台，投标人根据自身的技术、财务、管理、设备等能力进行投标报价，招标人根据具体的评标细则进行优选。

1. 工程量清单计价的基本方法与程序

工程量清单计价的基本过程可以这样描述：在统一的工程量清单项目设置的基础上，统一制定工程量清单计量规则，根据具体工程的施工图纸计算出各个清单项目的工程，再根据各种渠道所获得的工程造价信息和经验数据计算得到工程造价。这一基本的计算过程如图9.1所示。

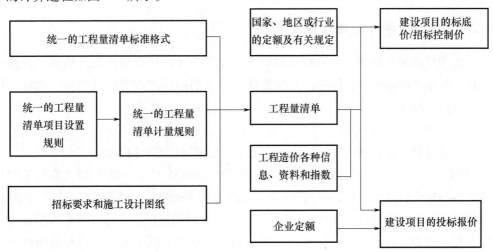

图 9.1　工程造价工程量清单计价的过程示意图

从图 9.1 中可以看出，其编制过程可以分为两个阶段：工程量清单的编制和利用工程量清单来编制投标报价（或标底价格）。投标报价是在业主提供的工程量计算结果的基础上，根据企业自身所掌握的各种信息、资料，结合企业定额编制得出的。

（1）分部分项工程费 = Σ 分部分项工程量 × 相应分部分项工程综合单价

分部分项工程费应依据招标文件及其招标工程量清单中分部分项工程量清单项目的特征描述确定综合单价计算，并应符合下列规定：

1）综合单价中应考虑招标文件中要求投标人承担的风险费用。

2）招标工程量清单中提供了暂估单价的材料和工程设备，按暂估单价计入综合单价。

（2）措施项目费 = Σ 各措施项目费

措施项目费应根据招标文件中的措施项目清单及投标时拟定的施工组织设计或施工方案按 2013 年建设工程工程量清单计价规范第 3.1.2 条：分部分项工程和措施项目清单应采用综合单价计价的规定自主确定。其中措施项目清单中的安全文明施工费应按照国家或省级、行业建设主管部门的规定计价，不得作为竞争性费用。

（3）其他项目费报价的规定

1）暂列金额应按招标工程量清单中列出的金额填写。

2）材料、工程设备暂估价应按招标工程量清单中列出的单价计入综合单价。

3）专业工程暂估价应按招标工程量清单中列出的金额填写。

4）计日工应按招标工程量清单中列出的项目和数量，自主确定综合单价并计算计日工总额。

5）总承包服务费应根据招标工程量清单中列出的内容和提出的要求自主确定。

（4）单位工程报价 = 分部分项工程费 + 措施项目费 + 其他项目费 + 规费 + 税金

（5）单项工程报价 = Σ 单位工程报价

（6）建设项目总报价 = Σ 单项工程报价

2. 工程量清单计价的操作过程

就我国目前的实践而言，工程量清单计价作为一种市场价格的形成机制，其使用主要在工程施工招标阶段。因此，工程量清单计价的操作过程可以从招标、投标、评标三个阶段来阐述。

（1）工程施工招标阶段

工程量清单计价在施工招标阶段的应用主要是编制标底、控制价。

《建设工程工程量清单计价规范》（GB 50500—2013）中进一步强调"实行工程量清单计价招标投标建设工程，其招标标底、投标报价的编制、合同价款的确定与调整、工程结算应按本规范进行"，并进一步规定"招标工程如设标底，标底应根据招标文件中的工程量清单和有关要求、施工现场实际情况、合理的施工方法，以及按照建设行政主管部门制定的有关工程造价计价办法进行编制"。

工程量清单下的标底价必须严格按照"规范"进行编制,以工程量清单给出的工程数量和综合的工程内容,按市场价格计价。对工程量清单开列的工程数量和综合的工程内容不得随意更改、增减,必须保持与各投标单位计价口径的统一。

（2）投标单位制作标书阶段

投标单位接到招标文件后,首先要对招标文件进行透彻的分析研究,对图纸进行仔细的理解。其次要对招标文件中所列的工程量清单进行审核,在审核中,要视招标单位是否允许对工程量清单内所列的工程量误差进行调整决定审核办法。如果允许调整,就要详细审核工程量清单内所列的各工程项目的工程量,对有较大误差的,通过招标单位答疑会提出调整意见,取得招标单位同意后进行调整;如果不允许调整工程量,则不需要对工程量进行详细的审核,只对主要项目或工程量大的项目进行审核,发现这些项目有较大误差时,可通过招标单位答疑会提出意见进行调整,或通过调整这些项目单价的方法解决,工程量确定后进行工程造价的计算。最后要套用单价及汇总计算。根据我国现行的工程量清单计价办法,单价采用的是综合单价。

（3）评标阶段

在评标时可以对投标单位的最终总报价以及分项工程的综合单价的合理性进行评分。由于采用了工程量清单计价方法,所有投标单位都站在同一起跑线上,因而竞争更为公平合理,有利于实现优胜劣汰,而且在评标时一般应坚持合理低标价中标的原则。当然,在评标时仍然可以采用综合计分的方法,不仅考虑报价因素,而且还对投标单位的施工组织设计、企业业绩和信誉等按一定的权重分值分别进行计分,按总评分的高低确定中标单位。也可以采用两阶段评标的办法,即先对投标单位的技术方案进行评价,在技术方案可行的前提下,再以投标单位的报价作为评标定标的唯一因素,这样既可以保证工程建设质量,又有利于业主选择一个合理的、报价较低的单位中标。

二、工程量清单计价编制依据

"工程量清单"是建设工程实行工程量清单计价的专用名词。表示的是拟建工程的分部分项工程项目、措施项目、其他项目、规费、税金的名称和数量。工程量清单是按统一规定进行编制的,它体现的核心内容为分项工程项目名称及其相应数量,是招标文件的组成部分。招标人或由其委托的代理机构按照招标要求和施工设计图纸规定将拟建招标工程的全部项目和内容,依据《建设工程工程量清单计价规范》（GB 50500—2013）和各专业工程量计算规范进行编制,作为承包人进行投标报价的主要参考依据之一。

三、工程量清单计价的内容和表格

1. 工程量清单计价的内容

工程量清单作为招标人所编制的招标文件的一部分，是投标人进行投标报价的重要依据，因此，作为一个合格的计价依据，工程量清单中必须具有完整详细的信息披露，为了达到这一要求，招标人编制的工程量清单应该包括以下内容。

（1）清单项目的设置情况

工程计价是一个分部组合计价的过程，不同的计价模式对项目的设置规则和结果都是不尽相同的。在业主提供的工程量清单计价中必须明确清单项目的设置情况，除了明确说明各个清单项目的名称外，还应阐释各个清单项目的特征和工程内容，以保证清单项目设置的特征描述和工程内容没有遗漏，也没有重叠。当然，这种项目设置可以通过统一的规范编制来解决。

（2）清单项目的工程数量

在招标人提供的工程量清单中必须列出各个清单项目的工程数量，这也是工程量清单招标与定额招标之间的一个重大区别。

采用定额方式和由投标人自行计算工程量的投标报价，由于设计图纸造成的缺陷，不同投标人员理解不一，计算出的工程量也不同，报价相去甚远，容易产生纠纷。而工程量清单报价就为投标者提供一个平等竞争的条件，相同的工程量由企业根据自身的实力来填报不同的单价，符合商品交换的一般性原则。因为对于每一个投标人来说，计价所依赖的工程数量都是一样的，使得投标人之间的竞争完全属于价格的竞争，其投标报价反映出自身的技术能力和管理能力，也使得招标人的评标标准更加简单明确。

同时，在招标人提供的工程量清单中提供工程数量，还可以实现发承包双方合同风险的合理分担。采用工程量清单报价方式后，投标人只需对自己所报的成本、单价等负责，而对工程量的变更或计算错误等不负责任，这一部分风险相应由业主承担，这种格局符合风险合理分担与责权利关系对等的一般原则。

（3）工程量清单的表格格式

工程量清单的表格格式是附属于项目设置和工程量计算的，它为投标报价提供一个合适的计价平台，投标人可以根据表格之间的逻辑联系和从属关系，在其指导下完成分部组合计价的过程。从严格意义上说，工程量清单的表格格式可以多种多样，只要能够满足计价的需要就可以了。

2. 工程量清单计价的表格

工程量清单计价的表格宜采用统一格式，具体格式样例参见《建设工程工程量清单计价规范》（GB 50500—2013）附录 B 至附录 L。具体内容如下。

（1）封面

应按规定内容填写、签字、盖章，具体有：

1）招标工程量清单封面；

2）招标控制价封面；

3）投标总价封面；

4）竣工结算书封面；

5）工程造价鉴定意见书封面。

（2）工程计价文件扉页

1）招标工程量清单扉页；

2）招标控制价扉页；

3）投标总价扉页；

4）竣工结算总价扉页；

5）工程造价鉴定意见书扉页。

（3）工程计价总说明

（4）工程计价汇总表

应按工程项目总价表合计金额填写，具体包括：

1）建设项目招标控制价/投标报价汇总表；

2）单项工程招标控制价/投标报价汇总表；

3）单位工程招标控制价/投标报价汇总表；

4）建设项目竣工结算汇总表；

5）单项工程竣工结算汇总表；

6）单位工程竣工结算汇总表。

（5）分部分项工程和措施项目计价表

1）分部分项工程和单价措施项目清单与计价表；

2）综合单价分析表；

3）综合单价调整表；

4）总价措施项目清单与计价表。

（6）其他项目计价表

1）其他项目清单与计价汇总表；

2）暂列金额明细表；

3）材料（工程设备）暂估单价及调整表；

4）专业工程暂估价及结算价表；

5）计日工表；

6）总承包服务费计价表；

7）索赔与现场签证计价汇总表；

8）费用索赔申请（核准）表；

9）现场签证表。

（7）规费、税金项目计价表

（8）工程计量申请（核准）表

（9）合同价款支付申请（核准）表

1）预付款支付申请（核准）表；

2）总价项目进度款支付分解表；

3）进度款支付申请（核准）表；

4）竣工结算款支付申请（核准）表；

5）最终结清支付申请（核准）表。

（10）主要材料、工程设备一览表

1）发包人提供材料和工程设备一览表；

2）承包人提供主要材料和工程设备一览表。

第二节　施工图预算

一、施工图预算的概念及其编制内容

1. 施工图预算的含义

施工图预算是施工图设计预算的简称，又叫设计预算。它是根据已批准的施工图纸、现行的预算定额、费用定额和地区人工、材料、设备与机械台班等资源价格，在施工方案或施工组织设计已大致确定的前提下，按照规定的计算程序计算分部分项工程费、措施项目费，并计取规费、税金等费用，确定单位工程造价的技术经济文件。

按以上施工图预算的概念，只要是按照工程施工图以及计价所需的各种依据，在工程实施前所计算的工程价格，均可以称为施工图预算价格。该施工图预算价格既可以是按照政府统一规定的预算单价、取费标准、计价程序计算而得到的属于计划或预期性质的施工图预算价格，也可以是通过招标投标法定程序后，施工企业根据自身的实力即企业定额、资源市场单价以及市场供求、竞争状况计算得到的反映市场性质的施工图预算价格。

2. 施工图预算编制的两种模式

（1）传统定额计价模式

我国传统的定额计价模式是采用国家、部门或地区统一规定的预算定额、单位估价表、取费标准、计价程序进行工程造价计价的模式，通常也称为定额计价模式。由于清单计价模式中也要用到消耗量定额，为避免歧义，此处称为传统定额计价模式，它是我国长期使用的一种施工图预算的编制方法。

在传统的定额计价模式下，国家或地方主管部门颁布工程预算定额，并且规定了相关取费标准，发布有关资源价格信息。建设单位与施工单位均先根据预算定额中规定的工程量计算规则、定额单价计算分部分项、技术措施项目工程费，再按照规定的费率和取费程序计取组织措施项目费、企业管理费、规费、利润和税金，汇总得到工程造价。

即使在预算定额从指令性走向指导性的过程中，虽然预算定额中的一些因素可以按市场变化做一些调整，但其调整（包括人工、材料和机械价格的调整）也都是按造价管理部门发布的造价信息进行，造价管理部门不可能把握市场价格的随时变化，其公布的造价信息与市场实际价格信息总有一定的滞后与偏离，这就决定了定额计价模式的局限性。

（2）工程量清单计价模式

工程量清单计价模式是招标人按照国家统一的工程量清单计价规范中的工程量计算规则提供工程量清单和技术说明，由投标人依据企业自身的条件和市场价格对工程量清单自主报价的工程造价计价模式。

3. 施工图预算的作用

施工图预算作为建设工程建设程序中一个重要的技术经济文件，在工程建设实施过程中具有十分重要的作用，可以归纳为以下几个方面。

（1）施工图预算对投资方的作用

1）施工图预算是控制造价及资金合理使用的依据。施工图预算确定的预算造价是工程的计划成本，投资方按施工图预算造价筹集建设资金，并控制资金的合理使用。

2）施工图预算是确定工程招标控制价的依据。在设置招标控制价的情况下，建筑安装工程的招标控制价可按照施工图预算来确定。招标控制价通常是在施工图预算的基础上考虑工程的特殊施工措施、工程质量要求、目标工期、招标工程范围以及自然条件等因素进行编制的。

3）施工图预算是拨付工程款及办理工程结算的依据。

（2）施工图预算对施工企业的作用

1）施工图预算是建筑施工企业投标时"报价"的参考依据。在激烈的建筑市场竞争中，建筑施工企业需要根据施工图预算造价，结合企业的投标策略，确定投标报价。

2）施工图预算是建筑工程预算包干的依据和签订施工合同的主要内容。在采用总价合同的情况下，施工单位通过与建设单位的协商，可在施工图预算的基础上，考虑设计或施工变更后可能发生的费用与其他风险因素，增加一定系数作为工程造价一次性包干。同样，施工单位与建设单位签订施工合同时，其中的工程价款的相关条款也必须以施工图预算为依据。

3）施工图预算是施工企业安排调配施工力量，组织材料供应的依据。施工单位各职能部门可根据施工图预算编制劳动力供应计划和材料供应计划，并由此做好施工前的准备工作。

4）施工图预算是施工企业控制工程成本的依据。根据施工图预算确定的中标价格是施工企业收取工程款的依据，企业只有合理利用各项资源，采取先进技术和管理方法，将成本控制在施工图预算价格以内，才会获得良好的经济效益。

5）施工图预算是进行"两算"对比的依据。施工企业可以通过施工图预算和施工预算的对比分析，找出差距，采取必要的措施。

（3）施工图预算对其他方面的作用

1）对于工程咨询单位来说，可以客观、准确地为委托方做出施工图预算，以强化投资方对工程造价的控制，有利于节省投资，提高建设项目的投资效益。

2）对于工程造价管理部门来说，施工图预算是监督、检查执行定额标准，合理确定工程造价，测算造价指数的依据。

4. 施工图预算的内容

施工图预算有单位工程预算、单项工程预算和建设项目总预算。单位工程预算是根据施工图设计文件、现行预算定额、费用定额以及人工、材料、设备、机械台班等预算价格资料，编制单位工程的施工图预算；汇总所有各单位工程施工图预算，成为单项工程施工图预算；汇总各所有单项工程施工图预算，便是一个建设项目建筑安装工程的总预算。

单位工程预算包括建筑工程预算和设备安装工程预算。建筑工程预算按其工程性质分为一般土建工程预算、给排水工程预算、采暖通风工程预算、煤气工程预算、电气照明工程预算、弱电工程预算、特殊构筑物如炉窑等工程预算和工业管道工程预算等。设备安装工程预算可分为机械设备安装工程预算、电气设备安装工程预算和热力设备安装工程预算等。

二、施工图预算的编制

1. 施工图预算的编制依据

（1）国家有关工程建设和造价管理的法律、法规和方针政策。

（2）施工图设计项目一览表、各专业施工图设计的图纸和文字说明、工程地质勘察资料。

（3）主管部门颁布的现行建筑工程和安装工程预算定额、材料与构配件预算价格、工程费用定额和有关费用规定等文件。

（4）现行的有关设备原价及运杂费率。

（5）现行的其他费用定额、指标和价格。

（6）建设场地中的自然条件和施工条件。

（7）标准施工方案和施工组织设计。

2. 施工图预算的编制程序

（1）定额计价模式

1）编制前的准备工作

施工图预算是确定施工预算造价的文件。编制施工图预算，不仅要严格遵守国家计价政策、法规，严格按图纸计量，而且要考虑施工现场条件因素，是一项复杂而细致的工作，也是一项政策性和技术性都很强的工作。因此，必须事前做好充分准备，方能编制出高水平的施工图预算。准备工作主要包括两大方面：一是组织准备，二是资料的收集和现场情况的调查。

2）熟悉图纸和预算定额

图纸是编制施工图预算的基本依据，必须充分熟悉图纸，方能编制好预算。熟悉图纸不但要弄清图纸的内容，而且要对图纸进行审核：图纸间相关尺寸是否有误，设备与材料表上的规格、数量是否与图示相符，详图、说明、尺寸和其他符号是否正确等。若发现错误应及时纠正。

另外，要全面熟悉图纸，包括采用的平面图、立面图、剖面图、大样图、标准图以及设计更改通知（或类似文件），这些都是图纸的组成部分，不可遗漏。通过对图纸的熟悉，要了解工程的性质、系统的组成，设备和材料的规格型号、品种，以及有无新材料、新工艺的采用。

预算定额是编制施工图预算的计价标准，对其适用范围、工程量计算规则及定额系数等都要充分了解，做到心中有数，这样才能使预算编制标准、迅速。

3）划分工程项目和计算并整理工程量

①划分工程项目。划分的工程项目必须和定额规定的项目一致，这样才能正确地套用定额。不能重复列项计算，也不能漏项少算。

②计算并整理并整理工程量。必须按定额规定的工程量计算规则进行计算，工程量全部计算完以后，要对工程项目和工程进行整理，即合并同类项和按序排列。

4）套单价（计算定额基价）。套单价即将定额子项中的基价填于预算表单价栏内，并将单价乘以工程量得出合价，将结果填入合价栏。

5）工料分析。工料分析即按分项工程项目，依据定额或单位估价表，计算人工和各种材料的实物耗量，并将主要材料汇总成表。工料分析的方法：首先从定额项目表中分别将各分项工程消耗的每项材料和人工的定额消耗量查出，再分别乘以该工程项目的工程量，得到分项工程工料消耗量，最后将各分项工程工料消耗量加以汇总，得出单位工程人工、材料的消耗数量。

6）计算主材费（未计价材料费）。因为许多定额项目基价为不完全价格，即未包括主材费用在内。计算所在地定额基价费（基价合计）之后，还应计算出主材费，以便计算工程造价。

7）按费用定额取费。按有关规定计取措施费，以及按当地费用定额的取费规定计取部分措施项目费、企业管理费、规费、利润、税金等。

8）计算工程造价。将分部分项、技术措施项目费、组织措施项目费、企业管理费、规费、利润和税金相加，即为工程预算造价。

（2）工程量清单计价模式

1）准备资料，熟悉施工图纸。广泛搜集、准备各种资料，包括施工图纸、施工组织设计、施工方案、现行的建筑安装预算定额、取费标准、统一的工程量计算规则和地区材料预算价格、工程预算软件等。

在准备资料的基础上，关键而重要的一环是熟悉施工图纸。施工图纸是了解设计意图和工程全貌，从而准确计算工程量的基础资料。只有对施工图纸有较全面详细的了解，才能结合投标报价划分项目，正确而全面地分析该工程中的各分部分项工程，有步骤地计算工程量。另外，还要充分了解施工组织设计和施工方案，以便编制预算时注意其影响工程费用的因素。

2）计算工程量。计算工程量工作，在整个预算编制过程中是最繁重、花费时间最长的一个环节，它直接影响预算的及时性。同时，工程量是预算的主要数据，它的准确与否又直接影响预算的准确性。因此，必须在工程量计算上狠下功夫，才能保证预算的质量。

计算工程量一般按下列具体步骤进行：

①根据工程内容和工程量计算规范，列出需计算的工程量分部分项工程。

②根据一定的计算顺序和计算规则，列出计算式。

③根据施工图纸上的设计尺寸及有关数据，代入计算式进行数值计算。

3）计算综合单价。采取工程量清单综合单价做预算时，综合单价应包括人工费、材料费、机械费、管理费、利润，并考虑风险因素。

4）计算分部分项工程费、措施项目费和其他项目费用。

5）计算规费、税金。

6）汇总计算工程造价。

第十章　工程招标投标与合同价款的约定

第一节　工程招标投标

一、工程招标投标的概念

工程招标是指招标人依据法定程序，通过公开招标或邀请招标，激励投标人依据招标文件参与竞争，通过评比，从中确定中标人的一种经济活动。

工程投标是指具有合法资格和能力的投标人，根据招标文件，在指定期限内完成和提交投标书，参加开标，接受评审，参与竞争中标的经济活动。

工程招标投标是发包人选择承包人，承包人承揽工程建设的一种委托方式。

二、工程招标的范围及方式

1. 工程招标的范围

（1）《招标投标法》的规定

我国《招标投标法》指出，凡在中华人民共和国境内进行下列工程建设项目，包括项目的勘察、设计、施工、监理以及与工程建设有关的重要设备、材料等的采购，必须进行招标：

1）大型基础设施、公用事业等关系社会公共利益、公众安全的项目。

2）全部或者部分使用国有资金投资或国家融资的项目。

3）使用国际组织或者外国政府贷款、援助资金的项目。

（2）《必须招标的工程项目规定》的规定

国家发展和改革委员会对《招标投标法》中工程建设项目招标范围和规模标准经国务院批准，在《必须招标的工程项目规定》（发改委 2018 年第 16 号令）做出了具体规定（2018 年 3 月 27 日），必须招标的工程项目主要有如下几个。

1）全部或者部分使用国有资金投资或者国家融资的项目，包括：

①使用预算资金 200 万元人民币以上，并且该资金占投资额 10% 以上的项目；

②使用国有企业事业单位资金，并且该资金占控股或者主导地位的项目。

2）使用国际组织或者外国政府贷款、援助资金的项目，包括：

①使用世界银行、亚洲开发银行等国际组织贷款、援助资金的项目；

②使用外国政府及其机构贷款、援助资金的项目。

3）不属于 1）、2）规定情形的大型基础设施、公用事业等关系社会公共利益、公众安全的项目，必须招标的具体范围由国务院发展改革部门会同国务院有关部门按照确有必要、严格限定的原则制定，报国务院批准。

4）第 1）、3）项规定范围内的项目，其勘察、设计、施工、监理以及与工程建设有关的重要设备、材料等的采购达到下列标准之一的，必须招标：

①施工单项合同估算价在 400 万元人民币以上；

②重要设备、材料等货物的采购，单项合同估算价在 200 万元人民币以上；

③勘察、设计、监理等服务的采购，单项合同估算价在 100 万元人民币以上。

同一项目中可以合并进行的勘察、设计、施工、监理以及与工程建设有关的重要设备、材料等的采购，合同估算价合计达到前款规定标准的，必须招标。

（3）其他规定

《房屋建筑和市政基础设施工程施工招标投标管理办法》（2001 年 6 月 1 日建设部令第 89 号发布，2018 年 9 月 28 日住房城乡建设部令第 43 号修正）的规定。

依法必须进行施工招标的工程，全部使用国有资金投资或者国有资金投资占控股或者主导地位的，应当公开招标，但经国家发改委或者省、自治区、直辖市人民政府依法批准可以进行邀请招标的重点建设项目除外；其他工程可以实行邀请招标。

工程有下列情形之一的，经县级以上地方人民政府建设行政主管部门批准，可以不进行施工招标：

1）停建或者缓建后恢复建设的单位工程，且承包人未发生变更的；

2）施工企业自建自用的工程，且该施工企业资质等级符合工程要求的；

3）在建工程追加的附属小型工程或者主体加层工程，且承包人未发生变更的；

4）法律、法规、规章规定的其他情形。

全部使用国有资金投资或者国有资金投资占控股或者主导地位，依法必须进行施工招标的工程项目，应当进入有形建筑市场进行招标投标活动。

政府有关管理机关可以在有形建筑市场集中办理有关手续，并依法实施监督。

2. 工程招标的方式

招标可以分为公开招标和邀请招标。《招标投标法》所规定的招标方式主要分类如下。

1）公开招标

公开招标指招标人通过报刊、广播或电视等公共传播媒介介绍、发布招标公告或信息而进行招标，是一种无限制的竞争方式。公开招标的优点是招标人有较大的选择范围，可在众多的投标人中选定报价合理、工期较短、信誉良好的承包人，有助于打破垄断，实行公平竞争。

2）邀请招标

招标人以投标邀请书的方式邀请特定的法人或者其他组织投标。招标人采用邀请招标方式的，应当向三个及三个以上具备承担招标项目的能力、资信良好的特定法人或者其他组织发出投标邀请书。邀请招标虽然也能够邀请到有经验和资信可靠的投标者投标，保证履行合同，但限制了竞争范围，可能会失去技术上和报价上有竞争力的投标者。因此，在我国建设市场中应大力推行公开招标。

国际上一般把公开招标称为无限竞争性招标，把邀请招标称为有限竞争性招标。

三、工程招标的程序

工程招标程序包括：招标方式确定—成立招标机构（或委托招标代理公司）—监管机构办理登记手续—发布招标信息—资格预审—编制、备案、发售招标文件—踏勘现场、标前预备会（投标答疑）—开标、评标、定标—招标情况备案—发中标通知书—签署合同。

工程招标程序具体流程如图 10.1 所示。

1. 招标活动的准备工作

项目招标前，招标人应当办理有关的审批手续，确定招标方式以及划分标段等工作。

（1）确定招标方式

对于公开招标和邀请招标两种方式，按照《工程建设项目施工招标投标办法》的规定，国务院发展计划部门确定的国家重点建设项目和各省、市、自治区、直辖市人民政府确定的地方重点项目，以及全部使用国有资金投资、国有资金投资占控股或者主导地位的工程建设项目，应当公开招标；有下列情况之一的，经批准可以进行邀请招标。

1）项目技术复杂或有特殊要求，只有少量几家潜在投标人可供选择的。

2）受自然地域环境限制的。

3）涉及国家安全、国家秘密或者抢险救灾，适宜招标但不宜公开招标的。

4）拟公开招标的费用与项目的价值相比，不值得的。

5）法律、法规规定不宜公开招标的。

（2）划分标段

招标项目需要划分标段的，招标人应当合理划分标段。一般情况下，一个项目应当作为一个整体进行招标。但是，对于大型的项目，作为一个整体进行招标将大大降低招标的竞争性，因为符合招标条件的潜在投标人数量太少，这样就应当将招标项目划分成若干个标段分别进行招标。但也不能将标段划分得太小，太小的标段将失去对实力雄厚的潜在投标人的吸引力。如建设项目的施工招标，一般可以将一个项目分解为单位工程及特殊专业工程分别招标，但不允许将单位工程肢解为分部、分项工程进行招标。

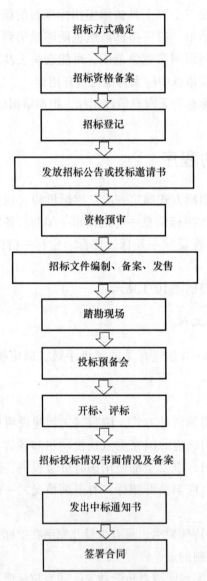

图 10.1　工程招标程序具体流程

标段的划分是招标活动中较为复杂的一项工作，应当综合考虑以下因素：

1）招标项目的专业要求。如果招标项目的几部分内容专业要求接近，则该项目可以考虑作为一个整体进行招标。如果该项目的几部分内容专业要求相距甚远，则应当考虑划分为不同的标段分别招标。如对于一个项目中的土建和设备安装两部分内容就应当分别招标。

2）招标项目的管理要求。有时一个项目的各部分内容相互之间干扰不大，方便招标人进行统一管理，这时就可以考虑对各部分内容分别进行招标；反之，如果各个独立的承包人之间的协调管理是十分困难的，则应当考虑将整个项目发包给一个承包人，由该承包人进行分包后统一进行协调管理。

3）对工程投资的影响。标段划分对工程投资也有一定的影响，这种影响是由多方面因素造成的。如一个项目作为一个整体招标，则承包人需要进行分包，分包的价格在一般情况下不如直接发包的价格低；但一个项目作为一个整体招标，有利于承包人的统一管理，人工、机械设备、临时设施等既可以统一使用，又可能降低费用。因此，应当具体情况具体分析。

4）工程各项工作的衔接。在划分标段时还应当考虑到项目在建设过程中的时间和空间的衔接。应当避免产生平面或者应立面交接工作责任的不清楚。如果建设项目的各项工作的衔接、交叉和配合少，责任清楚，则可考虑分别发包；反之，则应考虑将项目作为一个整体发包给一个承包人，因为，此时由一个承包人进行协调管理容易做好衔接工作。

2. 招标公告和投标邀请书的编制与发布

招标公告是指采用公开招标方式的招标人（包括招标代理机构）向所有潜在的投标人发出的一种广泛的通告。招标公告的目的是使所有潜在的投标人都具有公平的投标竞争的机会。招标人采用公开招标方式的，应当发布招标公告。招标公告应当在国家指定的报刊和信息网络上发布。投标邀请书是指采用邀请招标方式的招标人，向三个以上具备承担招标项目的能力、资信良好的特定法人或者其他组织发出的参加投标的邀请。

（1）招标公告和投标邀请书的内容

按照《招标投标法》的规定，招标公告与投标邀请书应当载明同样的事项，具体包括以下内容：

1）招标人的名称和地址。

2）招标项目的内容、规模、资金来源。

3）招标项目的实施地点和工期。

4）获取招标文件的或者资格预审文件的地点和时间。

5）对招标文件或者资格预审文件收取的费用。

6）对投标人的资质等级的要求。

（2）公开招标项目招标公告的发布

为了规范招标公告发布行为，保证潜在投标人平等、便捷、准确地获取招标信息，国家发改委和住房城乡建设部，对招标公告的发布做出了明确的规定。

1）对招标人的要求。依法必须公开招标项目的招标公告必须在指定媒介发布。招标公告的发布应当充分公开，任何单位和个人不得非法限制招标公告的发布地点和发布范围。拟发布的招标公告文本应当由招标人或其委托的招标代理机构的主要负责人签名并加盖公章。招标人或其委托的招标代理机构发布招标公告，应当向指定媒介提供营业执照（或法人证书）、项目批准文件的复印件等证明文件。

招标人或其委托的招标代理机构在两个以上媒介发布的同一招标项目的招标公告的内容应当相同。

2）对指定媒介的要求。招标人或其委托的中标代理机构应至少在一个指定的媒介发布招标公告。指定媒介发布依法必须公开招标项目的招标公告，不得收取费用，但发布国际招标公告的除外。

在指定报纸免费发布的招标公告所占版面一般不超过整版的四十分之一，且字体不小于六号字。指定报纸在发布招标公告的同时，应将招标公告如实抄送指定网络。指定报纸和网络应当在收到招标公告文本之日起 7 日内发布招标公告。

指定媒介应与招标人或其委托的招标代理机构就招标公告的内容进行核实，经双方确认无误后在规定的时间内发布。指定媒介应当采取快捷的发行渠道，及时向订户或用户传递。

3）拟发布的招标公告文本有下列情形之一的，有关媒介可以要求招标人或其委托的招标代理机构及时予以改正、补充或调整：

①字迹潦草、模糊，无法辨认的。

②载明的事项不符合规定的。

③没有招标人或其委托的招标代理机构主要负责人签名并加盖公章的。

④在两家以上媒介发布的同一招标公告的内容不一致的。

指定媒介发布的招标公告的内容与招标人或其委托的招标代理机构提供的招标公告文本不一致，并造成不良影响的，应当及时纠正，重新发布。

3. 资格审查

资格审查可以分为资格预审和资格后审。资格预审是指在投标前对潜在投标人进行的资质条件、业绩、信誉、技术、资金等多方面情况进行资格审查；而资格后审是指在开标后对投标人进行的资格审查。采取资格预审的，招标人应当在资格预审文件中载明资格预审的条件、标准和方法；采取资格后审的，招标人应当在招标文件中载明对投标人资格要求的条件、标准和方法。招标人不得改变载明的资格条件或者以没有载明的资格条件对潜在投标人或者投标人进行资格审查。除招标文件另有规定外，进行资格预审的，一般不再进行资格后审。因为资格预审和后审的内容与标准是相同的。

资格预审的目的是排除那些不合格的投标人，进而降低招标人的采购成本，提高招标工作的效率。资格预审的程序如下。

（1）发布资格预审公告

进行资格预审的，招标人可以发布资格预审公告。资格预审公告的发布方式和内容与招标公告相同。

（2）发出资格预审文件

招标公告或资格预审公告后，招标人向申请参加资格预审的申请人出售资格审查文件。资格预审的内容包括基本资格审查和专业资格审查两部分。基本资格审查是指对申请人的合法地位和信誉等进行的审查；专业资格审查是指对已经具备基本资格的申请人履行拟定招标采购项目能力的审查。

（3）对潜在投标人资格的审查和评定

招标人在规定时间内，按照资格预审文件中规定的标准和方法，对提交资格预审申请书的潜在投标人资格进行审查。资格预审和后审的内容是相同的，主要审查潜在投标人或者投标人是否符合下列条件：

1）具有独立订立合同的能力。

2）具有履行合同的能力，包括专业、技术资格和能力，资金、设备和其他物质设施状况，管理能力，经验、信誉和相应的从业人员。

3）没有处于被责令停业，投标资格被取消，财产被接管、冻结，破产状态。

4）在最近三年内没有骗取中标和严重违约及重大工程质量问题。

5）法律、行政法规规定的其他资格条件。

资格审查时，招标人不得以不合理的条件限制、排斥潜在投标人或者投标人，不得对潜在投标人或者投标人实行歧视待遇。任何单位和个人不得以行政手段或者其他不合理方式限制投标人数量。

（4）发出资格预审合格通知书

经资格预审后，招标人应当向资格预审合格的投标申请人发出资格预备合格通知书，告知获取招标文件的时间、地点和方法，并同时向资格预审不合格的投标申请人告知资格预审结果。

4. 编制和发售招标文件

（1）招标文件的编制

招标人应当根据招标工程的特点和需要，自行或者委托工程招标代理机构编制招标文件。招标文件应当包括下列内容：

1）投标须知，包括工程概况，招标范围，资格审查条件，工程资金来源或者落实情况，标段划分，工期要求，质量标准，现场踏勘和答疑安排，投标文件编制、提交、修改、撤回的要求，投标报价要求，投标有效期，开标的时间和地点，评标的方法和标准等；

2）招标工程的技术要求和设计文件；

3）采用工程量清单招标的，应当提供工程量清单；

4）投标函的格式及附录；

5）拟签订合同的主要条款；

6）要求投标人提交的其他材料。

（2）招标文件的发售与修改

1）招标文件的发售

招标文件一般发售给通过资格预审、获得投标资格的投标人。投标人在收到招标文件后，应认真核对，核对无误后应以书面形式予以确认。招标文件的价格一般等于编制、印刷这些招标文件的成本，招标活动中的其他费用（如发布招标公告等）不应计入该成本。投标人购买招标文件的费用，不论中标与否都不予退还。其中的设计文件，招标人可以酌收押金。对于开标后将设计文件退还的，招标人应当退还押金。

2）招标文件的修改

招标人对已发出的招标文件进行必要的澄清或者修改的，应当在招标文件要求提交投标文件截止时间至少 15 日前，以书面形式通知所有招标文件收受人。该澄清或者修改的内容为招标文件的组成部分。

5. 踏勘现场与召开投标预备会

（1）踏勘现场。招标人根据招标项目的具体情况，可以组织潜在投标人踏勘项目现场，向其介绍工程场地和相关环境的有关情况。潜在投标人依据招标人介绍的情况做出的判断和决策，由投标人自行负责。招标人不得单独或者分别组织任何一个投标人进行现场踏勘。

1）招标人组织投标人进行踏勘现场的目的在于了解工程场地和周围环境情况，以获取投标人认为有必要的信息。为便于投标人提出问题并得到解答，踏勘现场一般安排在投标预备会的前 1~2 天。

2）投标人在踏勘现场中如有疑问，应在投标预备会前以书面形式向招标人提出，但应给招标人留有解答时间。

3）招标人应向投标人介绍有关现场的以下情况：施工现场是否达到招标文件规定的条件；施工现场的地理位置和地形、地貌；施工现场的地质、土质、地下水位、水文等情况；施工现场气候条件，如气温、湿度、风力、年雨雪量等；现场环境，如交通、饮水、污水排放、生活用电、通信等；工程在施工现场中的位置或布置；临时用地、临地设施搭建等。

（2）召开投标预备会。投标人在领取招标文件、图纸和有关技术资料及踏勘现场后提出的疑问，招标人可通过以下方式进行解答。

1）收到投标人提出的疑问后，应以书面形式进行解答，并将解答同时送达所有获得招标文件的投标人。

2）收到提出的疑问后，通过投标预备会进行解答，并以会议记录形式同时送达所有获得招标文件的投标人。召开投标预备会一般应注意：

①招标预备会的目的在于澄清招标文件中的疑问，解答投标人对招标文件和踏勘现场中所提出的疑问。投标预备会可安排在发出招标文件 7 日后、28 日以内举行。

②投标预备会在招标管理机构监督下，由招标单位组织并主持召开，在预备会上对招标文件和现场情况做介绍或解释，并解答投标单位提出的疑问，包括书面提出的和口头提出的询问。

③在投标预备会上还应对图纸进行交底和解释。

④投标预备会结束后，由招标人整理会议记录和解答内容，尽快以书面形式将问题及解答同时发送到所有获得招标文件的投标人。

⑤所有参加投标预备会的投标人应签到登记，以证明出席投标预备会。

⑥招标人向投标人所做的解释、澄清或投标人提出的问题，均应以书面形式予以确认。

6. 开标、评标和定标

在建设项目招标中，开标、评标和定标是招标程序中极为重要的环节。只有做出客观、公正的评标、定标，才能最终选择最合适的承包人，从而顺利进入建设项目的实施阶段。

（1）重新招标

投标人少于 3 个的，招标人应当依法重新招标。重新招标后投标人仍少于 3 个，属于必须审批的工程建设项目，报经原审批部门批准后可以不再进行招标；其他工程建设项目，招标人可自行决定不再进行招标。

（2）串通投标

在投标过程中串通投标行为的，招标人或有关管理机构可以认定该行为无效。

1）下列行为均属投标人串通投标报价。

①投标人之间相互约定抬高或压低投标报价。

②投标人之间相互约定，在招标项目中分别以高、中、低价位报价。

③投标人之间先进行内部竞价，内定中标人，然后参加投标。

④投标人之间其他串通投标报价的行为。

2）下列行为均属招标人与投标人串通投标。

①招标人在开标前开启投标文件，并将投标情况告知其他投标人，后者协助投标人撤换投标文件，更改报价。

②招标人向投标人泄露标底。

③招标人与投标人商定，投标时压低或抬高报价，中标后再给投标人或招标人额外补偿。

④招标人预先内定中标人。

⑤其他串通投标行为。

7. 招标情况备案、发中标通知书和签订合同

中标人确定后，招标人应当向中标人发出中标通知书，并同时将中标结果通知所

有未中标的投标人。中标通知书对招标人和中标人具有法律效力。中标通知书发出后，招标人改变中标结果的，或者中标人放弃中标项目的，应当依法承担法律责任。

招标人和中标人应当自中标通知书发出之日起 30 日内，按照招标文件和中标人的投标文件订立书面合同。招标人和中标人不得再行订立背离合同实质性内容的其他协议。

招标文件要求中标人提交履约保证金的，中标人应当提交。依法必须进行招标的项目，招标人应当自确定中标人之日起 15 日内，向有关行政监督部门提交招标投标情况的书面报告。

四、工程招标文件的内容

招标文件是整个招标过程所遵循的基础性文件，是投标和评标的基础，也是合同的重要组成部分。投标人只能根据招标文件的要求编写投标文件，因此，招标文件是联系、沟通招标人与投标人的桥梁。能否编制出完整、严谨的招标文件，直接影响招标的质量，也是招标成败的关键。

1. 招标文件的一般内容

（1）投标人须知，包括工程概况，招标范围，资格审查条件，工程资金来源或者落实情况（包括银行出具的资金证明），标段划分，工期要求，质量标准，现场踏勘和答疑安排，投标文件编制、提交、修改、撤回的要求，投标报价要求，投标有效期，开标的时间和地点，评标的方法和标准等。

（2）招标项目的性质、数量。

（3）技术规格。

（4）投标价格的要求及其计算方式。

（5）评标的标准和方法。

（6）交货、竣工或提供服务的时间。

（7）投标人应当提供的有关资格和资信证明。

（8）投标保证金的数额或其他有关形式的担保。

（9）投标文件的编制要求。

（10）提供投标文件的方式、地点和截止时间。

（11）开标、评标、定标的日程安排。

（12）主要合同条款。

（13）投标文件格式。

（14）采用工程清单招标的，应当提供工程量清单。

（15）设计图纸。

（16）投标辅助材料。

招标人应当在招标文件中规定实质性要求和条件，并用醒目的方式表明。

2. 施工招标文件编制时应遵循的规定

（1）招标文件应当明确规定评标时除价格以外的所有评标因素，以及如何将这些因素量化或者据以进行评估。在评标过程中，不得改变招标文件中规定的评标标准、方法和中标条件。

（2）招标人可以要求投标人在提交符合招标文件规定要求的投标文件外，提交备选投标方案，但应当在招标文件中做出说明，并提出相应的评审和比较办法。

（3）施工招标项目工期超过12个月的，招标文件中可以规定工程造价指数体系、价格调整因素和调整方法。

（4）招标文件规定的各项技术标准应符合国家强制性规定。招标文件中规定的各项技术标准均不得要求或标明某一特定的专利、商标、名称、设计、原产地或生产供应者，不得含有倾向或者排斥潜在投标人的其他内容。如果必须引用某一生产供应商的技术标准才能准确或清楚地说明拟招标项目的技术标准，则应当在参照后面加上"或相当于"的字样。

（5）质量标准必须达到国家施工验收规范合格标准，对于要求质量超过合格标准的应计取补偿费用，补偿费用的计算方法应按国家或地方有关文件规定执行，并在招标文件中明确。

（6）施工招标项目需要划分标段、确定工期的，招标人应当合理划分标段、确定工期，并在招标文件中载明。对工程技术上紧密相连、不可分割的单位工程不得分割标段。招标文件中的建设工期应当参照国家或地方颁发的工期定额来确定，如果要求的工期比工期定额缩短20%以上（含20%）的，应计算赶工措施费。赶工措施费如何计取应在招标文件中明确。

（7）由于投标人原因造成不能按合同工期竣工时，计取赶工措施费的须扣除，同时还应赔偿由于误工给招标人带来的损失。其损失费用的计算方法或规定应在招标文件中明确。如果招标人要求按合同工期前竣工交付使用，应考虑计取提前工期奖，提前工期奖的计算方法应在招标文件中明确。

（8）招标人应当确定投标人编制投标文件所需要的时间，即明确投标准备时间，也就是从开始发放招标文件之日起，至投标人提交投标文件截止之日止的期限。这一期限最短不得少于20天。

（9）招标文件应当规定一个适当的投标有效期，以保证招标人有足够的时间完成评标和与中标人签订合同。投标有效期从投标人提交投标文件截止之日起计算。在原投标有效期结束前，出现特殊情况的，招标人可以书面形式要求所有投标人延长投标有效期。投标人同意延长的，不得要求或被允许修改其投标文件的实质性内容，但应当相应延长其投标保证金的有效期；投标人拒绝延长的，其投标失效，但投标人有权收回其投标保证金。因延长投标有效期造成投标人损失的，招标人应当给予补偿，但因不可抗力需要延长投标有效期的除外。

（10）招标文件中应明确投标保证金数额及支付方式。投标保证金除现金外，还可以是银行出具的银行保函、保兑支票、银行汇票或现金支票。投标保证金一般不得超过投标总价的 2%，且最高不得超过 50 万元人民币。投标保证金有效期应当超出投标有效期 30 天。

（11）中标单位应按规定向招标单位提交履约担保。履约担保可采用银行保函或履约担保书。履约担保比率：银行出具的银行保函为合同价格的 5%；履约担保书为合同价格的 10%。

（12）材料或设备采购、运输、保管的责任应在招标文件中明确，如招标人提供的材料或设备，应列明材料或设备名称、品种或型号、数量、提供日期和交货地点等；还应在招标文件中明确招标人提供的材料或设备计价和结算退款的方法。

（13）招标人可根据项目特点决定是否编制标底。编制标底的，标底编制过程和标底必须保密。任何单位和个人不得强制招标人编制或报审标底，也可干预其确定标底。招标项目可以不设标底，进行无标底招标。

（14）对于潜在投标人在阅读招标文件和现场踏勘中提出的疑问，招标人可以书面形式或召开投标预备会的方式解答，但需同时将解答以书面方式通知所有购买招标文件的潜在投标人。该解答的内容为招标文件的组成部分。

五、招标工程量清单及招标控制价的编制

1. 招标文件中的工程量清单编制

采用工程量清单进行施工招标，由招标单位提供统一招标文件（包括工程量清单），投标单位以此为基础，根据招标文件中的工程量清单和有关要求、施工现场实际情况及拟定的施工组织设计，按企业定额或参照建设行政主管部门发布的现行消耗量定额以及造价管理机构发布的市场价格信息进行投标报价，招标单位择优选定中标人的过程。

2. 招标控制价的编制

（1）招标控制价的概念

招标控制价是招标人根据国家或省级、行业建设主管部门颁发的有关计价依据和办法，按设计施工图纸计算的，对招标工程限定的最高工程造价，也可称其为拦标价、预算控制价或最高报价等。

招标控制价应由招标人负责编制，当招标人不具有编制招标控制价的能力时，根据《工程造价咨询企业管理办法》的规定，可委托具有工程造价咨询资质的工程造价咨询企业编制。

编制招标控制价时应遵守的计价规定，并体现招标控制价的计价特点。具体采用依据和材料价格时应注意以下事项：

1）使用的计价标准、计价政策应具有国家或省级、行业建设主管部门颁发的计价定额和相关政策规定；

2）采用的材料价格应是工程造价管理机构通过工程造价信息发布的材料单价，工程造价信息未发布材料单价的材料，其材料价格应通过市场调查确定；

3）国家或省级、行业建设主管部门对工程造价计价中的费用或费用标准有规定的，应按规定执行。

招标控制价的作用决定了招标控制价不同于标底，无须保密。为体现招标的公平、公正，防止招标人有意抬高或压低工程造价，招标人应在招标文件中如实公布招标控制价，不得对所编制的招标控制价进行上浮或下调。同时，招标人应将招标控制价报工程所在地的工程造价管理机构备查。

投标人对招标人不按规定编制招标控制价有进行投诉的权利。同时招标投标监督机构和工程造价管理机构担负并履行对未按规范规定编制招标控制价的行为进行监督处理的责任。

（2）招标控制价的一般规定

对于招标控制价及其规定，注意从以下方面理解：

1）国有资金投资的工程建设项目应实行工程量清单招标，并应编制招标控制价。

2）招标控制价超过批准的概算时，招标人应将其报原概算审批部门审核。

3）投标人的投标报价高于招标控制价的，其投标应予以拒绝。

4）招标控制价应由具有编制能力的招标人或受其委托，具有相应资质的工程造价咨询人编制和复核。

5）招标控制价应在招标时公布，不应上调或下浮，招标人应将招标控制价及有关资料报送工程所在地工程造价管理机构备查。

6）投标人经复核认为招标人公布的招标控制价未按照《建设工程工程量清单计价规范》（GB 50500—2013）的规定进行编制的，应在开标前5日向招标投标监督机构或（和）工程造价管理机构投诉。招标投标监督机构应会同工程造价管理机构对投诉进行处理，发现确有错误的，应责成招标人修改。

（3）招标控制价的计价依据

1）《建设工程工程量清单计价规范》（GB 50500—2013）。

2）国家或省级、行业建设主管部门颁发的计价定额和计价办法。

3）建设工程设计文件及相关资料。

4）招标文件中的工程量清单及有关要求。

5）与建设项目相关的标准、规范、技术资料。

6）施工现场情况、工程特点及常规施工方案。

7）工程造价管理机构发布的工程造价信息，如工程造价信息没有发布的参照市场价。

8）其他的相关资料。

（4）招标控制价的编制内容

招标控制价的编制内容包括分部分项工程费、措施项目费、其他项目费、规费和税金，各个部分有不同的计价要求。

1）分部分项工程费的编制要求

①分部分项工程费应根据招标文件中的分部分项工程量清单及有关要求，按《建设工程工程量清单计价规范》（GB 50500—2013）的有关规定确定综合单价计价。这里所说的综合单价，是指完成一个规定计量单位的分部分项工程量清单项目（或措施清单项目）所需的人工费、材料费、施工机械使用费、企业管理费与利润，以及一定范围内的风险费用。

②工程量依据招标文件中提供的分部分项工程量清单确定。

③招标文件提供了暂估单价的材料和工程设备，应按暂估的单价计入综合单价。

④为使招标控制价与投标报价所包含的内容一致，综合单价中应包括招标文件中要求投标人承担的风险内容及其范围（幅度）产生的风险费用。若拟定的招标文件没有明确，应提请招标人明确。

2）措施项目费的编制要求

①措施项目费中的安全文明施工费应当按照国家或省级、行业建设主管部门的规定标准计价，不得作为竞争性费用。

②措施项目应按招标文件中提供的措施项目清单确定，措施项目采用分部分项工程综合单价形式进行计价的工程量，应按措施项目清单中的工程量，并按与分部分项工程工程量清单单价相同的方式确定综合单价；以"项"为单位的方式计价的，依有关规定按综合价格计算，包括除规费、税金以外的全部费用。

3）其他项目费的编制要求

①暂列金额。按招标工程量清单中列出的金额填写。

②暂估价。材料、工程设备暂估价应按招标工程量清单中列出的单价计入综合单价；专业工程暂估价应按招标工程量清单中列出的金额填写。

③计日工。应按招标工程量清单中列出的项目和数量，自主确定综合单价并计算计日工总额。

4）规费和税金的编制要求。规费和税金必须按国家或省级、行业建设主管部门的规定计算，不得作为竞争性费用。

六、工程投标程序、投标报价及投标文件的编制

1. 工程投标程序

工程投标程序：投标报名及购买资格预审文件—编制资格预审书—通过资格预

审—获得招标文件—参加现场踏勘—准备投标，如有疑问，用书面形式提交招标人—
获得招标答疑文件—编制投标文件—提交投标文件及参加开标。

投标程序流程如图 10.2 所示。

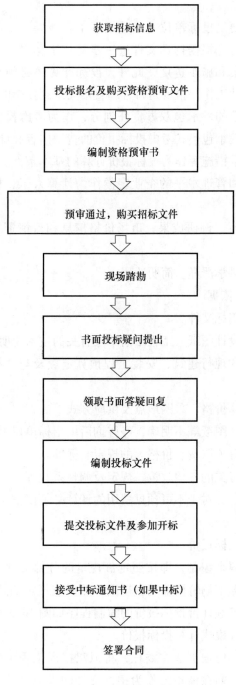

图 10.2　投标程序流程

2. 投标报价的编制

（1）施工投标报价的编制

1）投标报价的原则

投标报价的编制主要是投标单位对承建招标工程所要发生的各种费用的计算。在进行投标计算时，必须首先根据招标文件进一步复核工程量。作为投标计算的必要条件，应预先确定施工方案和施工进度，此外，投标计算还必须与采用的合同形式相协调。报价是投标的关键性工作，报价是否合理直接关系到投标的成败。

①以招标文件中设定的发承包双方责任划分，作为考虑投标报价费用项目和费用计算的基础；根据工程发承包模式考虑投标报价的费用内容和计算深度。

②以施工方案、技术措施等作为投标报价计算的基本条件。

③以反映企业技术和管理水平的企业定额作为计算人工、材料和机械台班消耗量的基本依据。

④充分利用现场考察、调研成果、市场价格信息和行情资料，编制基价，确定调价方法。

⑤报价计算方法要科学严谨、简明适用。

2）投标报价的计算依据

①招标单位提供的招标文件。

②招标单位提供的设计图纸、工程量清单及有关的技术说明书等。

③国家及地区颁发的现行建筑、安装工程预算定额及与之相配套执行的各种费用定额规定等。

④地方现行材料预算价格、采购地点及供应方式等。

⑤因招标文件及设计图纸等不明确，经咨询后由招标单位书面答复的有关资料。

⑥企业内部制定的有关取费、价格等的规定、标准。

⑦其他与报价计算有关的各项政策、规定及调整系数等。

在标价的计算过程中，对于不可预见费用的计算必须慎重考虑，不要遗漏。

3）投标报价的编制方法

①以定额计价模式投标报价

一般是采用预算定额来编制，即按照定额规定的分部分项工程子目逐项计算工程量，套用定额基价或根据市场价格确定直接费，然后按规定的费用定额计取各项费用，再汇总形成标价。工程定额计价投标报价的编制程序如图10.3所示。

②以工程量清单计价模式计算投标报价

一般是由标底编制单位根据业主委托，将拟建招标工程全部项目和内容按相关的计算规则计算出工程量，列在清单上作为招标文件的组成部分，供投标人逐项填报单价，计算出总价，作为投标报价，然后通过评标竞争，最终确定合同价。工程量清单报价由招标人给出工程量清单，投标者填报单价，单价应完全依据企业技术、管理水平等企业实力而定，以满足市场竞争的需要。

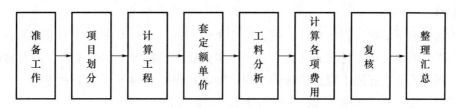

图 10.3 工程定额计价投标报价的编制程序

采取工程量清单综合单价计算投标报价时，投标人填入工程量清单中的单价是综合单价，应包括人工费、材料费、机械费、管理费、利润以及风险金等全部费用，将工程量与该单价相乘得出合价，将全部合价汇总后即得出投标总报价。分部分项工程费、措施项目费和其他项目费均采用综合单价计价。工程量清单计价的投标报价由分部分项工程费、措施项目费和其他项目费构成。

承包人投标价中的分部分项工程费应按招标文件中分部分项工程量清单项目的特征描述确定综合单价并计算。因此，确定综合单价是分部分项工程工程量清单与计价表编制过程中最主要的内容。分部分项工程量清单综合单价包括完成单位分部分项工程所需的人工费、材料费、机械使用费、管理费、利润，并考虑风险费用的分摊。招标工程量清单中提供了暂估单价的材料和工程设备，按暂估的单价计入综合单价。计算公式为

$$分部分项工程综合单价 = 人工费 + 材料费 + 机械使用费 + 管理费 + 利润$$

措施项目费应根据招标文件中的措施项目清单及投标时拟定的施工组织设计或施工方案按综合单价计价方式自主报价；措施项目清单中的安全文明施工费应按照国家或省级、行业建设主管部门的规定计价，不得作为竞争性费用。

其他项目费主要包括暂列金额、材料和工程设备暂估价、专业工程暂估价、计日工以及总承包服务费组成。

规费和税金应按国家或省级、行业建设主管部门的规定计算，不得作为竞争性费用。这是由于规费和税金的计取标准是依据有关法律、法规和政策规定制定的，具有强制性。因此，投标人在投标报价时必须按照国家或省级、行业建设主管部门的有关规定计算规费和税金。

（2）投标报价的策略

投标报价的策略是指承包人在投标竞争中的系统工作部署及其参与投标竞争的方式和手段。投标报价策略作为投标取胜的方式、手段和艺术，贯穿于投标竞争的始终，内容十分丰富。

常用的投标报价策略如下。

1）不同报价法

根据招标项目的不同特点采用不同报价。投标报价时，既要考虑自身的优势和劣

势，也要分析招标项目的特点，按照工程项目的不同特点、类别、施工条件等来选择报价策略。

①遇到如下情况，报价可高一些：施工条件差的工程；专业水平要求高的技术密集型工程，而本公司在这方面又有专长，声望也较高；总价低的小工程，以及自己不愿做又不方便不投标的工程；特殊的工程，如港口码头、地下开挖工程等；工期要求急的工程；投标对手少的工程；支付条件不理想的工程。

②遇到如下情况，报价可低一些：施工条件好的工程，工作简单、工程量大而一般公司都可以做的工程；公司目前急于打入某一市场、某一地区，或在该地区面临工程结束，机械设备等无工地转移时；公司在附近有工程，而项目又可利用该工程的设备、劳务，或有条件短期内突击完成的工程；投标对手多，竞争激烈的工程；非急需工程；支付条件好的工程。

2）不平衡单价法

不平衡单价就是在不影响总标价水平的前提下，某些项目的单价可定得比正常水平高些，而另外一些项目的单价则可比正常水平低些，但又要注意避免显而易见的畸高畸低，以免导致降低中标机会或成为废标，该方法适用于综合单价法报价项目。通常采用的不平衡单价法有下列几种：

①对能先拿到钱的项目（如开办费、土方、基础等）的单价可定高一些，有利于资金周转，存款也有利息，对后期的项目（如粉刷、油漆、电气等）的单价可适当降低。

②估计到以后会增加工程量的项目，其单价可提高；工程量会减少的项目，其单价可降低。

③图纸不明确或有错误的，估计今后会修改的项目单价可提高，工程内容说明不清楚的单价可降低，这样做有利于以后的索赔。

④没有工程量，只填单价的项目（如土方工程中的挖淤泥、岩石等备用单价），其单价宜高，这样做既不影响投标标价，以后发生时又可多获利。

⑤暂定项目，对这类项目要具体分析。因为这类项目要在开工后再由业主研究决定是否实施，以及由哪家承包人实施。如果工程不分标，则其中肯定要做的单价可高些，不一定做的则应低些；如果工程可能分标，该暂定项目也可能由其他承包人施工时，则不宜报高价，以免抬高总报价。

3）计日工单价的报价法

如果是单纯报计日工单价，不计入总价中，可以报高些，以便在业主额外用工或使用施工机械时多赢利。但如果计日工单价要计入总报价，则需具体分析是否报高价，以免抬高总报价。

4）暂定工程量的报价法

暂定工程量有3种：第一种是业主规定了暂定工程量的分项内容和暂定总价款，并规定所有投标人都必须在总报价中加入这笔固定金额，但由于分项工程量不是很准确，允许将来按投标人所报单价和实际完成的工程量付款。这种情况，由于暂定总价款是固定的，对各投标人的总报价竞争力没有任何影响，因此，投标时应当对暂定工程量的单价适当提高。这样做，既不会因今后工程量变更而吃亏，也不会削弱投标报价的竞争力。第二种是业主列出了暂定工程量的项目和数量，但并没有限制这些工程量的估价总价，要求投标人既列出单价，也应按暂定项目的数量计算总价，当将来结算付款时可按实际完成的工程量和所报单价支付。这种情况，投标人必须慎重考虑。如果单价定得高了，将会增加总报价，影响投标报价的竞争力；如果单价定得低了，将来这类工程量增大，将会影响收益。一般来说，这类工程量可以采用正常价格。如果承包人估计今后实际工程量肯定会增大，则可适当提高单价，使将来可增加额外收益。第三种是只有暂定工程的一笔固定总金额，将来这笔金额做什么用，由业主确定。这种情况对投标竞争没有实际意义，按招标文件要求将规定的暂定款列入总报价即可。

5）多方案报价法

这是利用工程说明书或合同条款不够明确之处，以争取达到修改工程说明书和合同为目的的一种报价方法。当工程说明书或合同条款有某些不够明确之处时，承包人往往要承担很大风险，为了减少风险就须扩大工程单价，增加"不可预见费"，但这样做又会因报价过高而增加了被淘汰的可能性。多方案报价法就是为对付这种两难局面而出现的。其具体做法是在标书上报两个单价：一是按原工程说明书和合同条款报一个价；二是标注"如工程说明书或合同条款可做某些改变时"，则可降低多少的费用，使报价成为最低的，以吸引业主修改说明书和合同条款。还有一种方法是对工程中一部分没有把握的工作，注明按成本加若干酬金结算的办法。

6）增加建议方案

有时招标文件中规定，可以提一个建议方案，即可以修改原设计方案，提出投标者的方案。投标者这时应抓住机会，组织一批有经验的设计和施工工程师，对原招标文件的设计和施工方案仔细研究，提出更为合理的方案以吸引业主，促成自己的方案中标。这种新建议方案可以降低总造价、缩短工期或使工程运用更为合理。但要注意对原招标方案也一定要报价。建议方案不要写得太具体，要保留方案的关键技术，防止业主将此方案交给其他承包人。

7）突然袭击法

投标报价中各竞争对手往往通过多种渠道和手段来刺探对手的情况，因而在报价时可以采取迷惑对手的方法，即先按一般情况报价或表现出自己对该工程兴趣不大（或很大），投标日期截止前，再突然降价（或加价），为最后中标打下基础。

8）分包人报价的采用

由于现代工程具有综合性和复杂性的特点，总承包人不可能全部将工程内容独家包揽，特别是有些专业性较强的工程内容，须分包给其他专业工程公司施工，还有些招标项目，业主规定某些工程内容必须由他指定的几家分包人承担。因此，总承包人通常应在投标前先取得分包人的报价，并增加总承包人摊入的一定的管理费，而后作为自己投标总价的一个组成部分一并列入报价单中。应当注意，分包人在投标前可能同意接受总承包人压低其报价的要求，但等到总承包人得标后，他们常以种种理由要求提高分包价格，这将使总承包人处于十分被动的地位。解决的办法是，总承包人在投标前找 2~3 家分包人分别报价，而后选择其中一家信誉较好、实力较强和报价合理的分包人签订协议，同意该分包人作为本分包工程的唯一合作者，并将分包人的姓名列到投标文件中，但要求该分包相应地提交投标保函。如果该分包人认为这家总承包人确实有可能得标，他也许愿意接受这一条件。这种把分包人的利益同投标人捆在一起的做法，不但可以防止分包人事后反悔和涨价，还可能迫使分包时报出较合理的价格，以便共同争取得标。

9）无利润算标

这种办法一般在下列情况下采用：

①有可能在得标后，将大部分工程分包给索价较低的一些分包人；

②对于分期建设的项目，先以低价获得首期工程，而后赢得机会创造第二期工程中的竞争优势，并在以后的实施中赚得利润；

③较长时期内，承包人没有在建的工程项目，如果再不得标，就难以维持生存。因此，虽然该工程无利可图，只要能有一定的管理费维持公司的日常运转，就可设法解决暂时的困难，以图将来东山再起。

3. 投标文件的编制

①做好编制投标文件准备工作

投标人领取招标文件、图纸和有关技术资料后，应仔细阅读"投标须知"，投标须知是投标人投标时应注意和遵守的事项。另外，还须认真阅读合同条件、规定格式、技术规范、工程量清单和图纸。如果投标人的投标文件不符合招标文件的要求，责任由投标人自负。实质上不响应招标文件要求的投标文件将被拒绝。

如招标文件有要求的，投标人应根据图纸核对招标人提供的工程量清单中的工程项目和工程量。如发现项目或数量有误，投标人应在收到招标文件 7 日内以书面形式向招标人提出。

组织投标班子，确定参加投标文件编制人员，为编制好投标文件和投标报价，应收集现行定额标准、取费标准及各类标准图集；收集掌握有关法律、法规文件，以及材料和设备价格信息。

②准确合理报价

在投标文件编制中，投标人应依据招标文件和工程技术规范要求，并根据施工现场情况编制施工方案或施工组织设计。

投标人应根据招标文件要求编制投标文件并结合企业的自身情况计算投标报价，应仔细核对，以保证投标报价的合理性。

③及时提交投标保证金

按招标文件要求及投标人提交的投标保证金，应随投标文件一并提交招标人。投标人不按招标文件要求提交投标保证金的，该投标文件将被拒绝，以废标处理。

④使用招标文件中提供的表格格式

投标人必须使用招标文件中提供的表格格式，但表格可以按同样格式扩展。

⑤投标文件的份数和签署

投标文件编制完成后应仔细整理、核对，按照招标文件的规定进行密封和标识，并提供足够份数的投标文件副本。投标人按照招标文件所提供的表格格式，编制一份投标文件"正本"和招标文件中所规定份数的"副本"，由投标人法定代表人亲自签署并加盖法人单位公章和法定代表人印鉴。

第二节　中标价及合同价款约定

一、评标程序及评标标准

1. 评标程序

评标程序一般分为初步评审和详细评审两个阶段。

（1）初步评审

初步评审包括对投标文件的符合性评审、技术性评审和商务性评审。

1）符合性评审包括商务符合性评审和技术符合性鉴定。投标文件应实质性响应招标文件的所有条款、条件，无显著差异和保留。所谓显著差异和保留，包括以下情况：对工程的范围、质量以及使用性能产生实质性影响；对合同中规定的招标单位的权利及投标单位的责任造成实质性限制；而且纠正这种差异或保留，将会对其他实质性响应的投标单位的竞争地位产生不公正的影响。

2）技术性评审包括方案可行性评审和关键工序评审，劳务、材料、机构设备、质量控制措施评估以及对施工现场周围环境污染的保护措施的评估等。

3）商务性评审包括投标报价校核，审查全部报价数据计算的正确性，分析报价构成的合理性等。

初步评审中，评标委员应当根据招标文件，审查并逐项列出投标文件的全部投标偏差。投标偏差分为重大偏差和细微偏差。出现重大偏差视为未能实质性响应招标文件，以废标处理。细微偏差指实质上响应招标文件要求，但在个别地方存在漏项或者提供了不完整的技术信息和资料等情况，且补正这些遗漏或不完整不会对其他投标人

造成不公正的结果。细微偏差不影响投标文件的有效性。

（2）详细评审

经过初步评审合格的投标文件，评标委员会应当根据招标文件确定的评标标准和方法，对其技术部分和商务部分做进一步评审、比较。

2. 评标标准

评标标准包括经评审的最低投标价法、综合评估法或者法律、行政法规允许的其他评标方法。

（1）经评审的最低投标价法

为了防止投标人恶意以低价中标，因此在评标时不宜以最低投标价作为评标标准，而应采用经评审的最低投标价法。经评审的最低投标价法一般适用于具有通用技术、性能标准或者招标人对其技术、性能没有特殊要求的招标项目。

（2）综合评估法

不宜采用经评审的最低投标价法的招标项目，一般应当采取综合评估法进行评审。

①综合评估法简介

根据综合评估法，最大限度地满足招标文件中规定的各项综合评价标准的投标，应当推荐为中标候选人。衡量投标文件是否最大限度地满足招标文件中规定的各项评价标准，可以采取折算为货币的方法、打分的方法或者其他方法。需量化的因素及其权重应当在招标文件中明确规定。

在综合评估法中，最为常用的方法是百分法。这种方法是将评审各指标分别在百分之内所占比例和评标标准在招标文件内规定。开标后按评标程序，根据评分标准，由评委对各投标人的标书进行评分，最后以总得分最高的投标人为中标人。

②综合评估法的评标要求

评标委员会对各个评审因素进行量化时，应当将量化指标建立在同一基础或者同一标准上，使各投标文件具有可比性。

对技术部分和商务部分进行量化后，评标委员会应当对这两部分的量化结果进行加权，计算出每一投标的综合评估价或者综合评估分。

根据综合评估法完成评标后，评标委员会应当拟定一份"综合评估比较表"，连同书面评标报告提交招标人。"综合评估比较表"应当载明投标人的投标报价、所做的任何修正、对商务偏差的调整、对技术偏差的调整、对各评审因素的评估以及对每一投标的最终评审结果。

（3）其他评标方法

在法律、行政法规允许的范围内，招标人也可以采用其他评标方法。

二、中标人的确定方式

经过评标后，可确定出中标候选人（或中标单位）。评标委员会推荐的中标候选人应当限定在 1~3 人，并标明排列顺序。

评标委员会提出书面评标报告后，招标人一般应当在 15 日内确定中标人，但最迟应当在投标有效期结束日 30 个工作日前确定。

中标人确定后，招标人应当向中标人发出中标通知书，并同时将中标结果通知所有未中标的投标人。中标通知书对招标人和中标人具有法律效力。中标通知书发出后，招标人改变中标结果，或者中标人放弃中标项目的，应当依法承担法律责任。

三、合同价款的约定

合同价款是按有关规定和协议条款约定的各种取费标准计算、用以支付承包人按照合同要求完成工程内容时的价款。

招标人不得向中标人提出压低报价、增加工作量、缩短工期或其他违背中标人意愿的要求，以此作为发出中标通知书和签订合同的条件。

合同价款的约定应满足以下几个方面的要求：①依据招标人向中标的投标人发出的中标通知书。②自招标人发出的中标通知书之日起 30 天内。③约定的内容应满足招标文件和中标人的投标文件。④形式应采用书面形式。

第十一章　施工及竣工阶段工程造价管理

第一节　工程预付款及进度款申请及支付

一、工程合同预付款的确定和支付、扣款方法

施工企业承包工程，一般都实行包工包料，这就需要有一定数量的备料周转金。在工程承包合同条款中，一般要明文规定发包人在开工前拨付给承包人一定限额的工程预付款。此预付款构成施工企业为该承包工程项目储备主要材料、结构件所需的流动资金。

1. 预付款的确定

包工包料工程的预付款按合同约定拨付，原则上预付比例不低于合同金额（扣除暂列金额）的10%，不高于合同金额（扣除暂列金额）的30%。

在实际工作中，工程预付款的数额要根据各工程类型、合同工期、承包方式和供应体制等不同条件而定。例如，工业项目中，钢结构和管道安装占比重较大的工程，其主要材料所占比重比一般安装工程高，因而工程预付款数额也要相应提高；工期短的工程比工期长的要高，材料由承包人自购的比由发包人供应主要材料的要高。

对于只包定额工日（不包材料定额，一切材料由发包人供给）的工程项目，则可以不预付备料款。

2. 预付款的支付

按照《建设工程工程量清单计价规范》（GB 50500—2013）的规定，承包人应在签订合同或向发包人提供与预付款等额的预付款保函后向发包人提交预付款支付申请。发包人应在收到支付申请的7天内进行核实，向承包人发出预付款支付证书，并在签发支付证书后的7天内向承包人支付预付款。

发包人没有按合同约定按时支付预付款的，承包人可催告发包人支付；发包人在预付款期满后的7天内仍未支付的，承包人可在付款期满后的第8天起暂停施工。发

包人应承担由此增加的费用和延误的工期，并应向承包人支付合理利润。

3. 预付款的扣回

预付款应从每一个支付期应支付给承包人的工程进度款中扣回，直到扣回的金额达到合同约定的预付款金额为止。

承包人的预付款保函的担保金额根据预付款扣回的数额相应递减，但在预付款全部扣回之前一直保持有效。发包人应在预付款扣完后的 14 天内将预付款保函退还给承包人。

发包单位拨付给承包单位的工程预付款属于预支性质，到了工程实施后，随着工程所需主要材料储备的逐步减少，应以抵充工程价款的方式陆续扣回，抵扣方式必须在合同中约定。扣款的方法有两种：

（1）可以从未施工工程尚需的主要材料及构件的价值相当于工程预付款数额时起扣，从每次结算工程价款中，按材料比重扣抵工程价款，竣工前全部扣清。其基本表达公式为

$$T = P - M/N \tag{11-1}$$

式中　T——起扣点，即工程预付款开始扣回时的累计完成工作量金额；

　　　M——工程预付款限额；

　　　N——主要材料所占比重；

　　　P——承包工程价款总额。

（2）《招标文件范本》中规定，在承包人完成金额累计达到合同总价的 10% 后，由承包人开始向发包人还款，发包人从每次应付给承包人的金额中扣回工程预付款，发包人至少在合同规定的完工期前三个月将工程预付款的总计金额按逐次分摊的办法扣回。当发包人一次付给承包人的余额少于规定扣回的金额时，其差额应转入下一次支付中作为债务结转。

在实际经济活动中，情况比较复杂，有些工程工期较短，就无须分期扣回。有些工程工期较长，如跨年度施工，工程预付款可以不扣或少扣，并于次年按应付工程预付款调整，多退少补。具体来说，跨年度工程，预计次年承包工程价值大于或相当于当年承包工程价值时，可以不扣回当年的工程预付款，如小于当年承包工程价值，应按实际承包工程价值进行调整，在当年扣回部分工程预付款，并将未扣回部分转入次年，直到竣工年度，再按上述办法扣回。

在颁发工程接收证书前，由于不可抗力或其他原因解除合同时，尚未扣清的预付款余额应作为承包人的到期应付款。

二、安全文明施工费的预付方式

安全文明施工费包括的内容和范围，应以国家现行计量规范以及工程所在地省级

建设行政管理部门的规定为准。

《建设工程工程量清单计价规范》（GB 50500—2013）规定：发包人应在工程开工后的 28 天内预付不低于当年施工进度计划的安全文明施工费总额的 60%，其余部分按照提前安排的原则进行分解，与进度款同期支付。

发包人没有按时支付安全文明施工费的，承包人可催告发包人支付；发包人在付款期满后的 7 天内仍未支付的，若发生安全事故，发包人应承担连带责任。

承包人对安全文明施工费应专款专用，在财务账目中单独列项备查，不得挪作他用，否则发包人有权要求其限期改正；逾期未改正的，造成的损失和（或）延误的工期由承包人承担。

三、进度款的支付

施工企业在施工过程中，按逐月（或形象进度）完成的工程数量计算各项费用，向发包人办理工程进度款的支付（即中间结算）。

以按月结算为例，工程进度款的支付步骤如图 11.1 所示。

图 11.1　工程进度款的支付步骤

1. 已完工程量计算

根据工程量清单计价规范形成的合同价中包含综合单价和总价包干两种不同形式，应采取不同的计量方法。除专用合同条款另有约定外，综合单价子目已完成工程量按月计算，总价包干子目的计量周期按批准的支付分解报告确定。

（1）综合单价子目的计量

已标价工程量清单中的单价子目工程量为估算工程量。若发现工程量清单中出现漏项、工程量计算偏差，以及工程量变更引起的工程量增减，应在工程进度款支付即中间结算时调整，结算工程量是承包人在履行合同义务过程中实际完成，并按合同约定的计量方法进行计量的工程量。

（2）总价包干子目的计量

总价包干子目的计量和支付应以总价为基础，不因物价波动引起的价格调整的因素而进行调整。承包人实际完成的工程量，是进行工程目标管理和控制进度支付的依据。承包人在合同约定的每个计量周期内，对已完成的工程进行计量，并提交专用条款约定的合同总价支付分解表所表示的阶段性或分项计量的支持性资料，以及所达到工程形象目标或分阶段需完成的工程量和有关计量资料。总价包干子目的支付分解表的形成一般有以下三种方式：

1) 对于工期较短的项目，将总价包干子目的价格按合同约定的计量周期平均；

2) 对于合同价值不大的项目，按照总价包干子目的价格占签约合同价的百分比，以及各个支付周期内所完成的总价值，以固定百分比方式均摊支付；

3) 根据有合同约束力的进度计划、预先确定的里程碑形象进度节点（或者支付周期）、组成总价子目的价格要素的性质［与时间、方法和（或）当期完成合同价值等的关联性］。将组成总价包干子目的价格分解到各个形象进度节点（或者支付周期中），汇总形成支付分解表。实际支付时，经检查核实其实际形象进度，达到支付分解表的要求后，即可支付经批准的每阶段总价包干子目的支付金额。

2. 已完工程量复核

当发承包双方在合同中未对工程量的复核时间、程序、方法和要求进行约定时，按以下规定办理：

（1）承包人应在每个月末或合同约定的工程段完成后向发包人递交上月或上一工程段已完工程量报告；发包人应在接到报告后 7 天内按施工图纸（含设计变更）核对已完工程量，并应在计量前 24 小时通知承包人。承包人应提供条件并按时参加。如承包人收到通知后不参加计量核对，则由发包人核实的计量应认为是对工程量的正确计量。如发包人未在规定的核对时间内通知承包人，致使承包人未能参加计量核对的，则由发包人所做的计量核实结果无效。如发承包双方均同意计量结果，则双方应签字确认。

（2）如发包人未在规定的核对时间内进行计量核对，承包人提交的工程计量视为发包人已经认可。

（3）对于承包人超出施工图纸范围或因承包人原因造成返工的工程量，发包人不予计量。

（4）如承包人不同意发包人核实的计量结果，承包人应在收到上述结果后 7 天内向发包人提出，申明承包人认为不正确的详细情况。发包人收到后，应在 2 天内重新核对有关工程量的计量，也可予以确认，还可将其修改。

发承包双方认可的核对后的计量结果，应作为支付工程进度款的依据。

3. 承包人提交进度款支付申请

在工程量经复核认可后，承包人应在每个付款周期末，向发包人递交进度款支付申请，并附相应的证明文件。除合同另有约定外，进度款支付申请应包括下列内容：

（1）本期已实施工程的价款。

（2）累计已完成的工程价款。

（3）累计已支付的工程价款。

（4）本周期已完成计日工金额。

（5）应增加和扣减的变更金额。

（6）应增加和扣减的索赔金额。

（7）应抵扣的工程预付款。

（8）应扣减的质量保证金。

（9）根据合同应增加和扣减的其他金额。

（10）本付款周期实际应支付的工程价款。

4. 进度款支付时间

发包人应在收到承包人的工程进度款支付申请后 14 天内核对完毕。否则，从第 15 天起承包人递交的工程进度款支付申请视为被批准。发包人应在批准工程进度款支付申请的 14 天内，向承包人按不低于计量工程价款的 60%，不高于计量工程价款的 90% 向承包人支付工程进度款。若发包人未在合同约定时间内支付工程进度款，可按以下规定办理：

（1）发包人超过约定的支付时间不支付工程进度款，承包人应及时向发包人发出要求付款的通知，发包人收到承包人通知后仍不能按要求付款，可与承包人协商签订延期付款协议，经承包人同意后可延期支付，协议应明确延期支付的时间和从付款申请生效后按同期银行贷款利率计算应付工程进度款的利息。

（2）发包人不按合同约定支付工程进度款，双方又未达成延期付款协议，导致施工无法进行，承包人可停止施工，由发包人承担违约责任。

第二节　工程变更

一、工程变更的范围和内容

除专用合同条款另有约定外，合同履行过程中发生以下情形的，应按照《建设工程施工合同（示范文本）》（GF-2017-0201）的以下约定进行变更：

（1）增加或减少合同中任何工作或追加额外的工作；

（2）取消合同中任何工作，但转由他人实施的工作除外；

（3）改变合同中任何工作的质量标准或其他特性；

（4）改变工程的基线、标高、位置和尺寸；

（5）改变工程的时间安排或实施顺序。

二、工程变更的程序

《建设工程施工合同（示范文本）》（GF-2017-0201）下工程变更的程序如下。

1. 发包人提出变更

发包人提出变更的，应通过监理人向承包人发出变更指示，变更指示应说明计划变更的工程范围和变更的内容。

2. 监理人提出变更建议

监理人提出变更建议的，需要向发包人以书面形式提出变更计划，说明计划变更工程范围和变更的内容、理由，以及实施该变更对合同价格和工期的影响。发包人同意变更的，由监理人向承包人发出变更指示。发包人不同意变更的，监理人无权擅自发出变更指示。

3. 变更执行

承包人收到监理人下达的变更指示后，认为不能执行，应立即提出不能执行该变更指示的理由。承包人认为可以执行变更的，应当书面说明实施该变更指示对合同价格和工期的影响，且合同当事人应当按照《建设工程施工合同（示范文本）》（GF-2017-0201）第 10.4 款（变更估价）的约定确定变更估价。

三、工程变更合同价款的调整方法

《建设工程施工合同（示范文本）》（GF-2017-0201）下工程变更合同价款的调整方法如下。

1. 变更估价的原则

除专用合同条款另有约定外，变更估价按照以下约定处理：

（1）已标价工程量清单或预算书有相同项目的，按照相同项目单价认定；

（2）已标价工程量清单或预算书中无相同项目，但有类似项目的，参照类似项目的单价认定；

（3）变更导致实际完成的变更工程量与已标价工程量清单或预算书中列明的该项目工程量的变化幅度超 15% 的，或已标价工程量清单或预算书中无相同项目及类似项目单价的，按照合理的成本与利润构成的原则，由合同当事人按照合同相应条款的约定确定变更工作的单价。

2. 变更估价的程序

承包人应在收到变更指示后 14 天内，向监理人提交变更估价申请。监理人应在收到承包人提交的变更估价申请后 7 天内审查完毕并报送发包人，监理人对变更估价申请有异议，通知承包人修改后重新提交。发包人应在承包人提交变更估价申请后 14 天内审批完毕。发包人逾期未完成审批或未提出异议的，视为认可承包人提交的变更估价申请。

因变更引起的价格调整应计入最近一期的进度款中支付。

第三节 工程索赔

工程索赔是指在工程合同履行过程中，当事人一方因非己方的原因而遭受经济损失或工期延误，按照合同约定或法律约定，应由对方承担责任，而向对方提出工期和（或）费用补偿要求的行为。

一、工程索赔的原因

1. 当事人违约

当事人违约常常表现为没有按照合同约定履行自己的义务。发包人违约常常表现为没有为承包人提供合同约定的施工条件，未按照合同约定的期限和数额付款等。工程师未能按照合同约定完成工作，如未能及时发出图纸、指令等，也视为发包人违约。承包人违约的情况则主要是未按照合同约定的质量、期限完成施工，或者由于不当行为给发包人造成其他损害。

【例 11-1】发包人违约导致的索赔。某工程项目，合同规定发包人为承包人提供三级路面标准的现场公路。由于发包人选定的工程局在修路中存在问题，现场交通道路在相当一段时间内未达到合同标准。承包人的车辆只能在路面块石垫层上行使，造成轮胎严重超常磨损，承包人提出索赔。工程师批准了对 208 条轮胎及其他零配件的费用补偿，共计 1900 万元。

2. 不可抗力

不可抗力又可以分为自然事件和社会事件。自然事件主要是不利的自然条件和客观障碍，如在施工过程中遇到了经现场调查无法发现、业主提供的资料中也未提到的、无法预料的情况，如地下水、地质断层等。社会事件则包括国家政策、法律、法令的变更，战争、罢工等。因不可抗力事件导致的费用，发承包双方应按以下原则分别承担并调整工程价款：

（1）工程本身的损害、因工程损害导致第三方人员伤亡和财产损失以及运至施工场地用于施工的材料和待安装的设备的损害，由发包人承担；

（2）发包人、承包人人员伤亡由其所在单位负责，并承担相应费用；

（3）承包人的施工机械设备损坏及停工损失，由承包人承担；

（4）停工期间，承包人应发包人要求留在施工场地的必要的管理人员及保卫人员的费用由发包人承担；

（5）工程所需清理、修复费用，由发包人承担。

【例11-2】不利自然条件导致的索赔。某巷口工程在施工过程中，承包人在某一部位遇到了比合同标明的更多、更加坚硬的岩石，开挖工作变得更加困难，工期拖延了4个月。这种情况就是承包人遇到了与原合同规定不同的、无法预料的不利自然条件，工程师应给予证明，发包人应当给予工期延长及相应的额外费用补偿。

3. 合同缺陷

合同缺陷表现为合同文件规定不严谨甚至矛盾、合同中有遗漏与错误。在这种情况下，工程师应当给予解释，如果这种解释将导致成本增加或工期延长，发包人应当给予补偿。

4. 合同变更

合同变更表现为设计变更、施工方法变更、追加或者取消某些工作、合同规定的其他变更等。

5. 工程师指令

工程师指令有时也会产生索赔，如工程师指令承包人加速施工、进行某项工作、更换某些材料、采取某些措施等。

6. 其他第三方原因

其他第三方原因常常表现为与工程有关的第三方的问题而引起的对本工程的不利影响。

二、工程索赔的分类

工程索赔依据不同的标准可以进行不同的分类。

1. 按索赔的合同依据分类

按索赔的合同依据可以将工程索赔分为合同中明示的索赔和合同中默示的索赔。

（1）合同中明示的索赔

合同中明示的索赔是指承包人所提出的索赔要求，在该工程项目的合同文件中有文字依据，承包人可以据此提出索赔要求，并取得经济补偿。这些在合同文件中有文字规定的合同条款，称为明示条款。

（2）合同中默示的索赔

合同中默示的索赔即承包人的该项索赔要求，虽然在工程项目的合同条款中没有专门的文字叙述，但可以根据该合同的某些条款的含义，推论出承包人有索赔权。这种索赔要求，同样有法律效力，有权得到相应的经济补偿。这种有经济补偿含义的条款，在合同管理工作中被称为"默示条款"或"隐含条款"。默示条款是一个广泛的合同概念，它包含合同明示条款中没有写入但符合双方签订合同时设想的愿望和当时环境条件的一切条款。这些默示条款，或者从明示条款所表述的设想愿望中引申出来，或者从合同双方在法律上的合同关系引申出来，经合同双方协商一致，或被法律和法规所指明，都成为合同文件的有效条款，要求合同双方遵照执行。

2. 按索赔的目的分类

按索赔的目的可以将工程索赔分为工期索赔和费用索赔。

（1）工期索赔

由于非承包人责任的原因而导致施工进程延误，要求批准顺延合同工期的索赔，称为工期索赔。工期索赔形式上是对权利的要求，以避免在原定合同竣工日不能完工时，被发包人追究拖期违约责任。一旦获得批准合同工期顺延后，承包人不仅免除了承担拖期违约赔偿费的严重风险，而且可能提前工期得到奖励，最终仍反映在经济收益上。

（2）费用索赔

费用索赔的目的是要求经济补偿。当施工的客观条件改变导致承包人增加开支，要求对超出计划成本的附加开支给予补偿，以挽回不应由承包人承担的经济损失。

3. 按索赔事件的性质分类

按索赔事件的性质可以将工程索赔分为工程延误索赔、工程变更索赔、合同被迫终止索赔、工程加速索赔、意外风险和不可预见因素索赔和其他索赔。

（1）工期延误索赔

因发包人未按合同要求提供施工条件，如未及时交付设计图纸、施工现场、道路等，或因发包人指令工程暂停或不可抗力事件等原因造成工期拖延的，承包人对此提出索赔。这是工程中常见的一类索赔。

（2）工程变更索赔

由于发包人或监理人指令增加、减少工程量或增加附加工程、修改设计、变更工程顺序等，造成工期延长和费用增加，承包人对此提出索赔。

（3）合同被迫终止的索赔

由于发包人或承包人违约以及可以抗力事件等原因造成合同非正常终止，无责任的受害方因其蒙受经济损失而向对方提出索赔。

（4）工程加速索赔

由于发包人或监理人指令承包人加快施工速度，缩短工期，引起承包人的人、财、物的额外开支而提出的索赔。

（5）意外风险和不可预见因素索赔

在工程实施过程中，因人力不可抗拒的自然灾害、特殊风险以及一个有经验的承包人通常不能合理预见的不利施工条件或外界障碍，如地下水、地质断层、溶洞、地下障碍物等引起的索赔。

（6）其他索赔

如因货币贬值、汇率变化、物价上涨、政策法令变化等原因引起的索赔。

三、工程索赔的处理程序

《建设工程工程量清单计价规范》（GB 50500—2013）中规定的索赔程序如下。

1. 合同一方向另一方提出索赔

合同一方向另一方提出索赔时，应有正当的索赔理由和有效证据，并应符合合同的相关约定。

2. 非承包人原因的索赔

根据合同约定，承包人认为非承包人原因发生的事件造成了承包人的损失，应按以下程序向发包人提出索赔：

（1）承包人应在索赔事件发生后 28 天内，向发包人提交索赔意向通知书，说明发生索赔事件的事由。承包人逾期未发出索赔意向通知书的，丧失索赔的权利。

（2）承包人应在发出索赔意向通知书后 28 天内，向发包人正式提交索赔通知书。索赔通知书应详细说明索赔理由和要求，并附必要的记录和证明材料。

（3）索赔事件具有连续影响的，承包人应继续提交延续索赔通知，说明连续影响的实际情况和记录。

（4）在索赔事件影响结束后的 28 天内，承包人应向发包人提交最终索赔通知书，说明最终索赔要求，并附必要的记录和证明材料。

3. 承包人索赔的处理程序

（1）发包人收到承包人的索赔通知书后，应及时查验承包人的记录和证明材料。

（2）发包人应在收到索赔通知书或有关索赔的进一步证明材料后的 28 天内，将索赔处理结果答复承包人，如果发包人逾期未做出答复，视为承包人索赔要求已经发包人认可。

（3）承包人接受索赔处理结果的，索赔款项在当期进度款中进行支付；承包人不接受索赔处理结果的，按合同约定的争议解决方式办理。

（4）承包人要求赔偿时，可以选择以下一项或几项方式获得赔偿：

1）延长工期；

2）要求发包人支付实际发生的额外费用；

3）要求发包人支付合理的预期利润；

4）要求发包人按合同的约定支付违约金。

4. 费用索赔与工期索赔要求相关联时的处理

承包人的费用索赔与工期索赔要求相关联时，发包人在做出费用索赔的批准决定时，应结合工程延期，综合做出费用赔偿和工程延期的决定。

5. 竣工结算已办理完毕时的处理

发承包双方在按合同约定办理了竣工结算后，应被认为承包人已无权再提出竣工结算前所发生的任何索赔。承包人在提交的最终结清申请中，只限于提出竣工结算后的索赔，提出索赔的期限自发承包双方最终结清时终止。

6. 发包人索赔

根据合同约定，发包人认为由于承包人的原因造成发包人的损失，应参照承包人索赔的程序进行索赔。

发包人要求赔偿时，可以选择以下一项或几项方式获得赔偿：

（1）延长质量缺陷修复期限；

（2）要求承包人支付实际发生的额外费用；

（3）要求承包人按合同的约定支付违约金。

四、工程索赔的依据

1. 相关文件

相关文件主要包括招标文件、施工合同文本及附件，其他双方签字认可的文件（如备忘录、修正案等），经认可的工程实施计划、各种工程图纸、技术规范等。这些索赔的依据可在索赔报告中直接引用。

2. 双方的往来信件及各种会谈纪要

在合同履行过程中，业主、监理工程师和承包人定期或不定期的会谈所做出的决议或决定，是合同的补充，应作为合同的组成部分，但会谈纪要只有经过各方签署后才可作为索赔的依据。

3. 进度计划和具体的进度以及项目现场的有关文件

进度计划和具体的进度安排是和现场有关变更索赔的重要证据。

4. 现场资料

现场资料包括气象资料、工程检查验收报告和各种技术鉴定报告，工程中送停电、送停水、道路开通和封闭的记录、证明。

5. 政府文件

由于政府政策以及社会经济环境的变化都将给工程建设造成影响，因此，在进行工程索赔时，如果涉及相关政府文件和政策文件，索赔方应主动提供，主要包括国家有关法律、法令、政策文件，官方的物价指数、工资指数，各种会计核算资料，材料的采购、订货、运输、进场、使用方面的凭据。

可见，索赔要有证据，证据是索赔报告的重要组成部分，证据不足或没有证据，索赔就不可能成立。总之，施工索赔是利用经济杠杆进行项目管理的有效手段，对承包人、发包人和监理工程师来说，处理索赔问题水平的高低，反映了对项目管理水平的高低。由于索赔是合同管理的重要环节，也是计划管理的动力，更是挽回成本损失的重要手段，所以随着建筑市场的建立和发展，索赔将成为项目管理中越来越重要的问题。

五、工程索赔费用及工期的计算方法

1. 费用索赔的计算

费用索赔的计算方法有实际费用法、修正总费用法等。

（1）实际费用法

该方法是按照各索赔事件所引起损失的费用项目分别分析计算索赔值，然后将各费用项目的索赔值汇总，以得到总索赔费用值。这种方法以承包人为某项索赔工作所支付的实际开支为依据，但仅限于由于索赔事项引起的、超过原计划的费用，故也称额外成本法。在这种计算方法中，需要注意的是不要遗漏费用项目。

（2）修正总费用法

这种方法是对总费用法的改进，即在总费用计算的原则上，去掉一些不确定的可能因素，对总费用法进行相应的修改和调整，使其更加合理。

【例11-3】某建设项目业主与施工单位签订了可调价格合同。合同中约定：主导施工机械为施工单位自有设备，台班单价为800元/台班，折旧费为100元/台班，人工日工资单价为40元/工日，窝工费为10元/工日。合同履行后第30天，因场外停电全场停工2天，造成人员窝工20个工日；合同履行后的第50天，业主指令增加一项新工作，完成该工作需要5天时间，机械5台班，人工20个工日，材料费5000元，求施工单位可获得的直接工程费的补偿额。

解 因场外停电导致的直接工程费索赔额：

人工费 $= 20 \times 10 = 200$ （元）

机械费 $= 2 \times 100 = 200$ （元）

因业主指令增加新工作导致的直接工程费索赔额：

人工费 $= 20 \times 40 = 800$ （元）

材料费 $= 5000$ （元）

机械费 $= 5 \times 800 = 4000$ （元）

可获得的直接工程费的补偿额：$(200 + 200) + (800 + 5000 + 4000) = 10200$ （元）

2. 工程索赔中应当注意的问题

（1）划清施工进度拖延的责任

因承包人的原因造成施工进度滞后，属于不可原谅的延期；只有承包人不应承担任何责任的延误，才是可原谅的延期。有时工程延期的原因中可能包含双方责任，此时工程师应进行详细分析，分清责任比例，只有可原谅延期部分才能批准顺延合同工期。可原谅延期又可细分为可原谅并给予补偿费用的延期和可原谅但不给予补偿费用的延期；后者是指非承包人责任的影响并未导致施工成本的额外支出，大多属于发包人应承担风险责任事件的影响，如异常恶劣的气候条件影响的停工等。

（2）被延误的工作应是处于施工进度计划关键线路上的施工内容

只有位于关键线路的工作内容的滞后，才会影响到竣工日期。但有时也应注意，既要看被延误的工作是否在批准进度计划的关键路线上，又要详细分析这一延误对后续工作的可能影响。因为若对非关键路线工作的影响时间较长，超过了该工作可用于自由支配的时间，也会导致进度计划中非关键路线转化为关键路线，其滞后将影响总工期的拖延。此时，应充分考虑该工作的自由时间，给予相应的工期顺延，并要求承包人修改施工进度计划。

（3）工期索赔的计算

工期索赔的计算主要有网络图分析法和比例计算法两种。

1）网络图分析法

网络图分析法是利用进度计划的网络图，分析其关键线路。如果延误的工作为关键工作，则总延误的时间为批准顺延的工期；如果延误的工作为非关键工作，当该工作由于延误超过时差限制而成为关键工作时，可以批准延误时间与时差的差值；若该工作延误后仍为非关键工作，则不存在工期索赔问题。

2）比例计算法

该方法主要应用于工程量有增加时工期索赔的计算，公式为

$$工程索赔值 = 额外增加的工程量的价格/原合同总价 \times 原合同总工期 \qquad (11\text{-}2)$$

【例11-4】 某工程原合同规定分两阶段进行施工，土建工程21个月，安装工程12个月。假定以一定量的劳动力需要量为相对单位，则合同规定的土建工程量可折算为310个相对单位，安装工程量折算为70个相对单位。合同规定，在工程量增减10%的范围内，作为承包人的工期风险，不能要求工期补偿。在工程施工过程中，土建和安装的工程量都有较大幅度的增加。实际土建工程量增加到430个相对单位，实际安装工程量增加到117个相对单位。求承包人可以提出的工期索赔额。

解 承包人提出的工期索赔如下。

不索赔的土建工程量的上限：$310 \times 1.1 = 341$（个相对单位）

不索赔的安装工程量的上限：$70 \times 1.1 = 77$（个相对单位）

由于工程量增加而造成的工期延长：

土建工程工期延长 $= 21 \times (430/341 - 1) = 5.5$（月）

安装工程工期延长 $= 12 \times (117/77 - 1) = 6.2$（月）

总工期索赔：$5.5 + 6.2 = 11.7$（月）

第四节　工程竣工结算编制和审查

工程结算是指发承包双方根据合同约定，对合同工程在实施中、终止时、已完工后进行的合同价款计算、调整和确认，包括期中结算、终止结算、竣工结算。

一、工程价款结算的主要方式和内容

1. 工程价款结算的主要方式

工程价款结算的主要方式有以下两种。

（1）按月结算与支付：即实行按月支付进度款，竣工后清算的办法。合同工期在两个年度以上的工程，在年终进行工程盘点，办理年度结算。

（2）分段结算与支付：即当年开工、当年不能竣工的工程按照工程形象进度，划分不同阶段支付工程进度款。具体划分在合同中明确。

除上述两种主要方式，还可以双方约定其他结算方式。

2. 工程价款结算的分类

根据《建设项目工程结算编审规程》中的有关规定，工程价款结算主要包括竣工

结算、分阶段结算、专业分包结算和合同中止结算。

（1）竣工结算

建设项目完工并经验收合格后，对所完成的建设项目进行的全面的工程结算。

（2）分阶段结算

在签订的施工发承包合同中，按工程特征划分为不同阶段实施和结算。该阶段合同工作内容已完成，经发包人或有关机构中间验收合格后，由承包人在原合同分阶段价格的基础上编制调整价格并提交发包人审核签认的工程价格，它是表达该工程不同阶段造价和工程价款结算依据的工程中间结算文件。

（3）专业分包结算

在签订的施工发承包合同或由发包人直接签订的分包工程合同中，按工程专业特征分类实施分包和结算。分包合同工作内容已完成，经总包人、发包人或有关机构对专业内容验收合格后，按合同的约定，由分包人在原合同价格基础上编制调整价格并提交总包人、发包人审核签认的工程价格，它是表达该专业分包工程造价和工程价款结算依据的工程分包结算文件。

（4）合同中止结算

工程实施过程中合同中止，对施工发承包合同中已完成且经验收合格的工程内容，经发包人、总包人或有关机构点交后，由承包人按原合同价格或合同约定的定价条款，参照有关计价规定编制合同中止价格，提交发包人或总包人审核签认的工程价格，它是表达该工程合同中止后已完成工程内容的造价和工作价款结算依据的工程经济文件。

二、工程竣工结算的编制依据

根据《建设工程工程量清单计价规范》（GB 50500—2013）的规定，编制工程竣工结算应依据：

（1）《建设工程工程量清单计价规范》（GB 50500—2013）；

（2）工程合同；

（3）双方确认的工程量及其结算的合同价款；

（4）双方确认追加（减）的合同价款；

（5）工程设计文件及相关资料；

（6）投标文件；

（7）其他依据。

三、工程竣工结算的计价原则

采用总价合同的，在合同总价基础上，对合同约定能调整的内容和超过合同约定范围的风险因素进行调整。

采用单价合同的，在合同约定风险范围内的综合单价不变，按合同约定进行计量，进行结算。

采用工程量清单计价方式，工程竣工结算编制的计价原则可以这样考虑：

（1）分部分项工程和措施项目中的单价项目应依据双方确认的工程量与已标价工程量清单的综合单价计算，如发生调整，以发承包双方确认调整的综合单价计算。

（2）措施项目中的总价项目应依据合同约定的项目和金额计算，如发生调整，以发承包双方确认调整的金额计算，其中安全文明施工费应按国家或省级、行业建设主管部门的规定计算。

（3）其他项目应按下列规定计价：

1）计日工应按发包人实际签证确认的事项计算。

2）暂估价应按计价规范相关规定计算。

3）总承包服务费应依据合同约定金额计算，如发生调整，以发承包双方确认调整的金额计算。

4）施工索赔费用应依据发承包双方确认的索赔事项和金额计算。

5）现场签证费用应依据发承包双方签证资料确认的金额计算。

6）暂列金额应减去工程价款调整（包括索赔、现场签证）金额计算，如有余额归发包人。

（4）规费和税金按国家或省级、建设主管部门的规定计算。规费中的工程排污费应按工程所在地环境保护部门规定标准缴纳后按实列入。

（5）发承包双方在合同工程实施过程中已经确认的工程计量结果和合同价款，在竣工结算办理中应直接进入结算。

四、工程竣工结算的审查方法

工程竣工结算是指施工承包单位按施工合同并经验收合格后，与建设单位进行的最终工程价款结算。工程竣工结算分为单位工程竣工结算、单项工程竣工结算和工程项目竣工总结算，其中，单位工程竣工结算和单项工程竣工结算可看作是分阶段结算。单位工程竣工结算由施工承包单位编制，建设单位审查；实行总承包的工程，由具体承包单位编制单位工程竣工结算，在总包单位审查的基础上，由建设单位审查。单项工程竣工结算、工程项目竣工总结算由总承包单位编制，建设单位可直接进行审查，也可委托具有相应资质的造价咨询机构进行审查。政府投资项目，由同级财政部门进行审查。

工程竣工结算的审查应依据施工合同约定的结算方法进行，根据不同的施工合同类型，应采用不同的审查方法。对于采用工程量清单计价方式签订的单价合同，应审查施工图以内的各个分部分项工程量，依据合同约定的方式审查分部分项工程价格，并对设计变更、工程洽商、工程索赔等调整内容进行审查。

1. 施工承包单位的内部审查

施工单位内部审查工程竣工结算的主要内容包括：

（1）审查结算的项目范围、内容与合同约定的项目范围、内容的一致性。

（2）审查工程量计算的准确性、工程量计算规则与计价规范或定额的一致性。

（3）审查执行合同约定或现行的计价原则、方法的严格性。对于工程量清单或定额缺项以及采用新材料、新工艺的，应根据施工过程中的合理损耗和市场价格审核结算单价。

（4）审查变更签证凭据的真实性、合法性、有效性，核准变更工程费用。

（5）审查索赔是否依据合同约定的索赔处理原则、程序和计算方法以及索赔费用的真实性、合法性、准确性。

（6）审查取费标准执行的严格性，并审查取费依据的时效性、相符性。

2. 建设单位的审查

建设单位审查工程竣工结算的内容如下。

（1）审查工程竣工结算的递交程序和资料的完备性

1）审查结算资料递交手续、程序的合法性，以及结算资料具有的法律效力；

2）审查结算资料的完整性、真实性和相符性。

（2）审查与竣工结算有关的各项内容

1）工程施工合同的合法性和有效性；

2）工程施工合同范围以外调整的工程价款；

3）分部分项工程、措施项目、其他项目的工程量及单价；

4）建设单位单独分包工程项目的界面划分和总承包单位的配合费用；

5）工程变更、索赔、激励及违约费用；

6）取费、税金、政策性调整以及材料价差计算；

7）实际施工工期和合同工期产生差异的原因和责任，以及对工程造价的影响程度；

8）其他涉及工程造价的内容。

3. 工程竣工结算的审查时限

根据财政部、建设部关于印发《建设工程价款结算暂行办法》的通知（财建〔2004〕369号），单项工程竣工后，施工承包单位应按规定程序向建设单位递交竣工结算报告及完整的结算资料，建设单位应按表11.1规定的时限进行核对、审查，并提出审查意见。

工程竣工总结算在最后一个单项工程竣工结算审查确认后15天内汇总，送建设单位后30天内审查完成。

表 11.1　工程竣工结算审查时限

工程竣工结算报告金额	审查时限（从接到竣工结算报告和完整的竣工结算资料之日起）
500 万元以下	20 天
500 万元～2000 万元	30 天
2000 万元～5000 万元	45 天
5000 万元以上	60 天

第五节　工程合同价款纠纷处理

一、工程合同价款纠纷的种类

工程合同价款纠纷是指发包人和承包人在建设工程合同价款的约定、调整以及结算方面发生的争议。

按照争议合同的类型，工程合同价款纠纷可分为总价合同价款纠纷、单价合同价款纠纷以及成本加酬金合同价款纠纷。

按照纠纷发生的阶段，工程合同价款纠纷可分为合同价款约定纠纷、合同价款调整纠纷和合同价款结算纠纷。

按照纠纷的成因，工程合同价款纠纷可分为合同无效的价款纠纷、工期延误的价款纠纷、质量争议的价款纠纷以及工程索赔的价款纠纷。

二、工程合同价款纠纷的处理原则

有些工程合同价款纠纷可以直接适用现有的法律条款予以解决。有些纠纷可以通过相关司法解释和批复进行处理，如最高人民法院《关于建设工程价款优先受偿权问题的批复》（法释〔2002〕16 号），《关于审理建设工程施工合同纠纷案件适用法律问题的解释》（法释〔2004〕14 号）等批复和司法解释。司法解释中关于施工合同价款纠纷的处理原则和方法，可以为发承包双方在工程合同履行过程中出现的类似纠纷的处理，提供参考性极强的借鉴。

1. 存在垫资现象的合同价款纠纷处理原则

对于垫资部分的工程价款结算，最高人民法院《关于审理建设工程施工合同纠纷案件适用法律问题的解释》（法释〔2004〕14 号）的处理意见：

（1）当事人对垫资和垫资利息有约定，承包人请求按照约定返还垫资及其利息的，应予支持，但是约定的利息计算标准高于中国人民银行发布的同期同类贷款利率的部分除外。

（2）当事人对垫资没有约定的，按照工程欠款处理。

（3）当事人对垫资利息没有约定，承包人请求支付利息的，不予支持。

2. 合同无效的价款纠纷处理原则

按照《关于审理建设工程施工合同纠纷案件适用法律问题的解释》（法释〔2004〕14号），建设工程施工合同无效且建设工程经竣工验收不合格的，按照以下情形分别处理：

（1）修复后的建设工程经竣工验收合格，发包人请求承包人承担修复费用的，应予支持；

（2）修复后的建设工程经竣工验收不合格，承包人请求支付工程价款的，不予支持；因建设工程不合格造成的损失，发包人有过错的，也应承担相应的民事责任。

承包人非法转包、违法分包建设工程或者没有资质的实际施工人借用有资质的建筑施工企业名义与他人签订建设工程施工合同的行为无效。人民法院可以根据相关法律的规定，收缴当事人已经取得的非法所得。

承包人超越资质等级许可的业务范围签订建设工程施工合同，在建设工程竣工前取得相应资质等级，当事人请求按照无效合同处理的，不予支持。

3. 发包人提前占用工程的合同价款纠纷处理原则

建设工程未经竣工验收，发包人擅自使用后，又以使用部分质量不符合约定为由主张权利的，不予支持；但是承包人应当在建设工程的合理使用寿命内对地基基础工程和主体结构质量承担民事责任。

4. 合同解除后的合同价款纠纷处理原则

（1）承包人具有下列情形之一，发包人请求解除建设工程施工合同的，应予支持：

1）明确表示或者以行为表明不履行合同主要义务的；

2）合同约定的期限内没有完工且在发包人催告的合理期限内仍未完工的；

3）已经完成的建设工程质量不合格，并拒绝修复的；

4）将承包的建设工程非法转包、违法分包的。

（2）发包人具有下列情形之一，致使承包人无法施工，且在催告的合理期限内仍未履行相应义务，承包人请求解除建设工程施工合同的，应予支持：

1）未按约定支付工程价款的；

2）提供的主要建筑材料、建筑构配件和设备不符合强制性标准的；

3）不履行合同约定的协助义务的。

（3）建设工程施工合同解除后，已经完成的建设工程质量合格的，发包人应当按照约定支付相应的工程价款。

（4）已经完成的建设工程质量不合格的：

1）修复后的建设工程经验收合格，发包人请求承包人承担修复费用的，应予支持；

2）修复后的建设工程经验收不合格，承包人请求支付工程价款的，不予支持。

5. 其他工程合同价款纠纷的处理原则

（1）阴阳合同的结算依据

当事人就同一建设工程另行订立的建设工程施工合同与经过备案的中标合同实质性内容不一致的，应当以备案的中标合同作为结算工程价款的根据。

（2）承包人竣工结算文件的默认

当事人约定，发包人收到竣工结算文件后，在约定期限内不予答复，视为认可竣工结算文件的，按照约定处理。承包人请求按照竣工结算文件结算工程价款的，应予支持。

（3）施工过程中形成的签证等书面文件的确认

当事人对工程量有争议的，按照施工过程中形成的签证等书面文件确认。承包人能够证明发包人同意其施工，但未能提供签证文件证明工程量发生的，可以按照当事人提供的其他证据确认实际发生的工程量。

（4）计价方法与造价鉴定

工程造价鉴定结论确定的工程款计价方法和计价标准与建设工程施工合同约定的工程款计价方法和计价标准不一致的，应以合同约定为准。当事人约定按照固定价结算工程价款，一方当事人请求人民法院对建设工程造价进行鉴定的，不予支持。

（5）工程欠款的利息支付

1）利率标准：当事人对欠付工程价款利息计付标准有约定的，按照约定处理；没有约定的，按照中国人民银行发布的同期同类贷款利率计息。

2）计息日：利息从应付工程价款之日计付；当事人对付款时间没有约定或者约定不明的，下列时间视为应付款时间：

①建设工程已实际交付的，为交付之日；

②建设工程没有交付的，为提交竣工结算文件之日；

③建设工程未交付，工程价款也未结算的，为当事人起诉之日。

三、工程合同价款纠纷的解决途径

工程合同价款纠纷的解决途径主要有四种：和解、调解、仲裁和诉讼。

工程合同价款发生纠纷后，当事人可以通过和解或者调解解决合同争议。当事人不愿和解、调解或者和解、调解不成的，可以根据仲裁协议向仲裁机构申请仲裁。当事人没有订立仲裁协议或者仲裁协议无效的，可以向人民法院起诉。当事人应当履行发生法律效力的法院判决或裁定、仲裁裁决、法院或仲裁调解书；拒不履行的，对方当事人可以请求人民法院执行。

1. 和解

和解是指当事人在自愿互谅的基础上，就已经发生的争议进行协商并达成协议，自行解决争议的一种方式。发生合同争议时，当事人应首先考虑通过和解解决争议。

根据《建设工程工程量清单计价规范》（GB 50500—2013）的规定，双方可通过以下方式进行和解。

（1）协商和解

合同价款争议发生后，发承包双方任何时候都可以进行协商。协商达成一致的，双方应签订书面和解协议，和解协议对发承包双方均有约束力。如果协商不能达成一致协议，发包人或承包人都可以按合同约定的其他方式解决争议。

（2）监理或造价工程师暂定

若发包人和承包人之间就工程质量、进度、价款支付与扣除、工期延期、索赔、价款调整等发生任何法律上、经济上或技术上的争议，首先应根据已签约合同的规定，提交合同约定职责范围内的总监理工程师或造价工程师解决，并抄送另一方。总监理工程师或造价工程师在收到此提交件后14天内应将暂定结果通知发包人和承包人。发承包双方对暂定结果认可的，应以书面形式予以确认，暂定结果成为最终决定。

发承包双方在收到总监理工程师或造价工程师的暂定结果通知之后的14天内，未对暂定结果予以确认也未提出不同意见的，视为发承包双方已认可该暂定结果。

发承包双方或一方不同意暂定结果的，应以书面形式向总监理工程师或造价工程师提出，说明自己认为正确的结果，同时抄送另一方，此时该暂定结果成为争议。在暂定结果不实质影响发承包双方当事人履约的前提下，发承包双方应实施该结果，直到其按照发承包双方认可的争议解决办法被改变为止。

2. 调解

调解是指双方当事人以外的第三人应纠纷当事人的请求，依据法律规定或合同约定，对双方当事人进行疏导、劝说，促使他们互相谅解、自愿达成协议解决纠纷的一种途径。

《建设工程工程量清单计价规范》（GB 50500—2013）规定了以下调解方式。

（1）管理机构的解释或认定

合同价款争议发生后，发承包双方可就工程计价依据的争议以书面形式提请工程造价管理机构对争议以书面文件进行解释或认定。工程造价管理机构应在收到申请的10个工作日内就发承包双方提请的争议问题进行解释或认定。

　　发承包双方或一方在收到工程造价管理机构书面解释或认定后，仍可按照合同约定的争议解决方式提请仲裁或诉讼。除工程造价管理机构的上级管理部门做出了不同的解释或认定，或在仲裁裁决或法院判决中不予采信的外，工程造价管理机构做出的书面解释或认定是最终结果，对发承包双方均有约束力。

　　(2) 双方约定争议调解人进行调解的程序

　　1) 约定调解人

　　发承包双方应在合同中约定或在合同签订后共同约定争议调解人，负责双方在合同履行过程中发生争议的调解。合同履行期间，发承包双方可以协议调换或终止任何调解人，但发包人或承包人都不能单独采取行动。除非双方另有协议，在最终结清支付证书生效后，调解人的任期即终止。

　　2) 争议的提交

　　如果发承包双方发生了争议，任何一方可以将该争议以书面形式提交调解人，并将副本抄送另一方，委托调解人调解。发承包双方应按照调解人提出的要求，给调解人提供所需要的资料、现场进入权及相应设施，调解人应被视为不是在进行仲裁人的工作。

　　3) 进行调解

　　调解人应在收到调解委托后 28 天内，或由调解人建议并经发承包双方认可的其他期限内，提出调解书，发承包双方接受调解书的，经双方签字后作为合同的补充文件，对发承包双方具有约束力，双方都应立即遵照执行。

　　4) 异议通知

　　如果发承包任一方对调解人的调解书有异议，应在收到调解书后 28 天内向另一方发出异议通知，并说明争议的事项和理由。但除非并直到调解书在协商和解或仲裁裁决、诉讼判决中做出修改，或合同已经解除，承包人应继续按照合同实施工程。

　　如果调解人已就争议事项向发承包双方提交了调解书，而任一方在收到调解书后 28 天内，均未发出表示异议的通知，则调解书对发承包双方均具有约束力。

3. 仲裁

　　仲裁是当事人根据在纠纷发生前或纠纷发生后达成的有效仲裁协议，自愿将争议事项提交双方选定的仲裁机构进行裁决的一种纠纷解决方式。

　　(1) 仲裁方式的选择：发承包双方必须在合同中订立有仲裁条款、以书面形式在纠纷发生前或者纠纷发生后达成了请求仲裁的协议，才能选择仲裁方式解决纠纷。

　　(2) 仲裁裁决的执行：仲裁裁决做出后，当事人应当履行裁决。一方当事人不履行的，另一方当事人可以向被执行人所在地或者被执行财产所在地的中级人民法院申请执行。

　　(3) 关于通过仲裁方式解决合同价款争议，《建设工程工程量清单计价规范》(GB 50500—2013) 做出了如下规定：

1）如果发承包双方的协商和解或调解均未达成一致意见，其中一方已就此争议事项根据合同约定的仲裁协议申请仲裁的，应同时通知另一方。

2）仲裁可在竣工之前或之后进行，但发包人、承包人、调解人各自的义务不得因在工程实施期间进行仲裁而有所改变。当仲裁是在仲裁机构要求停止施工的情况下进行时，承包人应对合同工程采取保护措施，由此增加的费用由败诉方承担。

3）若双方通过和解或调解形成的有关的暂定、和解协议或调解书已经有约束力的情况下，当发承包中一方未能遵守暂定、和解协议或调解书时，另一方可在不损害他可能具有的任何其他权利的情况下，将未能遵守暂定、不执行和解协议或调解书达成的事项提交仲裁。

4. 诉讼

诉讼是指当事人请求人民法院行使审判权，通过审理争议事项并做出具有强制执行效力的裁判，从而解决民事纠纷的一种方式。

发承包双方在履行合同时发生争议，双方当事人不愿和解、调解或者和解、调解未能达成一致意见，又没有达成仲裁协议或者仲裁协议无效的，可依法向人民法院提起诉讼。

根据《最高人民法院关于适用〈中华人民共和国民事诉讼法〉的解释》（法释〔2015〕5 号）和《中华人民共和国民事诉讼法》的规定，因建设工程合同纠纷提起的诉讼，应当由工程所在地人民法院管辖。

第十二章 施工成本管理及方法

第一节 施工成本管理流程

施工成本管理是一个有机联系与相互制约的系统过程，施工成本管理流程如图 12.1 所示。成本预测是成本计划的编制基础，成本计划是开展成本控制和核算的基础；成本控制能对成本计划的实施进行监督，保证成本计划的实现，而成本核算又是成本计划是否实现的最后检查，成本核算所提供的成本信息又是成本预测、成本计划、成本控制和成本考核等的依据；成本分析为成本考核提供依据，也为未来的成本预测与成本计划指明方向；成本考核是实现成本目标责任制的保证和手段。

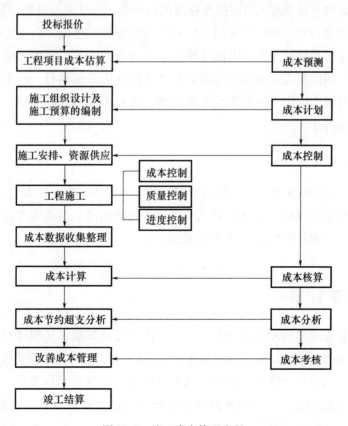

图 12.1 施工成本管理流程

第二节 施工成本管理方法

一、成本预测

施工成本预测是指施工承包单位及其项目经理部有关人员凭借数据和工程经验，运用一定方法对工程项目未来的成本水平及其可能的发展趋势做出科学估计。工程项目成本预测是工程项目成本计划的依据。预测时，通常是对工程项目计划工期内影响成本的因素进行分析，比照近期已完工程项目或将完工程项目的成本（单位成本），预测这些因素对施工成本的影响程度，估算出工程项目的单位成本或总成本。

施工成本预测的方法可分为定性预测和定量预测两大类。

1. 定性预测

定性预测是指造价管理人员根据专业知识和经验，通过调查研究，利用已有资料，对成本费用的发展趋势及可能达到的水平所进行的分析和推断。由于定性预测主要依靠管理人员的素质和判断能力，因而这种方法必须建立在对工程项目成本费用的历史资料、现状及影响因素深刻了解的基础之上。这种方法简便易行，在资料不多、难以进行定量预测时最为适用。最常用的定性预测方法是调查研究判断法，具体方式有座谈会法和函询调查法。

2. 定量预测

定量预测是利用历史成本费用统计资料以及成本费用与影响因素之间的数量关系，通过建立数学模型来推测、计算未来成本费用的可能结果。在成本费用预测中，常用的定量预测方法有加权平均法、回归分析法等。

二、成本计划

成本计划是在成本预测的基础上，施工承包单位及其项目经理部对计划期内工程项目成本水平所做的筹划。施工项目成本计划是以货币形式表达的项目在计划期内的生产费用、成本水平及为降低成本采取的主要措施和规划的具体方案。成本计划是目标成本的一种表达形式，是建立项目成本管理责任制、开展成本控制和核算的基础，是进行成本费用控制的主要依据。

1. 成本计划的内容

施工成本计划一般由直接成本计划和间接成本计划组成。

（1）直接成本计划

直接成本计划主要反映工程项目直接成本的预算成本、计划降低额及计划降低率，主要包括工程项目的成本目标及核算原则、降低成本计划表或总控制方案、对成本计划估算过程的说明及对降低成本途径的分析等。

（2）间接成本计划

间接成本计划主要反映工程项目间接成本的计划数及降低额，在编制计划时，成本项目应与会计核算中间接成本项目的内容一致。

此外，施工成本计划还应包括项目经理对可控责任目标成本进行分解后形成的各个实施性计划成本，即各责任中心的责任成本计划。责任成本计划又包括年度、季度和月度责任成本计划。

2. 成本计划的编制方法

（1）目标利润法

目标利润法是指根据工程项目的合同价格扣除目标利润后得到目标成本的方法。在采用正确的投标策略和方法以最理想的合同价中标后，从标价中扣除预期利润、税金、应上缴的管理费等之后的余额即工程项目实施中所能支出的最大限额。

（2）技术进步法

技术进步法是以工程项目计划采取的技术组织措施和节约措施所能取得的经济效果为项目成本降低额，求得项目目标成本的方法。计算公式为

$$项目目标成本 = 项目成本估算值 - 技术节约措施计划节约额（或降低成本额） \tag{12-1}$$

（3）按实计算法

按实计算法是以工程项目的实际资源消耗测算为基础，根据所需资源的实际价格，详细计算各项活动或各项成本组成的目标成本计算公式为

$$人工费 = \Sigma \ 各类人员计划用工量 \times 实际工资标准 \tag{12-2}$$

$$材料费 = \Sigma \ 各类材料的计划用量 \times 实际材料基价 \tag{12-3}$$

$$施工机具使用费 = \Sigma \ 各类机具的计划台班量 \times 实际台班单价 \tag{12-4}$$

在此基础上，由项目经理部生产和财务管理人员结合施工技术和管理方案等测量措施费、项目经理部的管理费等，最后构成项目的目标成本。

（4）定率估算法（历史资料法）

定率估算法是当工程项目非常庞大和复杂而需要分为几个部分时采用的方法。首先将工程项目分为若干个子项目，参照同类工程项目的历史数据，采用算术平均法计算子项目目标成本降低率和降低额，然后汇总整个工程项目的目标成本降低率和降低

额。在确定子项目成本降低率时，可采用加权平均法或三点估算法。

三、成本控制

成本控制是指工程项目实施工程中，对影响工程项目成本的各项要素即施工生产所耗费的人力、物力和各项费用开支，采取一定的措施进行监督、调节和控制，及时预防、发现和纠正偏差，保证工程项目成本目标的实现。成本控制是工程项目管理的核心内容，也是工程项目管理中不确定因素最多、最复杂、最基础的管理内容。

1. 成本控制的过程和内容

施工成本控制包括计划预控、过程控制和纠偏控制三个重要环节。

（1）计划预控

计划预控是指应运用计划管理的手段事先做好各项施工活动的成本安排，使工程项目预期成本目标的实现建立在有充分技术和管理措施保障的基础上，为工程项目的技术与资源的合理配置和消耗控制提供依据。控制的重点是优化工程项目实施方案、合理配置资源和控制生产要素的采购价格。

（2）过程控制

过程控制是指控制实际成本的发生，包括实际采购费用发生过程的控制、劳动力和生产资料使用过程的消耗控制、质量成本及管理费用的支出控制。施工承包单位应充分发挥工程项目成本责任体系的约束和激励机制，提高施工过程的成本控制能力。

（3）纠偏控制

纠偏控制是指在工程项目实施过程中，对各项成本进行动态跟踪核算，发现实际成本与目标成本产生偏差时，分析原因，采取有效措施予以纠偏。

2. 成本控制的方法

（1）成本分析表法

成本分析表法是指利用各种表格进行成本分析和控制的方法。应用成本分析表法可以清晰地进行成本比较研究。常见的成本分析表有月成本分析表、成本日报或周报表、月成本计算及最终预测报告表。

（2）工期-成本同步分析法

成本控制与进度控制之间有着必然的同步关系。因为成本是伴随着工程进展而发生的。如果成本与进度不对应，说明工程项目进展中出现虚盈或虚亏的不正常现象。

施工成本的实际开支与计划不相符，往往是由两个因素引起的：一是在某道工序上的成本开支超出计划；二是某道工序的施工进度与计划不符。因此要想找出成本变化的真实原因，实施良好有效的成本控制措施，必须与进度计划的适时更新相结合。

（3）挣值分析法

挣值分析法是对工程项目成本/进度进行综合控制的一种分析方法。通过比较已完工程预算成本（Budget Cost of the Work Performed，BCWP）与已完工程实际成本（Actual Cost of the Work Performed，ACWP）之间的差值，可以分析由于实际价格的变化而引起的累计成本偏差；通过比较已完工程预算成本（BCWP）与拟完工程预算成本（Budget Cost of the Work Scheduled，BCWS）之间的差值，可以分析由于进度偏差而引起的累计成本偏差，并通过计算后续未完工程的计划成本余额，预测其尚需的成本数额，从而为后续工程施工的成本、进度控制及寻求降低成本挖掘途径指明方向。

（4）价值工程方法

价值工程方法是对工程项目进行事前成本控制的重要方法，在工程项目设计阶段，研究工程设计的技术合理性，探索有无改进的可能性，在提高功能的条件下，降低成本。在工程项目施工阶段，也可以通过价值工程活动，进行施工方案的技术经济分析，确定最佳施工方案，降低施工成本。

四、成本核算

成本核算是施工承包单位利用会计核算体系，对工程项目施工过程中所发生的各项费用进行归集，统计其实际发生额，并计算工程项目总成本和单位工程成本的管理工作。工程项目成本核算是施工承包单位成本管理最基础的工作，成本核算所提供的各种信息，是成本预测、成本计划、成本控制和成本考核等的依据。

1. 成本核算对象和范围

施工项目经理部应建立和健全以单位工程为对象的成本核算财务体系，严格区分企业经营成本和项目生产成本，在工程项目实施阶段不对企业经营成本进行分摊，以正确反映工程项目可控成本的收、支、结、转的状况和成本管理业绩。

施工成本核算应以项目经理责任成本目标为基本核算范围；以项目经理授权范围相对应的可控责任成本为核算对象，进行全过程分月跟踪核算。根据工程当月形象进度，对已完工程实际成本按照分部分项工程进行归集，并与相应范围的计划成本进行比较，分析各分部分项工程成本偏差的原因，并在后续工程中采取有效控制措施并进一步寻找降本挖潜的途径。项目经理部应在每月成本核算的基础上编制当月成本报告，作为工程项目施工月报的组成内容，提交企业生产管理和财务部门审核备案。

2. 成本核算方法

（1）表格核算法

表格核算法是建立在内部各项成本核算基础上，由各要素部门和核算单位定期采集信息，按有关规定填制一系列的表格，完成数据比较、考核和简单的核算，形成工程项目施工成本核算体系，作为支撑工程项目施工成本核算的平台。表格核算法需要依靠众多部门和单位支持，专业性要求不高。其优点是简洁明了，直观易懂，易于操作，适时性较好。缺点是覆盖范围较窄，核算债权债务等比较困难，而且较难实现科学严谨的审核制度，有可能造成数据失实，精度较差。

（2）会计核算法

会计核算法是指建立在会计核算基础上，利用会计核算所独有的借贷记账法和收支全面核算的综合特点，按工程项目施工成本内容和收支范围，组织工程项目施工成本的核算。不仅核算工程项目施工的直接成本，还要核算工程项目在施工生产过程中出现的债权债务，为施工生产而自购的工具、器具摊销，向建设单位的报量和收款、分包完成和分包付款等。其优点是核算严密、逻辑性强、人为调节的可能因素较小、核算范围较大，缺点是对核算人员的专业水平要求较高。

由于表格核算法具有便于操作和表格格式自由等特点，可以根据企业管理方式和要求设置各种表格，因而对工程项目内各岗位成本的责任核算比较实用。施工承包单位除对整个企业的生产经营进行会计核算外，还应在工程项目上设成本会计，进行工程项目成本核算，减少数据的传递，提高数据的及时性，便于与表格核算的数据接口，这将成为工程项目施工成本核算的发展趋势。

总体来说，用表格核算法进行工程项目施工各岗位成本的责任核算和控制，用会计核算法进行工程项目施工成本核算，两者互补，相得益彰，确保工程项目施工成本核算工作的开展。

3. 成本费用归集与分配

进行成本核算时，能够直接计入有关成本核算对象的，直接计入；不能直接计入的，采用一定的分配方法分配计入各成本核算工作的开展。

（1）人工费

人工费计入成本的方法，一般应根据企业实行的具体工资制度而定。在实行计件工资制度时，所支付的工资一般能分清受益对象，应根据"工程任务单"和"工资计算汇总表"将归集的工资直接计入成本核算对象的人工费成本中。实行计时工资制度时，在只存在一个成本核算对象或者所发生的工资能分清是服务于哪个成本核算对象时，方可将之直接计入。否则，就需将所发生的工资在各个成本核算对象之间进行分配，再分别计入。一般采用实用工时比例或定额工时比例进行分配。计算公式为

$$工资分配率 = \frac{建筑安装工人工资总额}{各项目实用工时（或定额工时）总和} \qquad (12\text{-}5)$$

$$某项工程应分配的人工费 = 该项工程实用工时 \times 工资分配率 \qquad (12\text{-}6)$$

（2）材料费

工程项目耗用的材料，应根据限额领料单、退料单、报损报耗单、大堆材料耗用计算单等计入工程项目成本。凡领料时能点清数量、分清成本核算对象的，应在有关

领料凭证（如限额领料单）上注明成本核算对象名称，据以计入成本核算对象。领料时虽能点清数量，但需集中配料或统一下料的，则由材料管理人员或领用部门，结合材料消耗定额将材料费分配计入各成本核算对象。领料时不能点清数量和分清成本核算对象的，由材料管理人员或施工现场保管员保管，月末实地盘点结存数量，结合月初结存数量和本月购进数量，倒推出本月实际消耗量，再结合材料耗用定额，编制"大堆材料耗用计算表"，据以计入各成本核算对象的成本。工程竣工后的剩余材料，应填写"退料单"据以办理材料退库手续，同时冲减相关成本核算对象的材料费。施工中的残次材料和包装物，应尽量回收再利用，冲减工程成本的材料费。

（3）施工机具使用费

施工机具使用费按自有机具和租赁机具分别加以核算。从外单位或本企业内部独立核算的机械站租入施工机具支付的租赁费，直接计入成本核算对象的机具使用费。如租入的机具是为两个或两个以上的工程服务，应以租入机具所服务的各个工程受益对象提供的作业台班数量为基数进行分配，计算公式为

$$平均台班租赁费 = \frac{支付的租赁费总额}{租入机具作业总台班数} \tag{12-7}$$

自有机具使用费应按各个成本核算对象实际使用的机具台班数计算所分摊的机具使用费，分别计入不同的成本核算对象成本中。

在施工机具使用费中，占比重最大的往往是施工机具折旧费。按现行财务制度的规定，施工承包单位计提折旧一般采用平均年限法和工作量法。技术进步较快或使用寿命受工作环境影响较大的施工机具和运输设备，经国家财政主管部门批准，可采用双倍余额递减法或年数总和法计提折旧。

固定资产折旧从固定资产投入使用月份的次月起，按月计提。停止使用的固定资产，从停用月份的次月起，停止计提折旧。

企业财务制度的有关规定，有权选择具体折旧方法和折旧年限，在开始实行年度前报主管财政机关备案。折旧年限和折旧方法一经确定，不得随意变更。需要变更的，由企业提出申请，并在变更年度前报主管财政机关批准。

1）平均年限法，也称使用年限法：是指按照固定资产的预计使用年限平均分摊固定资产折旧额的方法。这种方法计算的折旧额在各个使用年（月）份都是相等的，折旧的累计额所绘出的图线是直线。因此，这种方法也称直线法。

平均年限法的计算公式为

$$年折旧率 = \frac{1 - 预计净残值率}{折旧年限} \times 100\% \tag{12-8}$$

$$年折旧额 = 固定资产原值 \times 年折旧率 \tag{12-9}$$

净残值率按照固定资产原值的3%~5%确定，净残值率低于3%或者高于5%的，由企业自主确定，报主管财政机关备案。

2）工作量法：是指按照固定资产生产经营过程中所完成的工作量计提折旧的一种方法，是由平均年限法派生出来的一种方法，适用于各种时期使用程度不同的专业机

械、设备。

工作量法的计算公式如下。

①按照行驶里程计算折旧额公式为

$$单位里程折旧额 = \frac{原值 \times (1 - 预计净残值率)}{规定的总行驶里程} \tag{12-10}$$

$$年折旧额 = 年实际行驶里程 \times 单位里程折旧额 \tag{12-11}$$

②按照台班计算折旧额公式为

$$每台班折旧额 = \frac{原值 \times (1 - 预计净残值率)}{规定的总工作台班} \tag{12-12}$$

$$年折旧额 = 年实际工作台班 \times 每台班折旧额 \tag{12-13}$$

3）双倍余额递减法：是指按照固定资产账面净值和固定的折旧率计算折旧的方法，它属于一种加速折旧的方法。其折旧率是平均年限法的两倍，并且在计算年折旧率时不考虑预计净残值率。采用这种方法时，折旧率是固定的，但计算基数逐年递减，因此，计提的折旧额逐年递减。计算公式为

$$年折旧率 = \frac{2}{折旧年限} \times 100\% \tag{12-14}$$

$$年折旧额 = 固定资产账面净值 \times 年折旧率 \tag{12-15}$$

实行双倍余额递减法的固定资产，应当在其固定资产折旧年限到期前两年内，将固定资产账面净值扣除预计净残值后的净额进行平均摊销。

【例12-1】某项固定资产原价为10000元，预计净残值为400元，预计使用年限为5年，采用双倍余额递减法计算各年的折旧额。

解 年折旧率 $= 2 \div 5 \times 100\% = 40\%$

第一年折旧额 $= 10000 \times 40\% = 4000$（元）

第二年折旧额 $= (10000 - 4000) \times 40\% = 2400$（元）

第三年折旧额 $= (10000 - 6400) \times 40\% = 1440$（元）

第四年折旧额 $= (10000 - 7840 - 400) \div 2 = 880$（元）

第五年折旧额 $= (10000 - 7840 - 400) \div 2 = 880$（元）

4）年数总和法：也称年数总额法，是指以固定资产原值减去预计净残值后的余额为基数，按照逐年递减的折旧率计提折旧的一种方法。年数总和法也属于一种加速折旧的方法。其折旧率以该项固定资产预计尚可使用的年数（包括当年）作为分子，而以逐年可使用年数之和作为分母。分母是固定的，而分子逐年递减，因此，折旧率逐年递减，计提的折旧额也逐年递减。

年数总和法的计算公式为

$$年折旧率 = \frac{折旧年限 - 已使用年数}{折旧年限 \times (折旧年限 + 1) \div 2} \times 100\% \tag{12-16}$$

$$年折旧额 = (固定资产原值 - 预计净残值) \times 年折旧率 \tag{12-17}$$

【例12-2】采用例12-1的数据，用年数总和法计算各年的折旧额。

解　计算折旧的基数 $= 10000 - 400 = 9600$（元）

年数总和 $= 5 + 4 + 3 + 2 + 1 = 15$（年）

第一年折旧额 $= 9600 \times 5/15 = 3200$（元）

第二年折旧额 $= 9600 \times 4/15 = 2560$（元）

第三年折旧额 $= 9600 \times 3/15 = 1920$（元）

第四年折旧额 $= 9600 \times 2/15 = 1280$（元）

第五年折旧额 $= 9600 \times 1/15 = 640$（元）

（4）措施费

凡能分清受益对象的，应直接计入受益成本核算对象中。与若干个成本核算对象有关的，可先收集到措施费总账中，月末再按适当的方法分配计入有关成本核算对象的措施费中。

（5）间接成本

凡能分清受益对象的间接成本的，应直接计入受益成本核算对象中去，否则先在项目"间接成本"总账中进行归集，月末再按一定的分配标准计入受益成本核算对象。分配的方法：土建工程以实际成本中的直接成本为分配依据，安装工程则以人工费为分配依据。计算公式为

$$土建（安装）工程间接成本分配率 = \frac{土建（安装）工程分配的间接成本总额}{全部土建工程直接成本（安装工程人工费）总额}$$

(12-18)

$$某土建（安装）工程分配的间接成本 = 该土建工程直接成本（安装工程人工费） \times$$
$$土建（安装）工程间接成本分配率 \quad (12-19)$$

五、成本分析

成本分析是揭示工程项目成本变化情况及其变化原因的过程。原因成本分析为成本考核提供依据，也为未来的成本预测与成本计划编制指明方向。

1. 成本分析方法

成本分析的基本方法包括比较法、因素分析法、差额计算法、比率法等。

（1）比较法

比较法又称指标对比分析法，是通过技术经济指标的对比，检查目标的完成情况，分析产生差异的原因，进而挖掘内部潜力的方法。其特点是通俗易懂、简单易行、便于掌握，因而得到广泛应用。比较法的应用，通常有下列形式：

1）将本期实际指标与目标指标对比。以此检查目标完成情况，分析影响目标完成的积极因素和消极因素，以便及时采取措施，保证成本目标的实现。

2）本期实际指标与上期实际指标对比。通过这种对比，可以看出各项技术经济指

标的变动情况，反映项目管理水平的提高速度。

3）本期实际指标与行业平均水平、先进水平对比。这种对比可以反映本项目的技术管理和经济管理水平与行业的平均和先进水平的差距，相关单位据此可以采取措施赶超先进水平。

在采用比较法时，可采取绝对数对比、增减差额对比或相对数对比等多种形式。

（2）因素分析法

因素分析法又称连环置换法。这种方法可用来分析各种因素对成本的影响程度。在进行分析时，首先要假定众多因素中的一个因素发生了变化，而其他因素不变，在前一个因素变动的基础上分析第二个因素的变动，然后逐个替换，分别比较其计算结果，以确定各个因素的变化对成本的影响程度。据此对企业的成本计划执行情况进行评价，并提出进一步的改进措施。因素分析法的计算步骤如下：

1）以各个因素的计划数为基础，计算出一个总数；

2）逐项以各个因素的实际数替换计划数；

3）每次替换后，实际数就保留下来，直到所有计划数都被替换成实际数为止；

4）每次替换后，都应求出新的计算结果；

5）将每次替换所得的结果，与其相邻的前一个计算结果比较，其差额即替换的那个因素对总差异的影响程度。

【例 12-3】 某施工单位承包一个工程，计划砖砌工程量 1200m³，按预算定额的规定，每立方米耗用空心砖 510 块，每块空心砖计划价格为 0.12 元；而实际砌砖工程量达到 1500m³，每立方米实耗空心砖 500 块，每块空心砖实际购入价为 0.18 元。试用因素分析法进行成本分析。

解 砌砖工程的空心砖成本计算公式为

空心砖成本 = 砌砖工程量 × 每立方米空心砖消耗量 × 空心砖价格

采用因素分析法分析上述三个因素对空心砖成本的影响，见表 12.1。

表 12.1 砖砌工程空心砖成本分析表

计算顺序	砌砖工程量（m³）	每立方米空心砖消耗量（块）	空心砖价格（元）	空心砖成本（元）	差异数（元）	差异原因
计划数	1200	510	0.12	73440		
第一次代替	1500	510	0.12	91800	18360	由于工程量增加
第二次代替	1500	500	0.12	90000	-1800	由于空心砖节约
第三次代替	1500	500	0.18	135000	45000	由于价格提高
合计					61560	

以上分析结果表明，实际空心砖成本比计划超出 61560 元，主要原因是工程量增加和空心砖价格提高；另外，由于节约空心砖消耗，空心砖成本节约了 1800 元，这是好现象，应该总结经验，继续发扬。

（3）差额计算法

差额计算法是因素分析法的一种简化形式，它利用各个因素的目标值与实际值的差额来计算其对成本的影响程度。

【例 12-4】 以例 12-3 的成本分析资料为基础，利用差额计算法分析各因素对成本的影响程度。

解 工程量的增加对成本的影响额 = $(1500 - 1200) \times 510 \times 0.12 = 18360$（元）

材料消耗量变动对成本的影响额 = $1500 \times (500 - 510) \times 0.12 = -1800$（元）

材料单价变动对成本的影响额 = $1500 \times 500 \times (0.18 - 0.12) = 45000$（元）

各因素变动对材料费用的影响额 = $18360 - 1800 + 45000 = 61560$（元）

两种方法的计算结果相同，但采用差额计算法显然要比第一种方法简单。

（4）比率法

比率法是指用两个以上的指标的比例进行分析的方法。其基本步骤是先把对比分析的数值变成相对数，再观察其相互之间的关系。常用的比率法有以下几种：

1）相关比率法：通过将两个性质不同而相关的指标加以对比，求出比率，并以此来考察经营成果的好坏。例如，将成本指标与反映生产、销售等经营成果的产值、销售收入、利润指标相比较，就可以反映项目经济效益的好坏。

2）构成比率法：又称比重分析法或结构对比分析法，是通过计算某技术经济指标中各组成部分占总体比重进行数量分析的方法。通过构成比率，可以考察项目成本的构成情况，将不同时期的成本构成比率相比较，可以观察成本构成的变动情况，同时也可看出量、本、利的比例关系（即目标成本、实际成本和降低成本的比例关系），从而为寻求降低成本的途径指明方向。

3）动态比率法：是将同类指标不同时期的数值进行对比，求出比率，以分析该项指标的发展方向和发展速度的方法。动态比率的计算通常采用定基指数和环比指数两种方法。

2. 综合成本的分析方法

所谓综合成本，是指涉及多种生产要素，并受多种因素影响的成本费用，如分部分项工程成本、月（季）度成本、年度成本等。由于这些成本都是随着工程项目施工的进展而逐步形成的，与生产经营有着密切的关系，因此，做好上述成本的分析工作，无疑将促进工程项目的生产经营管理，提高工程项目的经济效益。

（1）分部分项工程成本分析

分部分项工程成本分析是施工项目成本分析的基础。分部分项工程成本分析的对象为主要的已完分部分项工程。分析的方法：进行预算成本、目标成本和实际成本的"三算"对比，分别计算实际成本与预算成本、实际成本与目标成本的偏差。分析偏差产生的原因，为今后的分部分项工程成本寻求节约途径。

分部分项工程成本分析的资料来源：预算成本是以施工图和定额为依据编制的施

工图预算成本，目标成本为分解到该分部分项工程上的计划成本，实际成本来自施工任务单的实际工程量、实耗人工和限额领料单的实耗材料。

对分部分项工程进行成本分析，要做到从开工到竣工进行系统的成本分析。因为通过主要分部分项工程成本的系统分析，可以基本了解工程项目形成的全过程，为竣工成本分析和今后的工程项目成本管理提供宝贵的参考资料。

分部分项工程成本分析表的格式见表 12.2。

表 12.2　分部分项工程成本分析表

单位工程：_____

分部分项工程名称：_____工程量：_____施工班组：_____施工日期：_____

工料名称	规格	单位	单价	预算成本		目标成本		实际成本		实际与预算比较		实际与目标比较	
				数量	金额	数量	金额	数量	金额	数量	金额	数量	金额
合计													
实际与预算比较（%）=实际成本合计/预算成本合计×100%													
实际与目标比较（%）=实际成本合计/目标成本合计×100%													
节超原因说明													

编制单位：　　　　编制人员：　　　　　　编制日期：

（2）月（季）度成本分析

月（季）度成本分析是项目定期的、经常性的中间成本分析。通过月（季）度成本分析，可以及时发现问题，以便按照成本目标指定的方向进行监督和控制，保证工程项目成本目标的实现。

月（季）度成本分析的依据是当月（季）的成本报表，应分析如下 6 个方面：

1）通过实际成本与预算成本的对比，分析当月（季）的成本降低水平；通过累计实际成本和累计预算成本的对比，分析累计的成本降低水平，预测实现工程项目成本目标的前景。

2）通过实际成本与目标成本的对比，分析目标成本的落实情况，以及目标管理中的问题和不足，进而采取措施，加强成本管理，保证工程成本目标的落实。

3）通过对各成本项目的成本分析，可以了解成本总量的构成比例和成本管理的薄弱环节。对超值幅度大的成本项目，应深入分析超支原因，并采取相应的增收节支措施，防止今后再超支。

4）通过主要技术经济指标的实际与目标对比，分析产量、工期、质量、"三材"节约率、机械利用率等对成本的影响。

5）通过对技术组织措施执行效果的分析，寻求更加有效的节约途径。

6）分析其他有利条件和不利条件对成本的影响。

（3）年度成本分析

由于工程项目的施工周期一般较长，除进行月（季）度成本核算和分析外，还要进行年度成本的核算和分析。因为通过年度成本的综合分析，可以总结一年来成本管理的成绩和不足，为今后的成本管理提供经验和教训。

年度成本分析的依据是年度成本报表。年度成本分析的内容，除月（季）度成本分析的 6 个方面外，重点是针对下一年度的施工进展情况规划切实可行的成本管理措施，以保证工程项目施工成本目标的实现。

（4）竣工成本的综合分析

凡是有几个单位工程而且是单独进行成本核算的项目，其竣工成本分析应以各单位工程竣工成本分析资料为基础，再加上项目经理部的经营效益（如资金调度、对外分包等所产生的效益）进行综合分析。如果施工项目只有一个成本核算对象（单位工程），就以该成本核算对象的竣工成本资料作为成本分析的依据。单位工程竣工成本分析应包括：竣工成本分析；主要资源节超对比分析；主要技术节约措施及经济效果分析。

通过以上分析，可以全面了解施工单位工程的成本构成和降低成本的来源，对今后同类工程的成本管理很有参考价值。

六、成本考核

成本考核是在工程项目建设过程中或项目完成后，定期对项目形成过程中的各级单位成本管理的成绩或失误进行总结和评价。通过成本考核，给予责任者相应的奖励或处罚。施工承包单位应建立和健全工程项目成本考核制度，作为工程项目成本管理责任体系的组成部分。考核制度应对考核的目的、时间、范围、对象、方式、依据、指标、组织领导以及结论与奖惩原则等做出明确规定。

1. 成本考核内容

施工成本的考核，包括企业对项目成本的考核和企业对项目经理部可控责任成本的考核。企业对项目成本的考核包括对施工成本目标（降低额）完成情况的考核和成本管理工作业绩的考核。企业对项目经理部可控责任成本的考核包括：

（1）项目成本目标和阶段成本目标完成情况；

（2）建立以项目经理为核心的成本管理责任制的落实情况；

（3）成本计划的编制和落实情况；

（4）对各部门、各施工队和班组责任成本的检查和考核情况；

（5）在成本管理中贯彻责、权、利相结合原则的执行情况。

除此之外，为层层落实项目成本管理工作，项目经理对所属各部门、各施工队和班组也要进行成本考核，主要考核其责任成本的完成情况。

2. 成本考核指标

（1）企业的项目成本考核指标

计算公式为

$$项目施工成本降低额 = 项目施工合同成本 - 项目实际施工成本 \qquad (12-20)$$

$$项目施工成本降低率 = \frac{项目施工成本降低额}{项目施工合同文本} \times 100\% \qquad (12-21)$$

（2）项目经理部可控责任成本考核指标

1）项目经理责任目标总成本降低额和降低率

计算公式为

$$目标总成本降低额 = 项目经理责任目标总成本 - 项目竣工结算总成本 \qquad (12-22)$$

$$目标总成本降低率 = \frac{目标总成本降低额}{项目经理责任目标总成本} \times 100\% \qquad (12-23)$$

2）施工责任目标成本实际降低额和降低率

计算公式为

$$施工责任目标成本实际降低额 = 施工责任目标总成本 - 工程竣工结算总成本$$

$$\qquad (12-24)$$

$$施工责任目标成本实际降低率 = \frac{施工责任目标成本实际降低额}{施工责任目标总成本} \times 100\% \qquad (12-25)$$

3）施工计划成本实际降低额和降低率

计算公式为

$$施工计划成本实际降低额 = 施工计划总成本 - 工程竣工结算总成本 \qquad (12-26)$$

$$施工计划成本实际降低率 = \frac{施工计划成本实际降低额}{施工计划总成本} \times 100\% \qquad (12-27)$$

施工承包单位应充分利用工程项目成本核算资料和报表，由企业财务审计部门对项目经理部的成本和效益进行全面审核，在此基础上做好工程项目成本效益的考核与评价，并按照项目经理部的绩效，落实成本管理责任制的激励措施。

第十三章　工程质量保证金管理

第一节　缺陷责任期和质量保修期的期限约定

一、缺陷责任期和质量保修期的概念

缺陷责任期是一种担保形式；质量保修期属于一种质量保证制度。

缺陷责任期是一种当工程保修期（国际上称为缺陷责任期）内出现质量缺陷时，承包人应当负责维修的担保形式。维修保证可以包含在履约保证之内，这时履约保证有效期要相应地延长到承包人完成了所有的缺陷修复。

参考《建设工程施工合同（示范文本）》（GF-2017-0201）的词语解释，缺陷责任期是指承包人按照合同约定承担缺陷修复义务，且发包人预留质量保证金（已缴纳履约保证金的除外）的期限，自工程实际竣工日期起计算。

质量保修期：是指承包人按照合同约定对工程承担保修责任的期限，从工程竣工验收合格之日起计算。保修期的时间在承包合同中约定。

《中华人民共和国建筑法》第62条规定："建筑工程实行质量保修制度。建筑工程的保修范围应当包括地基基础工程、屋面防水工程和其他土建工程，以及电气管线、上下水管线的安装工程，供热、供冷系统工程等项目；保修的期限应当按照保证建筑物合理寿命年限内正常使用，维护使用者合法权益的原则确定。具体的保修范围和最低保修期限由国务院规定。"

二、缺陷责任期的期限

缺陷责任期从工程通过竣工验收之日起计算，合同当事人应在专用合同条款约定缺陷责任期的具体期限，通常为6个月、12个月或24个月。一般该期限最长不超过24个月。

工程保修期从工程竣工验收合格之日起计算，合同当事人应在专用合同条款中约定工程保修期的具体期限，但不得低于最低保修期。

对于工程质量最低保修期，《建设工程质量管理条例》第 40 条规定：在正常使用条件下，建设工程的最低保修期限为：基础设施工程、房屋建筑的地基基础工程和主体结构工程，为设计文件规定的该工程的合理使用年限；屋面防水工程、有防水要求的卫生间、房间和外墙面的防渗漏，为 5 年；供热与供冷系统，为 2 个采暖期、供冷期；电气管线、给排水管道、设备安装和装修工程，为 2 年。其他项目的保修期限由发包人与承包人约定。建设工程的保修期，自竣工验收合格之日起计算。

由于承包人原因导致工程无法按规定期限进行竣工验收的，缺陷责任期从实际通过竣工验收之日起计。由于发包人原因导致工程无法按规定期限进行竣工验收的，在承包人提交竣工验收报告 90 天后，工程自动进入缺陷责任期。

根据《建设工程质量管理条例》和《房屋建筑工程质量保修办法》有关规定，在工程竣工验收的同时，由施工单位向建设单位发送《房屋建筑工程质量保修书》。

三、缺陷责任期内的维修及费用承担

建设工程在保修范围和保修期限内发生质量问题的，承包人应当履行保修义务，并对造成的损失承担赔偿责任。凡是由于用户使用不当而造成建筑功能不良或损坏的，不属于保修范围；凡属工业产品项目发生问题，也不属保修范围。以上两种情况应由建设单位自行组织修理。

保修费用是指在保修期间和保修范围内所发生的维修、返工等各项费用支出。根据《中华人民共和国建筑法》的规定，在保修费用的处理问题上，必须根据修理项目的性质、内容以及检查修理等多种因素的实际情况，区别保修责任的承担问题。保修的经济责任，应当由有关责任人承担，并由建设单位和施工单位共同商定经济处理办法。

（1）承包单位未按照国家有关标准、规范和设计要求施工所造成的质量缺陷，由承包单位负责返修并承担经济责任。

（2）由于设计方面的原因造成的质量缺陷，由设计单位负责并承担经济责任，由施工单位负责维修或处理。其费用按有关规定通过建设单位向设计单位索赔，不足部分由建设单位负责协同有关方解决。

（3）因建筑材料、建筑构配件和设备质量不合格引起的质量缺陷，属于承包单位采购的或经其验收同意的，由承包单位承担经济责任；属于建设单位采购的，由建设单位承担经济责任。

（4）因使用单位使用不当造成的损坏问题，由使用单位自行负责。

（5）因地震、洪水、台风等不可抗拒原因造成的损坏问题，施工单位、设计单位不承担经济责任，由建设单位自行负责。

（6）涉外工程的保修问题，除参照上述办法进行处理外，还应依照原合同条款的有关规定执行。

　　因此，缺陷责任期内，由于承包人原因造成的缺陷，承包人应负责维修，并承担鉴定及维修费用。如承包人不维修也不承担费用，发包人可按合同约定从保证金或银行保函中扣除，费用超出保证金额的，发包人可按合同约定向承包人进行索赔。承包人维修并承担相应费用后，不免除对工程的损失赔偿责任。

　　由他人原因造成的缺陷，发包人负责组织维修，承包人不承担费用，且发包人不得从保证金中扣除费用。

第二节　质量保证金预留及管理

一、质量保证金的含义

　　质量保证金是指按照合同条款约定，承包人用于保证其在缺陷责任期内履行缺陷修补义务的担保，是发包人与承包人在建设工程承包合同中约定，从应付的工程款中预留，用以保证承包人在缺陷责任期内对建设工程出现的缺陷进行维修的资金。质量保证金一般可参照建筑安装工程造价的确定程序和方法计算，也可按照建筑安装工程造价或承包工程合同价的一定比例计算（目前取3%）。

二、质量保证金的预留及管理

　　为规范建设工程质量保证金管理，落实工程在缺陷责任期内的维修责任，住房城乡建设部、财政部重新修订了《建设工程质量保证金管理办法》（建质〔2017〕138号），对保证金的预留、管理、使用、形式进行了规范。

1. 保证金的一般约定

　　发包人应当在招标文件中明确保证金预留、返还等内容，并与承包人在合同条款中对涉及保证金的下列事项进行约定：

　　（1）保证金预留、返还方式；

　　（2）保证金预留比例、期限；

　　（3）保证金是否计付利息，如计付利息，利息的计算方式；

　　（4）缺陷责任期的期限及计算方式；

　　（5）保证金预留、返还及工程维修质量、费用等争议的处理程序；

　　（6）缺陷责任期内出现缺陷的索赔方式；

　　（7）逾期返还保证金的违约金支付办法及违约责任。

2. 保证金的管理

缺陷责任期内，实行国库集中支付的政府投资项目，保证金的管理应按国库集中支付的有关规定执行。其他政府投资项目，保证金可以预留在财政部门或发包人。缺陷责任期内，如发包人被撤销，保证金随交付使用资产一并移交使用单位管理，由使用单位代行发包人职责。

社会投资项目采用预留保证金方式的，发承包双方可以约定将保证金交由第三方金融机构托管。

3. 保证金的其他形式

（1）推行银行保函制度，承包人可以银行保函替代预留保证金。

（2）在工程项目竣工前，已经缴纳履约保证金的，发包人不得同时预留工程质量保证金。

（3）采用工程质量保证担保、工程质量保险等其他保证方式的，发包人不得再预留保证金。

4. 保证金的数额

发包人应按照合同约定方式预留保证金，保证金总预留比例不得高于工程价款结算总额的3%。合同约定由承包人以银行保函替代预留保证金的，保函金额不得高于工程价款结算总额的3%。

第三节　质量保证金的返还程序

一、申请返还保证金

缺陷责任期内，承包人认真履行合同约定的责任，到期后，承包人向发包人申请返还保证金。

二、返还保证金

发包人在接到承包人返还保证金申请后，应于14天内会同承包人按照合同约定的内容进行核实。如无异议，发包人应当按照约定将保证金返还给承包人。对返还期限没有约定或者约定不明确的，发包人应当在核实后14天内将保证金返还承包人，逾期未返还的，依法承担违约责任。发包人在接到承包人返还保证金申请后 14 天内不予答复，经催告后 14 天内仍不予答复，视同认可承包人的返还保证金申请。

三、保证金纠纷的处理

发包人和承包人对保证金预留、返还以及工程维修质量、费用有争议的，按承包合同约定的争议和纠纷解决程序处理。

预算员专业知识测试模拟试卷

模拟试卷一

一、单项选择题（共50题，每题1分。每题的备选项中，只有一个最符合题意）

1. 初步设计阶段工程造价的主要表现形式是（　　）。

A. 投资估算　　　　B. 概算　　　　　C. 施工图预算　　　D. 承包合同价

2. 具备独立施工条件并能形成独立使用功能的建筑物及构筑物是（　　）。

A. 单项工程　　　　B. 单位工程　　　C. 分部工程　　　　D. 分项工程

3. 合同法的基本原则不包括下列哪项？（　　）

A. 平等原则　　　　B. 公平原则　　　C. 责权相等原则　　D. 诚信原则

4. 工程质量缺陷责任期一般为（　　）年。

A. 1　　　　　　　B. 2　　　　　　　C. 3　　　　　　　D. 合理的使用寿命

5. 根据我国《建设工程施工劳务分包合同示范文本》，工程承包人应在收到劳务分包人递交的结算资料后（　　）天内进行核实并给予确认。

A. 3　　　　　　　B. 7　　　　　　　C. 10　　　　　　　D. 14

6. 下列不属于措施费的项目是（　　）。

A. 文明施工费　　　　　　　　　　B. 临时设施费

C. 脚手架　　　　　　　　　　　　D. 劳动保护费

7. 以建筑物或构筑物各个分部分项工程为对象编制的定额是（　　）。

A. 施工定额　　　　B. 预算定额　　　C. 概算定额　　　　D. 概算指标

8. 工程建设定额中，分项最细、定额子目最多的定额是（　　）。

A. 施工定额　　　　B. 预算定额　　　C. 概算定额　　　　D. 概算指标

9. 采用工程量清单计价的合同，在施工合同签订时尚未确定但实际又发生了的材料设备采购支出，应当从（　　）中支出。

A. 措施费　　　　　B. 计日工　　　　C. 暂估价　　　　　D. 暂列金额

10. 测定人工定额时，不计入定额时间的是（　　）。

A. 有效工作时间　　　　　　　　　B. 损失时间

C. 休息时间　　　　　　　　　　　D. 不可避免的中断时间

11. 某施工机械循环一次由 3 个步骤组成，需要的时间分别是 2min、3min、1min，该机械正常利用系数为 0.9，循环一次的产量为 0.5m³，该机械的台班产量定额为（　　）m³/台班。

A. 3.6　　　　　　B. 4.5　　　　　　C. 36.0　　　　　　D. 40.6

12. 某种材料的供应价为 180 元/t，运杂费用为 22 元/t，运输损耗为 15 元/t，不需包装，采购保管费率为 3%，则该材料的基价为（　　）元/t。

A. 180　　　　　B. 185.40　　　　C. 208.06　　　　D. 223.51

13. 根据合同法，建设工程招标投标中属于要约性质的是（　　）。

A. 招标文件　　　B. 投标文件　　　C. 评标文件　　　D. 中标通知书

14. 某招标项目在投标截止时间前有 2 家投标人送达了合格的投标书，另有 3 家由于堵车在投标截止时间后 10 分钟送达了投标书，其中 1 家投标书不合格，则后续工作的正确做法是（　　）。

A. 不进行开标和评标，重新组织招标

B. 对前 2 家投标人的标书进行开标和评标

C. 对 4 家合格标书的投标人进行开标评标

D. 不对 4 家合格标书的投标人进行开标评标

15. 施工合同履行过程中，承包人向发包人索赔首先要做的是（　　）。

A. 在约定时间内向发包人提出索赔报告

B. 在约定时间内向发包人提出索赔通知

C. 索赔事件结束以后及时向发包人提交索赔报告

D. 索赔事件发生后 3 天之内向发包人提出索赔通知

16. 合同约定有工程预付款的，预付款的最迟支付时间是（　　）。

A. 合同约定开工日前 7 天　　　　　B. 合同约定开工日期后的 15 天内

C. 合同约定开工日期后的 3 天内　　D. 工程实际开工后的 3 天内

17. 按照我国《建设工程质量管理条例》的规定，外墙防水工程的保修期限为（　　）。

A. 1 年　　　　　B. 2 年　　　　　C. 3 年　　　　　D. 5 年

18. 我国现行施工招标的评标方法主要有综合评分法和（　　）。

A. 最低报价法　　　　　　　　　　B. 经评审的最低中标价法

C. 最高限价法　　　　　　　　　　D. 指数分析法

19. 建设项目竣工决算的内容中，真实记录各种地下地上建筑物、构筑物等情况的技术文件是（　　）。

A. 竣工决算报告情况说明书　　　　B. 建设工程竣工图

C. 建设项目交付使用资产明细表　　D. 竣工决算报表

20. 当事人采用合同书形式订立合同的，双方当事人未约定合同成立地点时，合同成立的地点为（　　）。

A. 双方当事人签字或者盖章的地点　　B. 要约一方的主营业地

C. 承诺一方的主营业地　　　　　　　D. 合同当事人营业地之外的第三地

21. 根据《重庆市建设工程造价管理规定》，能反映本企业技术及管理水平，用于本企业投标报价和成本核算的定额称为（   ）。

    A. 企业定额   B. 预算定额   C. 概算定额   D. 概算指标

22. 根据《重庆市建设工程造价管理规定》，组织编制与发布重庆市建设工程造价计价依据的是（   ）。

    A. 重庆市造价协会   B. 重庆市财政部门

    C. 重庆市城乡建设主管部门   D. 住房城乡建设部

23. 根据《重庆市建设工程造价管理规定》，建筑工程计价定额主要用于确定建筑工程（   ）。

    A. 投资估算   B. 设计概算   C. 施工图预算   D. 施工预算

24. 根据《重庆市建设工程造价管理规定》，建设工程造价是指建设工程项目从（   ）到保修期的全部费用。

    A. 立项   B. 设计   C. 招标   D. 施工

25. 根据《重庆市建设工程造价管理规定》，建设工程造价是指建设工程项目从立项到保修期结束的（   ）。

    A. 建筑安装工程费用   B. 全部费用

    C. 固定资产投资   D. 工程建设其他费用

26. 根据《重庆市建设工程造价管理规定》，招标控制价及其成果文件，应当由招标人报（   ）备案。

    A. 企业注册所在地县级以上城乡建设主管部门

    B. 工程所在地县级以上城乡建设主管部门

    C. 企业法人代表户口所在地县级以上城乡建设主管部门

    D. 工程所在地县级以上工商部门

27. 根据《重庆市建设工程造价管理规定》，竣工结算文件作为工程竣工验收备案、交付使用的必备文件，并由（   ）报工程所在地城乡建设主管部门备案。

    A. 发包人   B. 承包人

    C. 工程造价咨询企业   D. 设计人

28. 根据《重庆市建设工程造价管理规定》，建设工程造价合理确定和有效控制的原则中，设计概算直接控制（   ）。

    A. 投资估算   B. 施工图预算   C. 施工预算   D. 竣工结算

29. 根据《重庆市建设工程造价管理规定》，建设工程造价合理确定和有效控制的原则中，施工图预算直接控制（   ）。

    A. 投资估算   B. 竣工结算   C. 设计概算   D. 施工预算

30. 根据《重庆市建设工程造价管理规定》，在施工图设计阶段，应按规定编制（   ）。

    A. 投资估算   B. 设计概算   C. 施工图预算   D. 施工预算

31. 根据《建设工程造价咨询规范》（GB/T 51095—2015），下列不属于发承包阶段的工程造价咨询业务的是（　　）。

　　A. 施工图预算的编制与审核　　　　　　B. 工程量清单的编制与审核

　　C. 最高投标限价的编制与审核　　　　　D. 投资估算的编制与审核

32. 根据《建设工程造价咨询规范》（GB/T 51095—2015），施工图设计完成后，根据施工图纸编制的预算称为（　　）。

　　A. 施工图预算　　　B. 设计概算　　　C. 投资估算　　　D. 施工预算

33. 根据《建设工程造价咨询规范》（GB/T 51095—2015），编制施工图预算依据的定额是（　　）。

　　A. 概算定额　　　B. 预算定额　　　C. 施工定额　　　D. 企业定额

34. 根据《建设工程造价咨询规范》（GB/T 51095—2015），国有投资的项目施工图预算的编制方法应采用（　　）。

　　A. 计算机编制法　　　　　　B. 定额计价法

　　C. 工程量清单计价法　　　　D. 委托编制

35. 建设工程招标投标程序中有如下工作：①制定招标方案；②组织资格预审；③编制发售招标文件；④编制、提交投标文件；⑤踏勘现场；⑥召开投标预备会。排序正确的是（　　）。

　　A. ①→②→③→⑥→⑤→④　　　　B. ①→②→③→⑤→⑥→④

　　C. ①→③→②→⑥→⑤→④　　　　D. ①→③→②→⑤→⑥→④

36. 按照建设工程公开招标资格预审程序，发布资格预审公告之后要进行（　　）。

　　A. 制定招标方案　　　　　　B. 召开投标预备会

　　C. 发出资格预审文件　　　　D. 发放招标文件

37. 下列（　　）是招标文件的主要组成部分。

　　A. 资格预审公告　　　　　　B. 招标工程量清单和技术要求及图纸

　　C. 施工组织设计　　　　　　D. 施工方案

38. 招标文件应当规定一个恰当的投标有效期，投标有效期从（　　）起计算。

　　A. 投标人编制投标文件之日　　　B. 投标人提交投标文件截止之日

　　C. 招标人发放招标文件之日　　　D. 投标人领取招标文件之日

39. 根据《建设工程工程量清单计价规范》（GB 50500—2013）规定，招标工程量清单必须作为（　　）的组成部分，其准确性和完整性应由招标人负责。

　　A. 投标文件　　　B. 招标文件　　　C. 施工图预算　　　D. 合同文件

40. 根据《建设工程工程量清单计价规范》（GB 50500—2013），下列不属于分部分项工程项目清单必须载明的是（　　）。

　　A. 项目编码　　　B. 项目名称　　　C. 项目单价　　　D. 项目特征

41. 以建设项目、单项工程、单位工程为对象，反映其建设总投资及其各项费用构成的经济指标的是（　　）。

　　A. 施工定额　　　B. 预算定额　　　C. 概算定额　　　D. 投资估算指标

42. 下列关于按不同用途分类的工程定额的说法正确的是（   ）。

A. 劳动定额分为时间定额和产量定额

B. 预算定额主要用于设计概算的编制

C. 概算定额是以预算定额为基础综合扩大编制而成的

D. 估算指标一般分为建设项目、分项工程、单位工程指标三个层次

43. （   ）定额是工程计价最基础的定额，是编制预算定额和企业定额的基础。

A. 预算　　　　　　　　　　　B. 人工、材料、机械台班消耗量

C. 估算　　　　　　　　　　　D. 概算

44. 劳动定额主要的表现形式是时间定额和产量定额，时间定额与产量定额存在（   ）关系。

A. 倒数　　　　B. 相反　　　　C. 正比　　　　D. 反比

45. 工程定额中人工消耗量的单位是（   ）。

A. 台班　　　　B. 天　　　　C. 工日　　　　D. 班组

46. 下列建筑安装工程计价参考计算式不正确的是（   ）。

A. 分部分项工程费 = Σ（分部分项工程量 × 综合单价）

B. 分部分项工程费 = Σ（分部分项工程量 × 人工、材料、机械台班单价）

C. 安全文明施工费 = 计算基数 × 安全文明施工费费率（%）

D. 单位工程造价 = 分部分项工程费 + 措施项目费 + 其他项目费 + 规费 – 进项税额 + 销项税额

47. 机械消耗量的单位是（   ）。

A. 班组　　　　B. 工日　　　　C. 天　　　　D. 台班

48. 砂浆消耗量的单位是（   ）。

A. m^3　　　　B. m^2　　　　C. t　　　　D. kg

49. 建筑工程预算定额中的人工消耗指标是指完成该分项工程必须消耗的各种用工量总和，不包括（   ）。

A. 基本用工　　　B. 辅助用工　　　C. 超运距用工　　　D. 零星用工

50. 下列关于材料消耗量定额的表达式不正确的是（   ）。

A. 材料消耗量 = 材料净用量 + 材料损耗量

B. 材料净用量 = 材料消耗量 + 材料损耗量

C. 材料消耗量 = 材料净用量 ×（1 + 材料损耗率）

D. 材料损耗量 = 材料净用量 × 材料损耗率

二、多项选择题（共10题，每题2分）

1. 工程造价有效控制的途径包括（   ）。

A. 审查结算

B. 以设计阶段为重点的建设全过程的造价控制

C. 主动控制

D. 公开招标投标

E. 技术与经济相结合

2. 以下属于效力待定合同的有（　　）。

A. 限制行为能力人订立的合同　　　　B. 以合同形式掩盖非法目的的合同

C. 无代理权人以他人名义订立的合同　　D. 损害社会公共利益的合同

E. 无处分权的人处分他人财产的合同

3. 总价合同通常适用于（　　）。

A. 工程量不大的项目　　　　　　　　B. 技术不太复杂的项目

C. 新型的工程项目　　　　　　　　　D. 需要立即开展的项目

E. 设计图纸及各项说明完整的项目

4. 按照投资的费用性质，建设工程定额可以分为（　　）等类别。

A. 行业通用定额　　　　　　　　　　B. 建筑工程定额

C. 设备安装工程定额　　　　　　　　D. 专业专用定额

E. 工程建设其他费用定额

5. 工程量清单的暂估价主要包括（　　）的暂定价格。

A. 人工费　　　　　　　　　　　　　B. 材料单价

C. 专业工程金额　　　　　　　　　　D. 计日工单价

E. 基础工程

6. 建筑工程概算的编制方法有（　　）。

A. 资金周转率法　　　　　　　　　　B. 概算定额法

C. 概算指标法　　　　　　　　　　　D. 预算单价法

E. 类似工程预算法

7. 全部使用国有资金建设，经过批准可以采用邀请招标方式招标的情形有（　　）。

A. 项目技术复杂或有特殊技术要求，只有少数几家潜在投标人可供选择

B. 涉及国家秘密、国家安全，不宜公开招标的项目

C. 集中建设的公共租赁住房项目

D. 抢险救灾、时间紧迫，不宜公开招标的项目

E. 省级地方政府确定的重点工程项目

8. 材料价格中的材料基价包括（　　）。

A. 材料供应价　　　　　　　　　　　B. 材料运杂费

C. 运输损耗费　　　　　　　　　　　D. 施工损耗费

E. 采购及保管费

9. 采用工程量清单计价的工程，分项工程综合单价包括（　　）。

A. 人工费　　　　　　　　　　　　　B. 材料费

C. 机械使用费　　　　　　　　　　　D. 税金

E. 管理费

10. 根据《建设工程质量管理条例》，关于基础设施和房屋建筑工程最低保修期限的说法，正确的有（　　　　）。

A. 地基基础工程和主体结构工程为 50 年

B. 屋面防水工程为 5 年

C. 供热和供冷系统，为 2 个采暖期、供冷期

D. 电气管线、给排水管道，为 3 年

E. 设备安装和装修工程，为 2 年

三、判断题（共 20 题，每题 1 分）

1. 费用定额属于施工定额。（　　　　）

A. 正确　　　　　　　　　　　　　B. 错误

2. 在市场经济环境下，建设工程造价主要的计价依据是施工合同。（　　　　）

A. 正确　　　　　　　　　　　　　B. 错误

3. 建设工程造价应在政府宏观调控下，由市场竞争形成。（　　　　）

A. 正确　　　　　　　　　　　　　B. 错误

4. 某造价咨询企业可同时接受招标人和投标人或两个以上投标人对同一工程项目的工程造价咨询业务。（　　　　）

A. 正确　　　　　　　　　　　　　B. 错误

5. 投资估算是指建设项目在投资决策过程中，对投资数额进行的粗略估算。（　　　　）

A. 正确　　　　　　　　　　　　　B. 错误

6. 在资格预审结束后，招标人应编制、发售招标文件。（　　　　）

A. 正确　　　　　　　　　　　　　B. 错误

7. 依法必须进行招标的一般项目，其评标委员会专家名单可以由招标人直接确定。（　　　　）

A. 正确　　　　　　　　　　　　　B. 错误

8. 建筑安装工程费按照工程造价形成由分部分项工程费、措施项目费、其他项目费、利润、税金组成。（　　　　）

A. 正确　　　　　　　　　　　　　B. 错误

9. 某包工包料的工程签约合同价为 1 亿元（暂列金额为 1000 万元）。按照《建设工程工程量清单计价规范》（GB 50500—2013），本工程预付款不宜高于 2700 万元。（　　　　）

A. 正确　　　　　　　　　　　　　B. 错误

10. 根据《建设工程工程量清单计价规范》（GB 50500—2013），只要合同一方的损失事实存在，均可向另一方提出索赔。（　　　　）

A. 正确　　　　　　　　　　　　　B. 错误

11. 根据《重庆市建设工程造价管理规定》，费用定额由市城乡建设主管部门会同发展改革、财政、物价部门发布。（　　　　）

A. 正确　　　　　　　　　　　　　B. 错误

12. 建设工程造价主要的计价依据是图纸。（ 　 ）

A. 正确 B. 错误

13. 公开招标通常需要资格审查。（ 　 ）

A. 正确 B. 错误

14. 根据《重庆市建设工程造价管理规定》，某 PPP 项目，发承包阶段应当采用定额计价，编制招标控制价。（ 　 ）

A. 正确 B. 错误

15. 根据《建设工程造价咨询规范》，方案比选既有决策阶段不同设计方案的比选，也有施工阶段不同施工方案的比选。（ 　 ）

A. 正确 B. 错误

16. 根据《建设工程造价咨询规范》（GB/T 51095—2015），工程造价咨询企业可接受国家机关委托，对纠纷项目的工程造价进行鉴别和判断，并应提供鉴定意见。（ 　 ）

A. 正确 B. 错误

17. 为了提高工作效率，在评标过程中，评标委员会中的招标人代表可以直接确定中标人。（ 　 ）

A. 正确 B. 错误

18. 建设规模较小，技术难度较低，合同工期在一年以内的工程，且施工图设计已审查批准的建设工程可以采用总价合同方式。（ 　 ）

A. 正确 B. 错误

19. 《建设工程施工合同（示范文本）》（GF-2017-0201）是强制性使用文本。（ 　 ）

A. 正确 B. 错误

20. 分包人对自己的行为向发包人负责，承包人对分包工作不承担连带责任。（ 　 ）

A. 正确 B. 错误

四、综合题 1（多选题 2 分一小题，其他每小题 1 分，共 5 分）

背景资料：

某承包人与业主签订了某建筑安装工程项目施工合同。合同总造价为 2000 万元，工期为 1 年。承包合同规定：

（1）业主向承包人支付合同价款 25% 的工程预付款；

（2）除设计变更和其他不可抗力因素以外，合同总价不做调整。

问题：

1. 本案例施工中若发生以下 （ 　 ） 事件，合同总价不做调整。

A. 取消合同中任何一项工作（改变合同中任何一项工作的质量或特性）

B. 物价上涨

C. 改变合同工程的基线、标高

D. 完成工程需要追加的额外工作

2. 工程预付款是由发包单位在开工前拨给承包单位用于（　　）所需的款项。

A. 购买设备 　　　　　　　　　　B. 进场费用

C. 搭建临时设施 　　　　　　　　D. 储备主要材料、结构构件

3. 按计价方式不同，建设工程施工合同可以划分为（　　）。

A. 总价合同 　　　　　　　　　　B. 工程承包合同

C. 成本加酬金合同 　　　　　　　D. 单价合同

E. 贷款合同

4. 本案例的工程施工合同应属于单价合同。（　　）

A. 正确 　　　　　　　　　　　　B. 错误

五、综合题 2（多选题 2 分一小题，其他每小题 1 分，共 5 分）

以下题目，依据各自专业任选一题作答，两题均作答者，以第一题作为评分依据。

（土建专业）

背景资料：

某政府投资建筑工程采用工程量清单计价。该工程有 C30 矩形框架梁 $100m^3$，现行《重庆市建筑工程计价定额》规定矩形框架梁定额数据如下：基价为 2039.46 元/$10m^3$，其中人工费为 385.50 元/$10m^3$，材料费为 1653.96 元/$10m^3$。相应的费用定额及配套文件规定：企业管理费率为 16.36%，利润率为 8.73%。按合同约定计算的人工费价差为 55 元/m^3。不考虑风险因素。按照 2018 重庆费用定额计算。

问题：

1. 本案例的人工费为（　　）元。

A. 9355 　　　B. 4405 　　　C. 93.55 　　　D. 935.5

2. 完成本案例矩形梁的利润为（　　）元。

A. 873 　　　B. 178.0449 　　　C. 336.54 　　　D. 2260.599

3. 下列关于综合单价的说法正确的是（　　）。

A. 本案例宜采用清单综合单价

B. 综合单价是指完成一个规定清单项目所需费用

C. 综合单价不包括风险费用

D. 分部分项工程费等于分部分项清单工程量乘以相应清单综合单价

E. 本案例的综合单价为 470.36 元/m^3

4. 如果求 C35 矩形梁综合单价参考现行《重庆市建筑工程计价定额》，则需定额换算，不能直接套用。（　　）

A. 正确 　　　　　　　　　　　　B. 错误

（安装专业）

背景资料：

某政府投资安装工程采用工程量清单计价。该工程有配电箱 10 个，现行《重庆市

建筑工程计价定额》规定配电箱定额数据如下：基价为 539.46 元/个，其中人工费为 385.50 元/个，材料费为 153.96 元/个。相应的费用定额及配套文件规定：企业管理费率为 16.36%，利润率为 8.73%，配电箱体为 1500 元/个，按合同约定计算的人工费价差为 55 元/个。不考虑风险因素。

问题：

1. 本案例的人工费为（ ）元。

A. 9355　　　　　B. 4405　　　　　C. 93.55　　　　D. 935.5

2. 完成本案例配电箱的利润为（ ）元。

A. 873　　　　　B. 178.0449　　　　C. 336.54　　　　D. 2260.599

3. 下列关于综合单价的说法正确的是（ ）。

A. 本案例宜采用清单综合单价

B. 综合单价是指完成一个规定清单项目所需费用

C. 综合单价不包括风险费用

D. 分部分项工程费等于分部分项清单工程量乘以相应清单综合单价

E. 本案例的综合单价为 1970.36 元/个

4. 如果求配电箱综合单价参考现行 2018《重庆市通用安装工程计价定额》，定额中未包括配电箱价格，需插入配电箱，不能直接套用。（ ）

A. 正确　　　　　　　　　　　　B. 错误

模拟试卷二

一、单项选择题（共 50 题，每题 1 分。每题的备选项中，只有一个最符合题意）

1. 在招标过程中，投标文件提交的截止时间最短不少于（ ）。

A. 56 天　　　　　　B. 30 天　　　　　　C. 20 天　　　　　　D. 15 天

2. 以下有关共同投标的联合体的基本条件的描述中不正确的是（ ）。

A. 联合体各方均应当具备承担招标项目的相应能力

B. 联合体中至少一方应当具备招标文件对投标人要求的条件

C. 由同一专业的单位组成的联合体，按照资质等级低的单位确定资质等级

D. 招标人不得强制投标人组成联合体共同投标

3. 根据渝建发〔2016〕35 号及重庆市相关定额的规定，下列（ ）属于技术措施费。

A. 工具用具使用费　　　　　　B. 脚手架费

C. 工程排污费　　　　　　　　D. 施工机械使用费

4. 某建设工程设备购置费为 300 万元，物价上涨预备费为 50 万元，建设期贷款利息为 30 万元，建筑安装工程投资为 1500 万元，基本预备费为 60 万元，流动资金为 100 万元，则上述投资中属于建设投资的是（ ）万元。

A. 2040　　　　　　B. 1940　　　　　　C. 1800　　　　　　D. 1910

5. 下列不属于规费的是（ ）。

A. 社会保险费　　　　　　　　B. 住房公积金

C. 税金　　　　　　　　　　　D. 工程排水、降水费

6. 下列（ ）不属于施工图预算的编制依据。

A. 国家、行业和地方有关规定

B. 相应工程造价管理机构发布的预算定额

C. 施工图设计文件及相关标准图集和规范

D. 投资估算指标

7. 以下不属于建设工程造价计价依据的是（ ）。

A. 相关法律法规　　　　　　　B. 定额

C. 造价信息　　　　　　　　　D. 口头约定

8. 建筑工程计价定额主要用于确定建筑工程（ ）。

A. 投资估算　　　B. 设计概算　　　C. 施工图预算　　　D. 施工预算

9. 建设工程造价合理确定和有效控制的原则中，设计概算直接控制（ ）。

A. 投资估算　　　B. 施工图预算　　　C. 施工预算　　　D. 竣工结算

10. 在施工图设计阶段，应按规定编制（　　）。

A. 投资估算　　　　B. 设计概算　　　　C. 施工图预算　　　　D. 施工预算

11. 国有资金投资项目，发承包阶段应当采用（　　）编制招标控制价。

A. 定额计价法　　　　　　　　　　　　B. 清单计价法

C. 生产能力指数法　　　　　　　　　　D. 指标估算法

12. 在工程交易阶段，为了拦截高估冒算的投标，在工程发承包阶段，以工程量清单计价招标投标工程应编制（　　）。

A. 招标控制价　　　　　　　　　　　　B. 拟建项目的最高限价

C. 拟建项目控制价　　　　　　　　　　D. 标底

13. 用生产能力估算法对建筑工程费进行估算，建筑物以（　　）为单位，套用相适应的投资估算指标进行估算。

A. 吨　　　　　　B. 建筑面积　　　　C. 延长米　　　　D. 座

14. 重庆市建设工程造价管理机构应建立全市工程造价信息化平台，发布的信息不包括（　　），为工程造价计价和管理提供依据。

A. 定额

B. 材料价格信息

C. 施工机械设备及仪器、仪表台班价格信息

D. 工程造价指标指数

15. 根据《建设工程工程量清单计价规范》（GB 50500—2013），投标报价的工程量必须与（　　）的工程量清单一致。

A. 投标文件　　　　　　　　　　　　　B. 招标文件

C. 施工图预算　　　　　　　　　　　　D. 合同文件

16. 招标工程量清单与计价表中列明的所有需要填写的单价和合价的项目，投标人（　　）报价。

A. 可以选择性填写且可填多个　　　　B. 可以选择性填写且只允许有一个

C. 均应填写且填两个　　　　　　　　D. 均应填写且只允许有一个

17. 编制投标报价时，安全文明施工费应按（　　）标准计取。

A. 优良　　　　　　B. 合格　　　　　C. 不合格　　　　D. 文明工程

18. 根据《建设工程施工合同（示范文本）》（GF-2017-0201），工程名称、工程地点、工程承包范围等内容应在（　　）里约定。

A. 合同协议书　　　　　　　　　　　　B. 通用合同条款

C. 拟订合同方案　　　　　　　　　　　D. 专用合同条款

19. 国有投资项目经批准的（　　）是工程造价控制的最高限额，也是控制工程造价的主要依据。

A. 招标控制价　　　　　　　　　　　　B. 设计概算

C. 施工图预算　　　　　　　　　　　　D. 投资估算

20. 工程造价（固定资产投资）包括（　　）和建设期利息。

A. 建设投资　　　　　　　　　B. 工程费用

C. 建筑安装工程费　　　　　　D. 工程建设其他费

21. 根据《重庆市建设工程造价管理规定》，作为政府投资项目工程造价的最高限额的概预算是（　　）。

A. 设计概算　　　B. 投资估算　　　C. 施工预算　　　D. 竣工决算

22. 根据《重庆市建设工程造价管理规定》，以下不属于编制招标控制价依据的是（　　）。

A. 设计文件　　　B. 招标文件　　　C. 工程量清单　　　D. 估算指标

23. 根据《重庆市建设工程造价管理规定》，国有资金投资项目，发承包阶段应当采用（　　），编制招标控制价。

A. 定额计价法　　　　　　　　B. 清单计价法

C. 生产能力指数法　　　　　　D. 指标估算法

24. 根据《重庆市建设工程造价管理规定》，在工程交易阶段，为了拦截高估冒算的投标，在工程发承包阶段，以工程量清单计价招标投标工程应编制（　　）。

A. 招标控制价　　　　　　　　B. 拟建项目的最高限价

C. 拟建项目控制价　　　　　　D. 标底

25. 根据《重庆市建设工程造价管理规定》，实行招标投标工程的合同价应依据（　　）通过书面合同约定。

A. 招标文件　　　　　　　　　B. 投标文件

C. 招标文件和中标人的投标文件　　　D. 评标报告

26. 按《重庆市建设工程造价管理规定》，根据造价咨询诚信管理体系的惩戒机制，市城乡建设主管部门不可做出（　　）处理。

A. 将失信企业记入不良记录

B. 对失信企业资质或资格延续做出限制

C. 对活动作出限制

D. 将失信企业法人拘留

27. 工程造价咨询企业和工程造价专业人员在工程造价咨询活动中，应不受非正常因素干扰提供咨询成果文件，体现了（　　）原则。

A. 独立　　　　　　B. 客观　　　　　　C. 公正　　　　　　D. 诚实信用

28. 工程造价咨询企业在设计阶段不可接受委托承担（　　）工作。

A. 设计概算的编制　　　　　　B. 设计概算的审核与调整

C. 施工图预算编制　　　　　　D. 施工预算审核

29. 根据《建设工程造价咨询规范》（GB/T 51095—2015），当遇有超概算情况时，应编制调整概算，提交分析报告，交委托人报（　　）部门核准。

A. 市城乡建设管理　　　　　　B. 原概算审批

C. 财政   D. 审计

30. 接受招标人委托编制最高投标限价的工程造价咨询企业及人员，不得再接受（　　）。

  A. 投标人的委托编制本项目投标报价

  B. 招标人委托另一项目的限价审核

  C. 投标人的委托编制另一项目投标报价

  D. 招标人委托本项目工程量清单的编制

31. 根据《建设工程工程量清单计价规范》（GB 50500—2013），不属于其他项目清单应列项的是（　　）。

  A. 暂估价   B. 一般风险项   C. 计日工   D. 总承包服务费

32. 根据《建设工程工程量清单计价规范》（GB 50500—2013），不属于规费项目清单应列项的是（　　）。

  A. 社会保障费   B. 住房公积金

  C. 高空作业意外伤害保险   D. 工程排污费

33. 根据《建设工程工程量清单计价规范》（GB 50500—2013），下列各项中，（　　）不是工程量清单项目的内容。

  A. 项目编码   B. 项目特征   C. 计量单位   D. 工程量计算规则

34. 根据《房屋建筑与装饰工程工程量计算规范》（GB 50854—2013），工程量清单编码01B001中的"B"表示（　　）。

  A. 补充清单项目   B. 措施项目   C. 市政工程项目   D. 基础工程项目

35. 根据《房屋建筑与装饰工程工程量计算规范》（GB 50854—2013），项目编码以5级编码设置，第一级为01，表示（　　）。

  A. 建筑工程   B. 安装工程   C. 市政工程   D. 园林绿化工程

36. 根据重庆市的规定，招标人应至少在开标前（　　）天前公布招标控制价。

  A. 2   B. 3   C. 5   D. 10

37. 招标控制价分部分项工程项目和施工技术措施项目中的单价项目，应根据（　　）及有关要求计算综合单价。

  A. 投标文件及常规施工方案

  B. 城乡建设主管部门规定

  C. 类似工程经验数据

  D. 招标文件和工程量清单项目中的特征描述

38. 根据重庆市的规定，编制招标控制价时，安全文明施工费应按（　　）标准计取。

  A. 优良   B. 合格   C. 不合格   D. 文明工地

39. 招标控制价应按照《建设工程工程量清单计价规范》（GB 50500—2013）规定的依据编制，（　　）。

  A. 不应上调或下浮   B. 可适量上调

C. 可适量下浮   D. 视市场调整

40. 招标控制价编制中的综合单价包括（　　）风险费用。

A. 所有的   B. 招标人应承担的

C. 招标文件中要求投标人承担的   D. 投标文件中的

41. 根据重庆市的相关规定，企业管理费包括下列（　　）。

A. 差旅交通费   B. 竣工档案编制费

C. 住房公积金   D. 环境保护费

42. 根据重庆市的相关规定，企业为施工生产筹集资金或提供预付款担保，履约担保、职工工资支付担保等所发生的各种费用称为（　　）。

A. 固定资产使用费   B. 财产保险费

C. 财务费   D. 工会经费

43. 根据重庆市的相关规定，竣工档案编制费应单独计列，实行定额计价的在（　　）前计列。

A. 人工费   B. 利润   C. 间接费   D. 税金

44. 根据重庆市的相关规定，建筑工程安全文明施工费的计算以（　　）为计费基础。

A. 定额人工费   B. 定额直接工程费

C. 直接费   D. 工程造价

45. 根据重庆市的相关规定，下列（　　）属于技术措施费。

A. 工具用具使用费   B. 脚手架费

C. 工程排污费   D. 施工机械使用费

46. 根据重庆市的相关规定，建筑工程计价程序表中，下列（　　）是能套《重庆市建筑工程计价定额》计算的费用。

A. 技术措施费   B. 组织措施费   C. 规范   D. 利润

47. 根据重庆市的相关规定，计算总承包服务费时，建筑工程按（　　）的3%计算。

A. 分包工程造价   B. 总包工程人工费

C. 分包工程人工费   D. 总包工程造价

48. 正常施工条件下，完成单位合格产品所需某材料的损耗量为 $0.2m^3$。已知该材料的损耗率为2%，则该材料的总消耗量为（　　） m^3。

A. 2   B. 10.2   C. 10   D. 12

49. 正常施工条件下，完成单位合格产品所需某材料的损耗量为 $0.2m^3$。已知该材料的损耗率为2%，则该材料的净用量为（　　） m^3。

A. 2   B. 10.2   C. 10   D. 12

50. 安装工人等候构件起吊的时间属于（　　）。

A. 辅助工作时间   B. 准备与结束工作时间

C. 不可避免的中断时间   D. 损失时间

二、多项选择题（共 10 题，每题 2 分）

1. 清单综合单价是指完成一个规定清单项目所需费用，包括（   ）。

A. 人工、材料及工程设备、施工机具使用费

B. 管理费

C. 利润

D. 规费

E. 一定范围内的风险费用

2. 按计价方式的不同，建设工程施工合同可以划分为（   ）。

A. 总价合同

B. 工程承包合同

C. 成本加酬金合同

D. 单价合同

E. 贷款合同

3. 完成任何施工过程，都需要消耗一定的工作时间，下列属机械必须消耗的时间的是（   ）。

A. 有效工作时间

B. 不可避免的中断时间

C. 不可避免的无负荷工作时间

D. 低负荷下工作时间

E. 机械停工时间

4. 建设工程劳动定额可以分为（   ）。

A. 施工定额

B. 时间定额

C. 单价定额

D. 预算定额

E. 产量定额

5. 根据《建设工程工程量清单计价规范》（GB 50500—2013），其他项目费包括（   ）。

A. 暂列金额

B. 工程定位复测费

C. 特殊地区施工增加费

D. 总承包服务费

E. 计日工

6. 下列关于工程造价控制范围和限额的说法正确的是（   ）。

A. 投资估算控制设计概算

B. 概算造价控制修正概算造价

C. 施工图设计和预算造价控制概算造价

D. 招标控制价控制投标价

E. 结算价控制中标价

7. 招标文件应当包括（   ）等内容。

A. 投标须知

B. 拟签订合同的主要条件

C. 施工组织设计

D. 施工方案

E. 投标文件的格式及附录

8. 按计价方式的不同，建设工程施工合同可以划分为（   ）。

A. 总价合同

B. 工程承包合同

C. 成本加酬金合同　　　　　　　　D. 单价合同

E. 贷款合同

9. 设计概算按内容可分为（　　　）。

A. 分项工程设计概算　　　　　　　B. 分部工程设计概算

C. 单位工程设计概算　　　　　　　D. 单项工程设计概算

E. 建设项目的设计概算

10. 下列属于按照费用构成要素划分的费用名称是（　　　）。

A. 人工费、材料（包含工程设备）费、施工机具使用费

B. 企业管理费、利润

C. 规费和税金

D. 分部分项工程费

E. 措施项目费

三、判断题（共20题，每题1分）

1. 招标人对已发出的招标文件进行必要的澄清或者修改的，应当在招标文件要求提交投标文件截止时间至少10天前，以书面形式通知所有投标人。（　　　）

A. 正确　　　　　　　　　　　　　B. 错误

2. 通常竣工结算的前提条件是承包人按照合同规定的内容全部完成所承包的工程，并符合合同要求，经相关部门联合验收质量合格。（　　　）

A. 正确　　　　　　　　　　　　　B. 错误

3. 依法必须进行招标的一般项目，投标人只有两个的情况，也可以进行评标。（　　　）

A. 正确　　　　　　　　　　　　　B. 错误

4. 招标控制价应依据招标人的要求编制与复核。（　　　）

A. 正确　　　　　　　　　　　　　B. 错误

5. 如果从工程建设交易的角度看，建设工程造价即建设工程的交易价格。（　　　）

A. 正确　　　　　　　　　　　　　B. 错误

6. 投标文件包括工程量清单。（　　　）

A. 正确　　　　　　　　　　　　　B. 错误

7. 任何情况下，招标文件一经发出均不得进行修改。（　　　）

A. 正确　　　　　　　　　　　　　B. 错误

8.《建设工程施工合同（示范文本）》（GF-2017-0201）是强制性使用文本。（　　　）

A. 正确　　　　　　　　　　　　　B. 错误

9. 联合体承包，联合体内的组成单位只对联合体协议规定的工作承担责任。（　　　）

A. 正确　　　　　　　　　　　　　B. 错误

10. 根据规定，计日工是指在施工过程中，施工企业完成建设单位提出的施工图纸

以外的零星项目或工作所需的费用。（　　）

A. 正确　　　　　　　　　　　B. 错误

11. 投标截止时间前，投标人应提交投标文件。（　　）

A. 正确　　　　　　　　　　　B. 错误

12. 任何情况下，招标文件一经发出均不得进行修改。（　　）

A. 正确　　　　　　　　　　　B. 错误

13. 招标文件应当规定一个恰当的投标有效期，以保证招标人有足够的时间完成评标和与中标人签订合同。（　　）

A. 正确　　　　　　　　　　　B. 错误

14. 招标工程量清单就是已标价工程量清单。（　　）

A. 正确　　　　　　　　　　　B. 错误

15. 根据重庆市的规定，招标控制价应依据招标人的要求编制与复核。（　　）

A. 正确　　　　　　　　　　　B. 错误

16. 在工程量清单中，暂估价即暂列金额。（　　）

A. 正确　　　　　　　　　　　B. 错误

17. 承包人不得将承包的工程对外转包，也不得以肢解方式将承包的全部工程对外分包。（　　）

A. 正确　　　　　　　　　　　B. 错误

18. 对于依法必须招标的暂估价项目，只能由发包人进行招标。（　　）

A. 正确　　　　　　　　　　　B. 错误

19. 工程造价在合同形成之前都是一种预期的价格，在合同形成并履行后则成为实际费用。（　　）

A. 正确　　　　　　　　　　　B. 错误

20. 建筑安装工程费按照工程造价形成由人工费、材料费、其他项目费、利润、税金组成。（　　）

A. 正确　　　　　　　　　　　B. 错误

四、综合题 1 （多选题 2 分一题，其他每题 1 分，共 5 分）

背景资料：

某土建单位工程分部分项工程量清单合计为 118.42 万元，措施项目清单合计为 25.22 万元，暂列金额为 30 万元，专业工程暂估价为 50 万元，计日工为 4800 元，总包服务费为 2.3 万元，规费为 11.32 万元，进项税额为 12 万元。

问题：

1. 本工程税前造价为（　　）万元。

A. 225.74　　　　B. 193.31　　　　C. 237.74　　　　D. 5025.26

2. 本工程销项税率为（　　）。

A. 3.41%　　　　B. 3.48%　　　　C. 7%　　　　　D. 10%

3. 其他项目费包括（　　）。

A. 暂列金额　　　　　　　　　B. 暂估价

C. 计日工　　　　　　　　　　D. 总包服务费

E. 规费

4. 当施工中发生工程变更、合同约定调整因素出现时的合同价款调整以及发生索赔、现场签证等确认的费用应属于暂估价使用范围。（　　）

A. 正确　　　　　　　　　　　B. 错误

五、综合题 2（多选题 2 分一小题，其他每小题 1 分，共 5 分）

以下题目，依据各自专业任选一题作答，两题均作答者，以第一题作为评分依据。

（土建专业）

背景资料：

某工程梁平法施工图如下图所示。

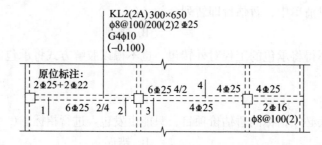

问题：

1. 本图属于梁（　　）方式平法施工图。

A. 截面注写　　　B. 列表注写　　　C. 平面注写　　　D. 立面注写

2. 图中"G4φ10"表示（　　）。

A. 梁每侧各配置 4φ10 的纵向构造钢筋

B. 梁两个侧面共配置 4φ10 的纵向构造钢筋

C. 梁每侧各配置 4φ10 的纵向抗扭钢筋

D. 梁两个侧面共配置 4φ10 的纵向抗扭钢筋

3. 关于图中梁的编号 KL2（2A），说法正确的是（　　）。

A. 本梁为屋面框架梁　　　　　　B. 本梁序号为 2A 号梁

C. 本梁跨数为三跨　　　　　　　D. "A" 为一端悬挑

E. 第一个"2"表示序号，第二个"2"表示跨数

4. 图中"2Φ25 + 2Φ22"表示梁支座上部有四根纵筋，2Φ25 放在角部，2Φ22 放在中部。（　　）

A. 正确　　　　　　　　　　　B. 错误

（安装专业）

背景资料：

某工程给水施工图如下图所示。

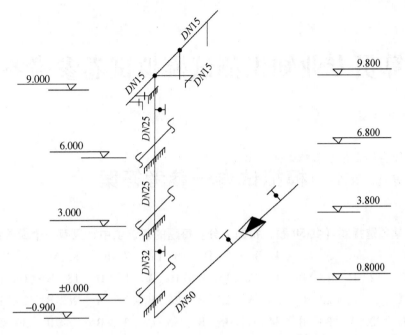

问题：

1. 本图属于给水工程（ 　　 ）。

A. 平面布置图 　　　 B. 系统图 　　　 C. 外立面图 　　　 D. 立面注写

2. 图中主水平管理地深度（ 　　 ）和主立管首层换径（ 　　 ）。

A. ±0.000 　　　　　　　　　 B. −0.900

C. 0.800 　　　　　　　　　 D. 3.800

E. 3.000

3. 图中主水平进水管上黑色三角表示的是（ 　　 ）。

A. 阀门 　　　 B. 水表 　　　 C. 截至阀 　　　 D. 止回阀

4. 立管由 DN32 变为 DN25 的变径位置是 3.000 楼板位置。（ 　　 ）

A. 正确 　　　　　　　　　 B. 错误

预算员专业知识测试模拟试卷参考答案

模拟试卷一参考答案

一、单项选择题（共 50 题，每题 1 分。每题的备选项中，只有一个最符合题意）

1. B　2. A　3. C　4. B　5. D　6. D　7. B　8. A　9. D　10. B
11. C　12. D　13. B　14. A　15. C　16. A　17. D　18. B　19. B　20. A
21. A　22. C　23. C　24. A　25. B　26. B　27. A　28. B　29. D　30. C
31. D　32. A　33. B　34. C　35. B　36. C　37. B　38. B　39. B　40. C
41. D　42. C　43. B　44. A　45. C　46. B　47. D　48. A　49. D　50. B

二、多项选择题（共 10 题，每题 2 分。每题的备选项中，有 2 个或 2 个以上符合题意；错选，本题不得分；少选，所选的每个正确选项得 0.5 分）

1. BCE　　　2. ACE　　　3. ABE　　　4. BCE　　　5. BC
6. BCE　　　7. ABD　　　8. ABCE　　9. ABCE　　10. BCE

三、判断题（共 20 题，每题 1 分）

1. B　2. B　3. A　4. B　5. A　6. A　7. B　8. B　9. A　10. B
11. A　2. B　13. A　14. B　15. A　16. A　17. B　18. A　19. B　20. B

四、综合题 1（多选题 2 分一题，其他每题 1 分，共 5 分）

1. B　　　　2. D　　　　3. ACD　　　4. B

五、综合题 2（多选题 2 分一题，其他每题 1 分，共 5 分）

（土建专业）　1. A　　2. C　　3. ABD　　4. B
（安装专业）　1. B　　2. C　　3. ABD　　4. B

模拟试卷二参考答案

一、单项选择题（共 50 题，每题 1 分。每题的备选项中，只有一个最符合题意）

1. C	2. B	3. B	4. D	5. C	6. D	7. D	8. C	9. B	10. C
11. B	12. A	13. B	14. A	15. B	16. D	17. B	18. A	19. B	20. A
21. A	22. D	23. B	24. A	25. C	26. D	27. A	28. D	29. B	30. A
31. B	32. C	33. D	34. A	35. A	36. B	37. D	38. B	39. A	40. C
41. A	42. C	43. D	44. D	45. B	46. A	47. A	48. B	49. C	50. C

二、多项选择题（共 10 题，每题 2 分。每题的备选项中，有 2 个或 2 个以上符合题意；错选，本题不得分；少选，所选的每个正确选项得 0.5 分）

1. ABCE	2. ACD	3. ABC	4. BE	5. ADE
6. ABD	7. ABE	8. ACD	9. CDE	10. ABC

三、判断题（共 20 题，每题 1 分）

1. B	2. A	3. B	4. B	5. A	6. B	7. B	8. B	9. B	10. A
11. A	12. B	13. A	14. B	15. B	16. B	17. A	18. B	19. A	20. B

四、综合题 1（多选题 2 分一题，其他每题 1 分，共 5 分）

1. A	2. D	3. ABCD	4. B

五、综合题 2（多选题 2 分一题，其他每题 1 分，共 5 分）

（土建专业）	1. C	2. B	3. DE	4. A
（安装专业）	1. B	2. B	3. BC	4. B

参考文献

［1］全国造价工程师执业考试资格培训教材编审委员会．建设工程技术与计量（土木建筑工程）［M］．北京：中国计划出版社，2017．

［2］重庆市城乡建设委员会．重庆市房屋建筑与装饰工程计价定额 CQJZDE—2018［M］．重庆：重庆大学出版社，2018．

［3］周冀伟，郭婧娟．BIM 技术在工程量统计中的应用研究［J］．施工技术，2017，46（S2）．

［4］杨松珍．谈建筑面积的重要作用［J］．山西建筑，2004（17）．

［5］太奇教育、兴宏程建筑考试研究院．建设工程经济［M］．北京：清华大学出版社，2012．

［6］全国造价工程师执业资格考试培训教材编审委员会．建设工程计价［M］．北京：中国计划出版社，2017．

［7］吴学伟，谭德精，郑文健．工程造价确定与控制［M］．8 版．重庆：重庆大学出版社，2017．

［8］孙光远．建筑设备与识图［M］．北京：高等教育出版社，2005．

［9］马铁椿．建筑设备［M］．北京：高等教育出版社，2003．

［10］靳慧征．建筑设备基础知识与识图［M］．北京：北京大学出版社，2010．

［11］王继明，卜城，屠峥嵘，等．建筑设备［M］．2 版．北京：中国建筑工业出版社，2007．

［12］景星蓉．管道工程施工与预算［M］．2 版．北京：中国建筑工业出版社，2005．

［13］汤万龙，刘玲．建筑设备安装识图与施工工艺［M］．北京：中国建筑工业出版社，2004．

［14］刘金言．给排水·暖通·空调百问［M］．北京：中国建筑工业出版社，2001．

［15］朱向楠．管工（初级）［M］．北京：机械工业出版社，2005．

［16］唐小林，吕奇光．建筑工程计量与计价［M］．3 版．重庆：重庆大学出版社，2014．